冻土水文机理与寒区水文模型

周祖昊 王 康 李 佳 王鹏翔等 著

科学出版社

北 京

内 容 简 介

　　本书介绍了寒区和冻土的基本概念、土壤冻融及对流域水文过程的影响机制等；详细梳理和总结了冻融过程对土壤物理及水热动力学性质的影响机理；以大量实验为基础，阐述了气象条件和下垫面对冻土水热迁移的影响机理；详细介绍了基于实验数据提出的冻融过程中土壤水热迁移物理模拟方法，以及冻土水热耦合数值模拟方法的参数、边界条件及两类模拟方法；详细介绍了两类典型寒区流域分布式水文模型原理、模型构建及水循环演变规律研究成果；最后对下一步研究进行了展望。

　　本书可供水文水资源、气象、地理、土壤、生态等领域的科学研究人员、实验人员、工程技术人员参考，也可作为高等院校相关专业师生的参考用书。

审图号：GS 京（2024）1170 号

图书在版编目（CIP）数据

冻土水文机理与寒区水文模型／周祖昊等著 . 北京：科学出版社，
2024. 6. -- ISBN 978-7-03-078920-4

Ⅰ . P33

中国国家版本馆 CIP 数据核字第 2024MX6076 号

责任编辑：王　倩／责任校对：樊雅琼
责任印制：徐晓晨／封面设计：无极书装

科学出版社 出版

北京东黄城根北街 16 号
邮政编码：100717
http://www.sciencep.com

北京建宏印刷有限公司印刷
科学出版社发行　各地新华书店经销

*

2024 年 6 月第　一　版　开本：787×1092　1/16
2024 年 6 月第一次印刷　印张：15 1/4
字数：370 000

定价：198.00 元
（如有印装质量问题，我社负责调换）

前　言

寒区占全球陆域总面积的 25% 左右，我国的寒区主要分布在青藏高原、西北高寒山区、东北地区和华北地区北部，占全国陆地面积的 43% 左右，其中 30% 存在着永久冻土，70% 存在着季节性冻土。寒区是我国重要江河的源区、重要的粮食基地、畜牧业基地和重工业基地和生态安全屏障。

寒区水文最典型的两个过程是土壤冻结和河流冰封过程，其中前者对寒区水文过程和水资源演变的影响尤为重要。冻土的生成直接改变了土壤的能量传输性能，显著地改变了土壤水分运动过程，进而更深层次地影响着流域水循环机制。在土壤冻融过程中，能量是其上下边界条件，通过改变土壤水分相态进而作用于水势，从而影响土壤水分运动过程。冻土中的水势受到多种因素的影响从而表现出复杂的行为特性，仅考虑边界–土壤之间水势传递的方法显然不适合于寒区能量和水文过程之间的关系分析，无法解释能量和水势耦合作用的水文特性。因此需要实现边界–土壤能量场和水势场之间的有机融合，对能量和水势梯度的变化和成因进行解析，系统实现冻土水文机制的认知。

气候变化显著影响并改变了寒区的能量均衡过程和水文机制。近几十年来，寒区普遍表现出最大冻土深度减小、冻结日期推迟、融化日期提前、冻土下界上升的总体退化趋势。寒区能量、水文及其伴生过程之间存在着深度耦合作用，其中任何一个过程（环节）的变化（或扰动）都可能对能量、水文和伴生过程及其交互作用产生显著性影响。因此，构建融合寒区能量–水文耦合机制的分布式水文模型，耦合各系统之间的交互与反馈机制，量化气候变化对寒区水文过程的影响，对寒区水资源可持续利用及社会经济高质量发展具有重要的意义。

针对寒区冻土水文机理、寒区分布式水文模拟等问题，我们于 2008～2022 年先后在东北松花江流域、西藏雅鲁藏布江一级支流尼洋河流域、长江源区、黄河源区等地开展了系统性的实验观测、机理分析、模型构建及规律分析等工作，本书是在相关研究成果遴选基础上的系统性总结和提升。本书研究工作得到国家自然科学基金项目（91647109、51179203、51679257）、水体污染控制与治理科技重大专项课题（2012ZX07201006、2008ZX07207006）、水利部预算项目（WR1222B292022）、中国水利水电科学研究院基本科研业务费专项项目（WR0145B072021）的资助，流域水循环模拟与调控国家重点实验室也给予了大力支持。

全书由周祖昊、王康统稿。各章主要撰写人员如下：第 1 章，王康、周祖昊、李佳、刘水清；第 2 章，王康、李佳、李金明、王坤；第 3 章，王康、王鹏翔、李玉庆；第 4 章，王康、李佳、李玉庆、张文贤；第 5 章，王康、周祖昊、李佳、王鹏翔、王坤、李金明；第 6 章，周祖昊、李佳、王鹏翔、胡鹏、刘水清、刘佳嘉；第 7 章，周祖昊、李佳、王鹏翔、刘水清、李霞、刘佳嘉；第 8 章，王康、周祖昊。

　　本书的研究和撰写过程中，得到王浩、贾仰文、许崇育、董建伟、洪梅等院士和专家的指导、支持与帮助，得到作者所在单位领导和同事的大力支持，邹赛、韦瑞深、庞超等研究生亦参与了本书的校对工作，在此表示衷心的感谢！

　　由于水平有限，书中难免存在不足，恳请读者给予批评和指正。

作　者

2024 年 3 月 28 日

目 录

第1章 │ 绪 论

1.1 寒区和冻土

寒区占全球陆地面积的 25% 左右,主要分布在俄罗斯、欧洲北部、加拿大、美国及中国。全球寒区可分成两大类:一类处于高中纬度的高纬度寒区;另一类处于中低纬度的高海拔寒区(褚永磊等,2017)。我国的寒区主要分布在中低纬度的青藏高原、西北高寒山区、东北地区和华北地区北部,占全国陆地面积的 43%,其中 30% 存在着永久冻土,70% 存在着季节性冻土,高海拔多年冻土面积达 $1.73 \times 10^6 \, \text{km}^2$,居世界首位(程国栋,1990,1998)。

寒区的概念在 20 世纪 30 年代就被提出,但是国内外学者对寒区没有统一的定义。Koppen 在 1936 年定义加拿大的寒区一般指最冷月平均气温小于等于-3℃,且月平均气温在 10℃ 以上的月份不超过 4 个月的寒冷区域;Gerdel(1969)也以气温作为寒区的划分指标,但是认为只需要用年均气温为 0℃ 的等温线就能简单区分加拿大的寒区和非寒区。随着寒区研究的发展,一些学者认为只考虑气温一个指标不足以对寒区进行划分。Wilson(1967)在此基础上做了进一步补充,认为寒区的定义应同时考虑气温和降水量两个指标,Miles 等(1981)则提出 10 个气象因子指标划分寒区。

在中国,最早定义寒区概念时借鉴了加拿大的定义方法,提出同时满足 4 个条件的区域则划分为寒区,这 4 个条件包括:①最冷月平均气温小于等于-3℃;②月平均气温在 10℃ 以上的月份不超过 4 个月;③河流、湖泊的封冻期在 100 天以上;④降水量中 50% 以上的降水为固态降水。随着对寒区研究的进一步深入,杨针娘(2000)认为该定义并不完全适用于中国,因加拿大的寒区为高纬度寒区特征,且其自然状况、地理位置、气候因子等各个方面均与中国存在差异,所以依据《中国自然地理图集》,结合当时的全国气候区划和水文区划等因子,提出了适合于中国寒区划分的 9 个气候因子,如表 1-1 所示。然而受监测站点限制,在资料稀少或者缺乏的地区无法给出这 9 个划分指标数据,很难保证一些指标在空间上的精度。考虑到划分寒区时的可操作性,陈仁升等(2005)在此基础上对寒区定义进行了改进,给出了和我国实际情况较为符合的 3 个寒区划分定义,即最冷月气温<-3℃,年平均气温≤5℃,月平均气温>10℃ 的月份不超过 5 月。按照此定义确定的寒区边界与我国的多年冻土、季节性积雪及气候区划边界基本一致。

表 1-1　寒区划分气候因子

气候 指标	1 月 $T_{mon}/℃$	$T_{mon}>10℃$ 月数	10 月 $T_{mon}/℃$	4 月 $T_{mon}/℃$	$T_{yea}/℃$	$T_{day}>10℃$ 的积温/℃	$T_{day}>10℃$ 的日数	固态降水量 百分比/%	年平均积 雪日数
寒区	$-30 \sim -10$	≤5	≤0	≤0	≤5	$500 \sim 1500$	<150	≥30	≥30

注：T_{day}、T_{mon} 和 T_{yea} 分别为日均温度、月均温度和年均温度。

冻土一般指温度在 0℃ 或以下，并含有冰的各种岩土和土壤。按照土壤冻结状态的持续时间，冻土可分为多年冻土、季节性冻土和短时冻土（周幼吾，2000）。短时冻土冻结时间持续数小时、数日或半月，季节性冻土一般指年冻结时间超过 15 天的近地表土壤（Zhang et al.，2003），而永久冻土为土壤温度连续两年或两年以上保持在 0℃ 以下（Dobinski，2011）。

无论是季节性冻土还是永久冻土，皆存在随季节更替其表层不断冻结、融化交替变化的季节性融化层，寒区土壤中几乎所有的生态、水文、土壤和生物活动都发生于此。冻土在寒区水文过程和气候变化中起着重要作用（Chen et al.，2014；Kurylyk et al.，2014），在过去几十年里，气候变化下冻土的空间变异性及其对水热传输和水文效应的影响一直是寒区水文过程的研究重点（Black and Tice，1989；Cherkauer and Lettenmaier，2003；Xiao et al.，2013）。

1.2　土壤冻融物理过程

按照土壤中水分存在的形态及所受土壤颗粒的吸引力的大小，通常将土壤水分为吸湿水、薄膜水、毛管水、重力水四种类型。土壤在冻结、融化过程中，显著的特征是发生水、冰或冰、水之间的相态变化，使水分子之间能量状态变化的同时，发生了向外界释放或吸收热量的能量交换过程。

土壤中水分冻结的空间顺序与土壤颗粒对水分子的束缚力密切相关，吸湿水冻结温度最低，吸湿水外层的薄膜水，通常在-0.5℃时冻结，毛管水的冻结温度高于吸湿水和薄膜水，但也略低于 0℃。土壤冻结的恒定阶段按照重力水、毛管水、薄膜水（由外层向内层）的顺序冻结为冰。在冬季，随着温度降至冻结温度，首先土壤中的重力水和毛管水开始冻结，由于自由水占土壤液态水中的比例很大，此时土壤中液态含水量急剧减少，当自由水全部冻结后，部分薄膜水开始冻结，直到全部的自由水和部分的薄膜水冻结，这一阶段土壤温度变化剧烈。随着温度的继续下降，剩余薄膜水逐渐冻结，但这一部分的相变水量极少，该段相变的温度区间称作冻结相变温度区。而不存在相变的正温区称作未相变温度区。土壤融化过程与冻结过程相反，随着温度的升高，首先相变（冰转化成液态水）的部分是薄膜水，其次是毛管水和重力水。土壤中的液态含水量随着温度的升高不断增加，直到全部融化。

　　季节性冻土在冻融过程中冻结或融化锋面的发展进程线如图 1-1 中 *ABCDEF* 所示，可分为不稳定缓慢冻结阶段（*AB* 段）、快速稳定冻结阶段（*BC* 段）、不稳定融化阶段（*CD* 段）和融化阶段（*DEF* 段）四个阶段。土壤季节性冻融过程的特点表现为单向冻结和双向融化，上边界负温变化大而下边界正温变化小，冻结深度发展过程主要受上边界气象条件和土壤自身质地的制约。

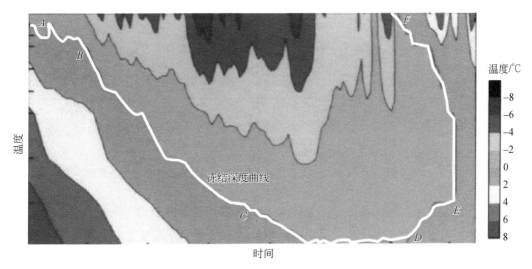

图 1-1　土壤冻融过程（2014～2015 年吉林省长春市双阳区黑顶子河流域实测数据）

　　图 1-2（a）和（b）分别为西藏林芝色季拉山（海拔 4756m）土壤冻融期上边界温度和土壤不同深度液态含水量的变化，可以看出，上边界条件对土壤不同深度水分状态变化的影响表现出显著性的差异。

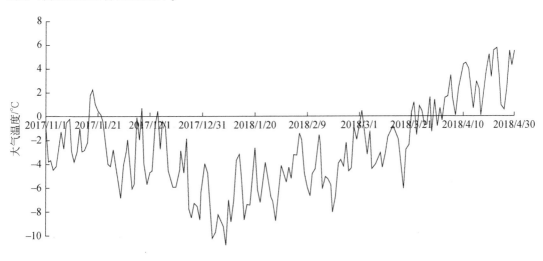

(a)上边界温度变化

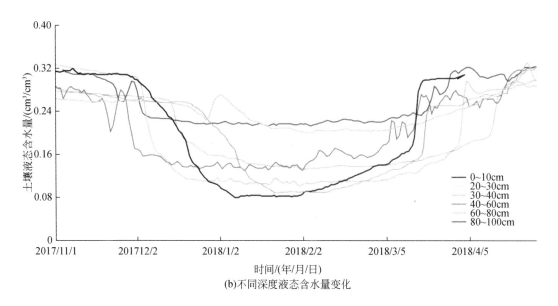

图 1-2　冻融期大气温度变化和液态量含水变化（2017～2018 年西藏林芝色季拉山实测数据）

影响土壤冻结深度的因素很多，包括地表负积温、气温负积温、降雨（雪）、空气动力学特征等，其中最重要的是地表负积温。积温通常指某一界限温度之上的日平均温度之和，积温这一概念已经在农业生产方面得到很广泛的应用。在季节性冻土冻融过程的研究中引用负积温的概念，是指冻结期间温度稳定通过 0℃ 且转变成负温之后温度绝对值的累积之和。

1.3　土壤冻融机制

标准大气压下纯净水在 0℃ 时冻结，称其冰点为 0℃。土壤中的液态水分变为固态冰，首先要在液体中的固态小颗粒周围形成冰晶，然后水才会相变成冰。其间温度随时间的变化大致可分为 4 个阶段（图 1-3）：过冷（AB 段）、跳跃（BC 段）、恒定（CD 段）和递降（DE 段）。在过冷阶段，土壤中的水分处于负温，但无冰晶存在，形成冰晶的温度要低于冰点；在跳跃阶段，冰晶开始形成，并释放结晶潜热，使土温骤然升高；恒定阶段是土壤水相变为冰的过程；在递降阶段，随着土中的水部分相变成冰，水膜厚度减薄，土壤颗粒对水分子的束缚能增大以及冰体中溶质向液态水的析出使得水溶液中离子浓度增高，土壤中温度持续降低后部分水仍然保持液态的形式。跳跃后最高且稳定点的温度为土壤中水的起始冻结温度，该温度与纯水冰点间的差值称为冰点降低（徐学祖和邓友生，1991）。

土壤中水分的过冷及其持续时间主要取决于土壤含水量和冷却速度。当土壤温度接近 0℃ 时，土壤水可长期处于不结晶状态。当土壤温度低于 0℃ 且快速冷却时，过冷温度高且结束时间早。在土壤含水量较低的情况下，受土壤颗粒表面能的影响，过冷温度会降低。

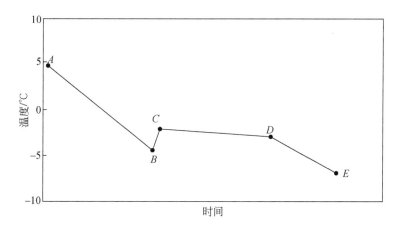

图 1-3　土壤中水冻结的时间过程（徐学祖和邓友生，1991）

　　土壤的起始冻结或融化温度是判定土壤冻结或融化深度的基本指标。土壤的起始冻结温度受到土壤颗粒的矿物化学成分、分散度、水溶液的成分和浓度以及外界条件的影响。对于某一土壤，其冻结温度主要取决于土壤中的含水量和含盐量。大量的室内实验表明（徐学祖和邓友生，1991）：起始冻结温度随含水量增大而升高，随含盐量增大而降低，并且土壤含盐量对冻结温度的影响大于土壤质地的影响（郑秀清，2002；原国红，2006）。土壤含水量相同的情况下，冻结温度随土壤颗粒粒径尺度的减小或孔隙溶液浓度增大而降低。冻土的融化温度总是高于冻结温度，并且土壤经过数次冻融，融化温度略有升高（Wang et al.，2020）。

　　当土壤冻结和融化时，土壤孔隙度、结构和孔隙水的理化性质都发生变化，且这些变化显著受到土壤温度的影响，导热系数随温度的降低也呈线性降低的趋势。当土壤含水量一定时，随着温度的升高，孔隙水黏滞度和表面张力均降低，因而孔隙水吸力值降低，土壤水势上升，由于随着温度降低，冻土中土粒周围的水膜由外至内顺序冻结，厚度不断减小，液态水的运移通道进一步减小，土壤导水系数也随温度的降低而下降。土骨架比热主要取决于矿物成分和有机质含量，也与温度变化有显著的关系。温度状况还决定着水的相变，水的相变既显著影响水分的入渗速度，也改变了土壤的温度变化和能量均衡过程。

　　在土壤中，相变（de Vries，1987）是一个主要的储能术语，意味着与冻结、融化、蒸发、冷凝、升华有关的能量的局部释放或消耗。尽管在热传导方程中较少直接考虑相变的影响，相变效应通常被纳入土壤传热模型中，因为这些效应会改变土壤熔并改变土壤的物理和热特性。在一些地区，如阿拉斯加北部，夏季对活动层的潜热效应尤为重要，高达 30% ~ 65% 的太阳辐射能消耗用于地表蒸散发（Harazono et al.，1995；Kane et al.，1990）。潜热效应在长达 4 个月的冷冻以及整个夏季的解冻过程中显著地影响了土壤水文过程。相变效应的一个明显例子发生在秋季土壤开始冻结时，潜热的释放起到了延缓了冻结锋面从表层向下的穿透过程（Outcalt and Hinkel，1990），产生了0℃或接近0℃时等温的深度或区域，这被称为零点幕，并且这种情况可能会持续很长时间，上层冻土与零点幕层以下的土壤被隔离，有效地降低了热通量传递。当零点幕层的土壤水全部转化为冰，零点幕关闭，热量通过传导被更快地带走。

影响地表温度的能量通量的因子包括蒸发、冻融以及长短波辐射。植被和积雪都是这些能量通量的有效缓冲。在北方地区，通常有一层有机土壤覆盖在矿质土壤上，有机土壤具有相对较高的导水率，对垂直渗透和坡面径流非常敏感。地表有机层的热导率变化很大（Hinzman and Kane，1991），主要取决于土壤密度和含水量。干燥时，有机土壤形成有效的绝缘体；潮湿时，则成为有效的导体，从而改变土壤层内土壤界面的表面条件。不同特性边界条件对土壤热状态的影响也非常显著，积雪的存在本质上是冬季几个月边界条件的变化，显著改变了地表的热条件，上覆雪的保温效应缓和了地下土壤温度的降低。温暖的土壤有更多液态水，可以增强融雪的渗透能力。在有机土壤相对干燥并具有高的传导绝缘作用情况下，有机土壤下方的矿质土壤出现类似的热响应特性。

1.4　冻结与非冻结土壤水文过程的相似性

在土壤中，一些水在0℃以下仍未冻结，未冻结的水量随温度而减少。未冻结的液态含水量θ_l和温度T之间的关系称为土壤冻结曲线（soil freezing curve，SFC）。图1-4显示了土壤水分特征曲线（SWC）和冻结曲线之间的关系。未冻结的水量随温度急剧下降，但在-8℃时仍有超过0.1cm³/cm³的水保持液态。由于冻土的土壤冻结曲线与未冻土的土壤水分特征曲线（液态含水量θ_l，土壤基质势h）相当吻合，了解液态水在冻土中的运动特性对于研究水和溶质再分布（Baker and Spaans，1997）、土壤微生物活动（Watanabe et al.，2008）、机械稳定性和冻胀（Wettlaufer and Worster，2006）、污染物运动（McCauley et al.，2002）和气候变化对永久冻土区的影响（Lopez et al.，2007）都具有重要的意义。模拟非饱和冻土中的液态水流动，不仅要知道如何表达冻土的水力和热导率，还需确定本构关系和土壤冻结曲线。

如图1-5所示，土壤孔隙充满无溶质水并冷却至0℃以下时，孔隙中心附近的水容易结冰，而表面力和毛细管力导致的自由能降低，土壤颗粒附近和颗粒间的水同时会保持液态。进一步降低温度会导致更多的冰形成，未冻结水的厚度相应地随着温度的降低而减少。Williams（1964）、Koopmans和Miller（1966）认为冻结土壤中的未冻结水与干燥土壤中的水具有相同的几何形状［图1-5（b）］，并认为未冻结水–冰界面和水–空气界面之间的压力差相同。

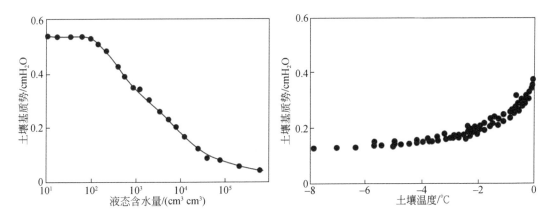

图1-4 测定的土壤水分特征曲线和土壤冻结曲线（青海省玛曲县实测数据）

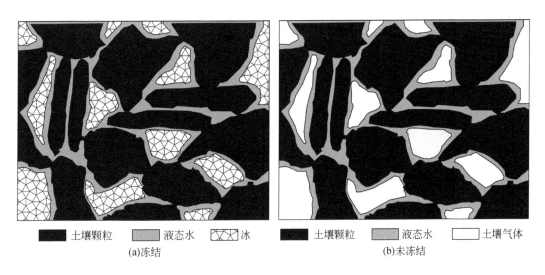

图1-5 土壤冻结和未冻结条件下液态水变化机制相似性

1.5 土壤冻融对流域水文过程的影响机制

冻土对水文循环的影响体现在不同方面，相较其他水循环要素，其作用途径更加多元。一方面，冻土限制了大气和地面之间的水分交换，降低了土壤的渗透能力和导水性能，并改变了地表水和地下水的分配比例（Cherkauer and Lettenmaier, 2003；Cheng and Jin, 2013）。冻土层的存在，特别是永久冻土层，在地表水、地下水的交换过程中起到屏障作用（Daniel and Staricka, 2000）。由于孔隙内水的相变，体积增大，将土壤内大部分孔隙空间阻塞，在永久冻土区，地下水流的作用甚至可以忽略不计（French, 2017）。因此，冻土区与一般地区相比具有不同的水文过程与水文环境（Schramm et al., 2008）。冻土除了会影响地表和地下水分配比例外，还会阻止降雨和融雪入渗，缩短径流对降雨的响应时间（Frampton and Destouni，2015），迫使地面径流顺坡而下，甚至在春季导致严重的山洪暴发。另一方面，冰的比热容［2.1J/（g·K）］是水的一半［4.2J/（g·K）］，而在0℃时冰的热导率［2.18J/（K·m·s）］又大于水的热导率［0.58J/（K·m·s）］。因此，在冰水相变过程中，系统会吸收或释放大量潜热进而影响土壤温度和湿度。在季节性时间尺度上，冻土内冰水相变的潜热，可以极大地影响地表热量和水通量（Guo et al.，2011），延迟地表冬季温度的降低和夏季温度的升高，从而影响地面热通量（Poutou et al.，2004）。此外，在冻土环境中，冻土通过阻止或破坏根系向下生长限制植被的蒸散发作用和其他包括微气候学和与蒸散发过程相关的热力学过程（Jones et al.，2006）。

自然界中的季节性冻土一般位于地表表层0～10m，大部分属于非饱和土壤的范畴。在季节性冻土分布区，冻土层的隔水和阻水作用、蓄水调节作用和抑制蒸发作用使融冻期降水下渗、土壤含水量的变化状态，以及降雨、径流、蒸发转换关系均与非冻融条件下的动态规律和特点显著不同。在水文水利、水文预报、与农业有关的水文气象干旱指标计算及农业耗水定额的确定等领域，忽视冻土的水文效应，采用无冻土地区的理论与模型，将会产生显著的偏差。例如，湿润地区蓄满产流模型在北方高寒冻土区应用，忽视冻土下垫面的冻融变化对流域产汇流的调节作用、融化期径流系数将明显偏大，导致计算流域蓄水量与实际情况严重不符。

季节性冻土的水文过程是指水分在季节冻土冻结层及以下的岩层和土壤内的迁移、转化和相变的过程，其水文特点随着土壤冻融过程中的不同阶段而显著改变。冻土冻融过程可分为不稳定冻结期、稳定冻结期、不稳定融化期、稳定融化期，水文特点与非冻土地区相比有着显著的区别。

土壤冻结时，融雪或降雨入渗、潜水蒸发在冻土锋冻结，形成冰晶体，在冻结期聚集于冻土层。融冻时，这些冰晶体填充冻土成为不透水层，使降雨和融雪入渗在融冻锋面以上聚集，形成自由水面。这些水量多聚集在近地层0.1～0.4m的土层内，此时垂线土壤含水量呈弧线形分布，上层大于下层。北欧地区的实测数据（Lundberg et al.，2016）如图1-6所示，这种分布表现了蓄水调节的作用，尤其对冻土完全冻融后的土壤含水量的调节十分有利。

土壤冻融对流域水文过程的影响具体表现为如下几个方面。

1）季节性冻融期间的土壤表层含水量

国内外的许多学者认为冻土中土壤表层含水量将增加显著（Slaughter et al.，1983；Xue and Harrison，1991；肖迪芳和丁晓黎，1996；郭占荣等，2002）。监测资料表明，增量可达20%～40%。肖迪芳等（1997）认为季节性冻土改变了土壤含水量的垂向分布，提出了含水量呈弧线形逆分配的概念：冻结期间由于冻土中土壤水分从下向上运移后多聚集于近地层10～40cm的土层内，使土壤含水量在垂向上形成弧线形逆分配，即土壤含水

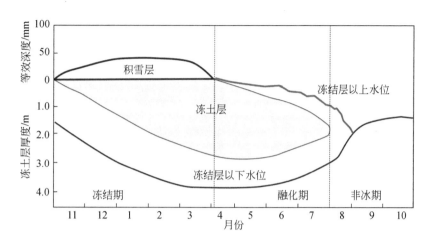

图 1-6   冻融过程中土壤含水量的垂向分布（北欧地区的实测数据）

资料来源：Lundberg et al.，2016

量分布特点是上层大于下层。

土壤含水量增加原因除与降雨、融雪的入渗补给有关外，也与冻结起始土壤含水量、潜水埋深（雷志栋等，1999）等因素有关。相同土壤理化性质条件下，冻结前的起始土壤含水量越低，冻融后的含水量增值越大；潜水位埋深越浅，冻融后的含水量增值越大。

融冻期土壤水分消退缓慢，融雪和降雨入渗受冻土不透水层的阻隔聚集于融冻锋面以上，形成冻层以上的自由水面，当遇到较大降雨入渗后，水位上涨接近地表，致使土壤达到饱和或过饱和状态（杨广云等，2007）。据黑龙江省孙吴气象站实测干旱年春季冻土融化期地下水位变化数据（图 1-7），融化过程中，冻土层以上的水位（或土壤含水量）由于冻土融化以及蒸发、水平流动共同作用，表现出先增加后减小的趋势；冻土层以下的水位（或土壤含水量），则由于冻土融化而持续增加。冻土层次年完全融化，降雨、径流的转换和对地下水的补排关系均明显滞后于非冻土地区（肖迪芳等，1997）。

2）冻融期冻土蒸发能力

冻融期土壤蒸发能力显著降低，随着冻层深度向下延伸，土壤表层蒸发几乎为零（肖迪芳和丁晓黎，1996；杨广云等，2007）。杨针娘（1993）根据祁连山黑河上游冰沟流域 1984～1987 年实验数据，得出高山冻土区年蒸发值远小于海拔低的非冻土区。关志成等（2001）根据牡丹江流域上游敦化水文站的多年月平均蒸发量数据，认为积雪的反射作用以及冻土的抑制作用，使得实际的流域蒸散发要小于同等气象条件下的水（冰）面蒸发量。

3）土壤水分入渗能力

Manabc 和 Bryan（1969）认为积雪会阻滞水分向冻土内渗透。Kane 和 Stein（1983）采用双环入渗仪在美国阿拉斯加季节性冻土、不同含水量条件下的入渗实验结果表明，季

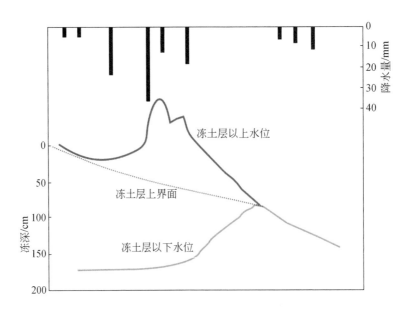

图 1-7 冻土层上下水文过程（黑龙江省孙吴气象站干旱年春季冻土融化期实测数据）

节性冻土中的入渗曲线类似于非冻土，入渗率随着土壤含水量的变化具有明显的增大或减小趋势。而且土壤初始含水量越高，入渗率就越小。

对于农业土壤温度低于0℃时仍有液态水分存在的现象，郑秀清（2002）认为是因为耕作层土壤中含有盐分将不同程度地降低冰点。大量野外大田实验研究指出，冻融期土壤含水量对冻融土壤入渗特性的影响非常显著，冻结过程中液态含水量的迅速下降，将导致高含水量土壤水力传导度的减小速率显著地超过低含水量的土壤，导致其入渗能力显著降低。邢述彦（2002）研究了灌溉水温对冻融土壤入渗规律的影响，冻土的入渗能力随入渗水温的降低而减弱。Zhang 等（2009）采用 LSMs 模型和 HMs 模型对加拿大三个不同冻土区的入渗参数进行了评价，认为冻层深度是控制冻结土壤入渗最重要的因素；不同的参数和方法所表现的入渗差异在土壤冻结期和初融期最为显著。

4) 冻融期产流方式与径流系数

Findlay（1969）、Anderson（1974）对北美亚极地区融雪水型河流水文情势研究结果表明，融化期径流系数高达0.7~0.8。Slaughter 等（1983）认为其原因是冻土作为不透水层可提高流域融雪与降雨径流的产流量。杨针娘（1993）在祁连山冰沟流域的实验结果表明，冻土下垫面的冻融变化对产汇流的调节作用不能忽视，冻土使径流系数明显偏大（0.7），洪水过程随季节的差异性是冻土区径流所独具的特征。Yamazaki（2006）根据俄罗斯西伯利亚山区水文气象数据也得出了相似的结论，欧洲的高纬度高寒地区及中国西北高山冰川冻土地区的研究也均指出春季径流系数明显偏大。对于冻融期径流增加产生的机理，Zuzel 等（1990）认为土壤入渗能力降低是主要原因。Niu 和 Yang（2006）对此进一步解释为冻土中冰的存在改变了土壤的水文与热力学特性，冻土层阻止了融雪与降雨的入渗，从而导致春季径流在时间上提前、流量增加。

5）冻土水文特性对全球气候变化的响应

寒区水文对气候变暖的响应包括在降雨、蒸散发、径流、降雪与积雪面积等多个方面。全球降水在波动中略有增加，在北半球水面蒸发量呈逐步减少的趋势，径流量及其时空分布发生了巨大变化，全球以降雪形式的降水越来越少，且积雪面积越来越小，冰川出现加速退缩的现象。根据对俄罗斯和北美地区实验观察表明，冻土温度明显升高，多年冻土面积均不同程度减少（Sherstyukov et al., 2009；Douglas et al., 2008；Romanovsky, 2008），高山冻土区冬季径流量明显增加（Janowicz et al., 2008）。在全球气候变暖背景下，中国冻土主要表现为最大冻土深度减小、冻结日期推迟、融化日期提前、冻结持续期缩短，以及冻土下界上升的总体退化趋势（陈博和李建平，2008），20 世纪 90 年代以来许多内陆和高山地区的多年冻土转变为季节性冻土（李林等，2008）。

第 2 章 冻融过程对土壤物理及水热动力学性质的影响

在温度场和水分场耦合作用下，冻土中未冻结的液态水发生迁移运动，直接影响了液态含水量和含冰量的空间分布，液态水相变形成冰时释放的大量潜热，同时也会影响温度场变化分布。为了反映冻土中水热耦合作用机制，一般构建包括液态含水量、含冰量和温度等多个变量的冻土水热耦合方程。其中，液态含水量–温度关系曲线是冻土水热耦合方程的联系方程，并且由该曲线可以推导出耦合方程中重要的热力学和水分迁移参数，因此研究冻结过程中液态含水量随温度的变化特性是研究水热耦合作用机制的基础。

2.1 冻融过程对土壤结构性质变化的影响

2.1.1 水分相变及其对体积变化的影响

土壤中各组分包括冻土中的土壤骨架含量（n_s）、单位内冻土的含冰量（n_i）、冻土的液态含水量（n_w）。在单位体积内，$n_s + n_i + n_w = 1$。从水变为冰时水的相变量定义为 n_{wi}（含水量的变化量），冰变为水时冰的相变量被定义为 n_{iw}（含冰量的变化量），则：

$$n_{wi} = \frac{\rho_i}{\rho_w} n_{iw} \tag{2-1}$$

式中，ρ_w 为水的密度；ρ_i 为冰的密度。

单位体积内冻结土壤的临界冰体积 n_{ic} 定义为土壤颗粒之间的整个孔隙度刚好被冰体积充满时的体积，如图 2-1 所示。而刚好保持冰晶体与土壤颗粒完全接触的土壤颗粒含量定义为临界土壤体积 n_{sc}。$n_s < n_{sc}$ 的情况下，表明土壤颗粒被冰穿透或冰与土壤颗粒的分离。

由于水的迁移，各组分的体积发生变化（图 2-2）。单位体积土壤在时间 Δt 内从外部吸收的液态水体积 Δ_w 为

$$\Delta_w = -\nabla v_w \Delta t \tag{2-2}$$

式中，v_w 为解冻水的迁移速度。而在 $t + \Delta t$ 时刻，吸收了解冻水体积 Δ_w 后，各组分体积分别由 n_s、n_i、n_w 变为 n_{s2}、n_{i2}、n_{w2}，总体积变为 $v_2 = 1 + \Delta_w$。因此，根据质量守恒原理，各

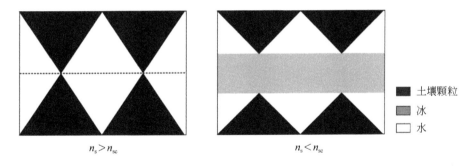

$n_{\mathrm{s}} > n_{\mathrm{sc}}$　　　　　　　　　　$n_{\mathrm{s}} < n_{\mathrm{sc}}$

土壤颗粒
冰
水

图 2-1　临界接触体积示意图

部分的体积比随时间的变化可表示为

$$\frac{\partial n_{\mathrm{s}}}{\partial t} = \lim_{\Delta t \to 0} \frac{n_{\mathrm{s2}} - n_{\mathrm{s}}}{\Delta t} = \lim_{\Delta t \to 0} \frac{-wn_{\mathrm{s}}}{\Delta t(1 + \Delta w)} = n_{\mathrm{s}} \, \nabla \boldsymbol{v}_{\mathrm{w}} \tag{2-3}$$

$$\frac{\partial n_{\mathrm{i}}}{\partial t} = \lim_{\Delta t \to 0} \frac{n_{\mathrm{i2}} - n_{\mathrm{i}}}{\Delta t} = \lim_{\Delta t \to 0} \frac{-wn_{\mathrm{i}}}{\Delta t(1 + \Delta w)} = n_{\mathrm{i}} \, \nabla \boldsymbol{v}_{\mathrm{w}} \tag{2-4}$$

$$\frac{\partial n_{\mathrm{w}}}{\partial t} = \lim_{\Delta t \to 0} \frac{n_{\mathrm{w2}} - n_{\mathrm{w}}}{\Delta t} = \lim_{\Delta t \to 0} \frac{\Delta w(1 - n_{\mathrm{w}})}{\Delta t(1 + \Delta w)} = (n_{\mathrm{w}} - 1) \, \nabla \boldsymbol{v}_{\mathrm{w}} \tag{2-5}$$

式中，Δw 和 w 分别表示液态含水量变化量和液态含水量。

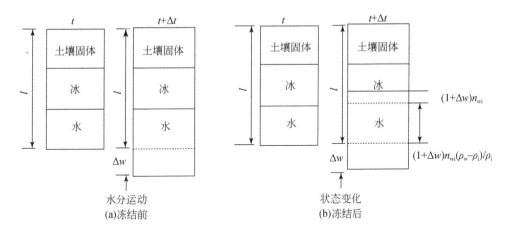

$(1+\Delta w)n_{\mathrm{wi}}$

$(1+\Delta w)n_{\mathrm{wi}}(\rho_{\mathrm{w}}-\rho_{\mathrm{i}})/\rho_{\mathrm{i}}$

水分运动　　　　　　状态变化
(a)冻结前　　　　　　(b)冻结后

图 2-2　冻结前后三相体积变化的解释

式（2-3）~ 式（2-5）需要满足以下条件：

$$\frac{\partial n_{\mathrm{s}}}{\partial t} + \frac{\partial n_{\mathrm{i}}}{\partial t} + \frac{\partial n_{\mathrm{w}}}{\partial t} = 0 \tag{2-6}$$

当水变成冰时，相变引起的体积增量表示为

$$\Delta_w = \frac{\rho_{\mathrm{w}} - \rho_{\mathrm{i}}}{\rho_{\mathrm{i}}} \Delta n_{\mathrm{wi}} l = \frac{\rho_{\mathrm{w}} - \rho_{\mathrm{i}}}{\rho_{\mathrm{i}}} \frac{\partial n_{\mathrm{wi}}}{\partial t} \Delta t \tag{2-7}$$

根据质量守恒原理，各组分的体积变化比为

$$\frac{\partial n_s}{\partial t} = \lim_{\Delta t \to 0} \frac{n_{s2} - n_s}{\Delta t} = \lim_{\Delta t \to 0} \frac{-\Delta w n_s}{\Delta t(1 + \Delta w)} = -\frac{\rho_w - \rho_i}{\rho_i} n_s \frac{\partial n_{wi}}{\partial t} \tag{2-8}$$

$$\frac{\partial n_i}{\partial t} = \lim_{\Delta t \to 0} \frac{n_{i2} - n_i}{\Delta t} = \lim_{\Delta t \to 0} \frac{-\Delta w n_i + \frac{\rho_w}{\rho_i} n_{wi}}{\Delta t(1 + \Delta w)} = \left(\frac{\rho_w}{\rho_i} - \frac{\rho_w - \rho_i}{\rho_i} n_i\right) \frac{\partial n_{wi}}{\partial t} \tag{2-9}$$

$$\frac{\partial n_w}{\partial t} = \lim_{\Delta t \to 0} \frac{n_{w2} - n_w}{\Delta t} = \lim_{\Delta t \to 0} \frac{-\Delta w n_w - n_{wi}}{\Delta t(1 + \Delta w)} = \left(-1 - \frac{\rho_w - \rho_i}{\rho_i} n_w\right) \frac{\partial n_{wi}}{\partial t} \tag{2-10}$$

总体积变化率可以用上述两部分之和表示：

$$\frac{\partial n_s}{\partial t} = n_s \, \nabla \boldsymbol{v}_w - \frac{\rho_w - \rho_i}{\rho_i} n_s \frac{\partial n_{wi}}{\partial t} \tag{2-11}$$

$$\frac{\partial n_i}{\partial t} = n_i \, \nabla \boldsymbol{v}_w + \left(\frac{\rho_w}{\rho_i} - \frac{\rho_w - \rho_i}{\rho_i} n_i\right) \frac{\partial n_{wi}}{\partial t} \tag{2-12}$$

$$\frac{\partial n_w}{\partial t} = (n_w - 1) \, \nabla \boldsymbol{v}_w + \left(-1 - \frac{\rho_w - \rho_i}{\rho_i} n_w\right) \frac{\partial n_{wi}}{\partial t} \tag{2-13}$$

2.1.2 土壤结构变化方程

一个从多孔连续体中提取的微分单元，其孔隙空间充满了水，既有液体形式（指数 $J=L$），也有结晶固体形式（指数 $J=C$）。微分单元是一个开放系统，可以与相邻单元交换液态水，也可能交换冰晶。根据开放系统的热力学第一定律和第二定律，该系统满足克劳修斯–迪昂（Clausius-Duhem）不等式（Coussy，2004）：

$$\sigma_{ij} \frac{\mathrm{d}\varepsilon_{ij}}{\mathrm{d}t} - \mu_L \nabla \cdot w_L - \mu_C \nabla \cdot w_C - \varphi \frac{\mathrm{d}T}{\mathrm{d}t} - \frac{\mathrm{d}F}{\mathrm{d}t} \geq 0 \tag{2-14}$$

式中，σ_{ij} 为微分单元所承受的应力分量；μ_J 为 J 相的特定吉布斯化学势；w_J 为与 J 相相关的质量传输向量。设 ε_{ij} 是相对于无应力液体饱和条件下的应变分量（水处于大气压力下为零），微分单元整体水冻结温度 T_f。T、φ 和 F 分别是当前温度、总熵和总亥姆霍兹（Helmholtz）自由能。

$\sigma_{ij} \mathrm{d}\varepsilon_{ij}/\mathrm{d}t$ 是总应变功率，$-\mu_L \nabla \cdot w_L$ 是通过 J 相的从外部进入的质量流提供的自由功率。考虑到热项 $-\varphi \mathrm{d}T$，式（2-14）中总自由能供应与开放系统最终存储的无穷小自由能 $\mathrm{d}F$ 之间的差不能为负，相对于 J 相的连续性方程可以表示为

$$\frac{\mathrm{d}m_L}{\mathrm{d}t} = -\nabla \cdot w_L - \overset{\circ}{m}_\to, \quad \frac{\mathrm{d}m_C}{\mathrm{d}t} = -\nabla \cdot w_C + \overset{\circ}{m}_\to \tag{2-15}$$

式中，m_J 是与 J 相相关的质量，微分单元初始体积 $\mathrm{d}\Omega_0$，而 $\overset{\circ}{m}_\to$ 是液态水团转化成冰的速率。将式（2-15）代入式（2-14）得

$$\left(\mu_C - \mu_L \right) \overset{\circ}{\overrightarrow{m}} + \left(\sigma_{ij} \frac{\mathrm{d}\varepsilon_{ij}}{\mathrm{d}t} + \sum_{J=L,C} \mu_J \frac{\mathrm{d}m_J}{\mathrm{d}t} - \varphi \frac{\mathrm{d}T}{\mathrm{d}t} - \frac{\mathrm{d}F}{\mathrm{d}t} \right) \geq 0 \qquad (2\text{-}16)$$

式（2-16）中的第一项为在整个相变过程中可能发生的能量耗散。在一个零耗散过程中，同一组分共存相之间的热力学平衡要求其化学势相等：

$$\mu_C = \mu_L \qquad (2\text{-}17)$$

式（2-16）中括号内第二项相关的剩余耗散，在水体实际占据的多孔体积的介观尺度下，有

$$\mathrm{d}\mu_J = \frac{\mathrm{d}p_J}{\rho_J} - s_J \mathrm{d}T \qquad (2\text{-}18)$$

式中，p_J、ρ_J 和 s_J 代表相对于 J 相的压力、比质量密度和比熵。引入（拉格朗日）总孔隙度 ϕ 和部分孔隙度 ϕ_J，$\phi \mathrm{d}\Omega_0$ 和 $\phi_J \mathrm{d}\Omega_0$ 分别是总多孔体积和 J 相所占据的体积，得

$$\phi = \phi_L + \phi_C, m_J = \rho_J \phi_J \qquad (2\text{-}19)$$

以 F_{sk} 和 φ_{sk} 分别表示亥姆霍兹自由能和"骨架"（通过从土壤去除液体和冰晶后的物质）的单位初始体积熵：

$$F_{sk} = F - \sum_{J=L,C} m_J \left(\mu_J - \frac{p_J}{\rho_J} \right), \phi_{sk} = \varphi - \sum_{J=L,C} m_J s_J \qquad (2\text{-}20)$$

将式（2-17）~式（2-20）代入式（2-16），得 Clausius-Duhem 不等式：

$$\sigma_{ij} \mathrm{d}\varepsilon_{ij} + \sum_{J=L,C} p_J \mathrm{d}\phi_J - \phi_{sk} \mathrm{d}T - \mathrm{d}F_{sk} \geq 0 \qquad (2\text{-}21)$$

液体和冰晶相被"除去"的情况下，"骨架"仍然包括不同组分之间的移动界面。组成界面的变化，以及随之而来的局部孔隙率 φ_J 的变化，是由两个不同的过程引起的。第一个过程是冰晶侵入多孔体积，涉及冰晶、液态水和固体基质之间新的内部界面的产生。第二个过程只与骨架变形有关，由多孔网络内壁上的晶体和液体压力作用而产生。因此，以 ϕ_0 表示初始总孔隙度，则 ϕ_J 的变化可以分成两个独立过程的叠加：

$$\phi_J = \phi_0 S_J + \varphi_J, S_C + S_L = 1 \qquad (2\text{-}22)$$

$\phi_0 S_{J=L,C}$ 部分量化第一个进程。$\phi_0 S_C \mathrm{d}\Omega_0$（或 $\phi_0 S_L \mathrm{d}\Omega_0$）表示当前被冰侵入的多孔体积（或保持被液态水占据）。实际上，因为与初始总多孔体积 $\phi_0 \mathrm{d}\Omega_0$ 相关，S_J 可以被认为是相 J 的拉格朗日饱和度，与不适当地应用于当前多孔体积 $\phi \mathrm{d}\Omega_0$ 的欧拉定义相反（Coussy et al., 1998; Dangla and Coussy, 1998; Coussy, 2004），ϕ_C（或 ϕ_L）仅与骨架变形有关，即 $\phi_C \mathrm{d}\Omega_0$（或 $\varphi_L \mathrm{d}\Omega_0$）代表当前充满冰的（或充满水）在压力 p_C（或 p_L）下的体积变化。任一条件下，当前（拉格朗日）总孔隙度 ϕ（最终仅涉及骨架）表示为

$$\phi = \phi_0 + \phi_L + \phi_C \qquad (2\text{-}23)$$

与组分 J 和其他组分之间新的内部界面的产生相关，饱和度 S_J 从 0 变化到 1，并因此经历有限的变化。与之相反，多孔网络的微小变形，部分孔隙率 ϕ_J 仅经历微小的变化。在液体比容 $1/\rho_L$ 发生微小变化时，通过防止液态水进入多孔介质或从多孔介质中逸出，液体

饱和度 S_L 可以保持恒定在其当前值。温度也需要保持恒定，以防止显著的液-晶转变，$S_L = 1 - S_C$ 保持不变的条件下，并由此受到控制，ϕ_L 和 ϕ_C 的后续变化分别减少到 ϕ_L 和 ϕ_C 的变化。

无耗散（既假设弹性固体矩阵，又忽略在冻融循环中观察到的可能的滞后效应）条件下，不等式（2-21）变成等式，将式（2-22）代入式（2-21），得

$$\sigma_{ij}\mathrm{d}\varepsilon_{ij} + \sum_{J=L,C} p_J\mathrm{d}\phi_J - \phi_0(p_C - p_L)\mathrm{d}S_L - \phi_{sk}\mathrm{d}T - \mathrm{d}F_{sk} = 0 \tag{2-24}$$

在能量平衡方程式（2-24）中，第三项确定了对抗界面力所做的功在冰晶和固体基质之间产生新的界面，并使内部冰-液态水前沿在多孔体积内传播，最终导致初始多孔体积 $-\phi_0\mathrm{d}S_L = \phi_0\mathrm{d}S_C$ 被冰侵入。相比之下，前两项确定了仅与固体骨架变形相关的功率，不考虑新界面的形成。从式（2-24）推导出

$$F_{sk} = F_{sk}(\varepsilon_{ij},\phi_J,S_L,T):\sigma_{ij} = \frac{\partial F_{sk}}{\partial \varepsilon_{ij}}, P_J = \frac{\partial F_{sk}}{\partial \varphi_J}, \phi_0(p_C - p_L) = -\frac{\partial F_{sk}}{\partial S_L}, \phi_{sk} = -\frac{\partial F_{sk}}{\partial T}$$

$$\tag{2-25}$$

无论组分 J 的实际性质是气态还是液态，以及是否为同一组分的不同相，组成状态方程式（2-25）都适用。

2.1.3 冻土液体–晶体平衡关系

根据式（2-18），相 $J=L$ 或 C 的化学势 μ_J 的自然变量是温度 T 和当前压力 P_J。对 μ_J 进行微分变化，只保留二阶项，得

$$J = \mu_J^0 - (T - T_f)s_J^0 + \frac{P_J}{\rho_J^0} - \frac{C_J}{2T_f}(T - T_f)^2 + 3\alpha_J(T - T_f)\frac{P_J}{\rho_J^0} - \frac{1}{2}\frac{P_J^2}{\rho_J^0 K_J} \tag{2-26}$$

式中，ρ_J^0 和 s_J^0 为与参考（大气）条件 $p_J = 0$ 和 $T = T_f$ 相关的质量密度和比熵。根据 T_f 的定义，参考化学势 μ_C^0 和 μ_L^0 是相等的。借助式（2-18），式（2-26）相关的线性化本构方程可表示为

$$\frac{1}{\rho_J} = \frac{\partial \mu_J}{\partial P_J} = \frac{1}{\rho_J^0}\left(1 + 3\alpha_J(T - T_f) - \frac{P_J}{K_J}\right) \tag{2-27a}$$

$$\rho_J^0 s_J = -\rho_J^0 \frac{\partial \mu_J}{\partial T} = \rho_J^0 s_J^0 + \rho_J^0 C_J\frac{T - T_f}{T_f} - 3\alpha_J P_J \tag{2-27b}$$

其中，K_J、$3\alpha_J$ 和 C_J 分别为（等温）体积模量、（等压）体积热膨胀系数和（等压）单位质量热容量。假设温度下降不大，忽略与水的可压缩性和热膨胀相关的二次项，则式（2-17）和式（2-26）组合为

$$P_C - P_L = \phi_f(T_f - T) = \rho_C^0\Delta\mu \tag{2-28}$$

式中，$\phi_f = \rho_C^0(s_L^0 - s_C^0) > 0$ 表示晶体单位体积的融化熵；$\Delta\mu$ 是过冷或者两相保持在相同的（大气）压力下差值（$\mu_C - \mu_L$）。

对于冰晶，除了式（2-26）中的二次压力项，还必须考虑弹性剪切的影响。根据式（2-28），总弹性能量对于液–晶平衡实际上可忽略不计，只要满足：

$$\frac{\phi_f(T_f - T)}{2K_{J=L,C}} \ll 1, \frac{\phi_f(T_f - T)}{2G_C} \ll 1 \tag{2-29}$$

式中，G_C 是冰的剪切模量。模量 $K_{J=L,C}$ 和 G_C 的数量级是 $3\times10^9\,\text{Pa}$，$\phi_f = 1.2\times10^6\,\text{Pa/K}$。由于 p_L 在多孔材料无限小单元内是均匀的，液–晶平衡条件式（2-28）要求压力 P_C 在晶体内也是均匀的，该晶体被相邻的受限液态水包围。由于孔隙内晶体压力的均匀性，冰晶内部最终不会产生明显的剪切应力，这在受限结晶物理学中通常是隐含假设的剪切应力（Scherer，1993）。液–晶转变将不断调整当前冻结的体积，以匹配界定其固体内壁的变形，从而实现冰的孔内均匀体积变形，并避免任何剪切变形。所描述的情况与地球物理学中遇到的压力–溶解平衡明显不同，在地球物理学中，上层施加的宏观应力会在颗粒接缝处引起高应力集中，因此局部公式的弹性能和剪切作用不再可以忽略。

同时也需要指出，式（2-28）的推导，也使用了近似值：

$$\frac{\rho_L^0}{\rho_C^0} - 1 \simeq 0.09 \simeq 1 - \frac{\rho_C^0}{\rho_L^0} \ll 1 \tag{2-30}$$

现有的方法基本上采用了这种近似法。

2.1.4 液体饱和曲线

由于能量的可叠加性，自由能 F_{sk} 可以分成两部分：不包括界面的固体骨架的（弹性）自由能 W，以及形成多孔材料的组分之间的界面能 U。根据式（2-25），F_{sk} 的参数包括 ε_{ij}、ϕ_J、S_L、T，依据物理定义，W 和 U 的自然参数分别是 ε_{ij}、ϕ_J、T 和 S_L、ϕ、T。

冰晶和液态水之间的界面能量可以被认为不显著依赖于温度（Brun et al.，1977）：

$$F_{sk}(\varepsilon_{ij}, \phi_J, S_L, T) = W(\varepsilon_{ij}, \phi_J, T) + \phi U(S_L, \phi) \tag{2-31}$$

F_{sk} 的表达式（2-31）假设界面能量 $\phi U(S_L, \phi)$ 不单独依赖于 ϕ_C 和 ϕ_L，而是 $\phi = \phi_C + \phi_L$ 叠加的函数。需要指出的是，尽管对于不可变形的骨架这一设定成立，但对于具有非零应变分量 ε_{ij} 的可变形骨架，其仍然是一个假设。

能量 U 从宏观上说明了与微观内界面相关的能量，而不考虑其详细几何形状，适用于毛细滞后现象不存在的条件，如单调冷却时观察到的宏观变形情况。相反，当滞后不能再被忽略时，毛细耗散发生，等式（2-24）不成立，必须明确说明内部界面的形态。

拉格朗日孔隙度 ϕ 是指当前孔隙体积与恒定初始总体积 $d\Omega_0$ 之比，因此写为

$$\phi d\Omega_0 = \ell^3 \tag{2-32}$$

则

$$\frac{\mathrm{d}\phi}{\phi} = 3\frac{\mathrm{d}\ell}{\ell} \tag{2-33}$$

量纲分析表明：

$$U = \frac{\gamma_{\mathrm{CL}}}{\ell}f\left(\frac{\ell_i}{\ell}\right) \tag{2-34}$$

式中，ℓ_i 代表精细描述多孔网络几何形状所需的所有相关特征长度；γ_{CL} 是液-晶界面能量，忽略了与几何形状相关的变量之外的变量。由式（2-34）得

$$\frac{\mathrm{d}U}{U} = -\frac{\mathrm{d}\ell}{\ell} \tag{2-35}$$

式中，假设多孔体积经历相似的各向同性转变，令 $\mathrm{d}(\ell_i/\ell) = 0$。消除式（2-33）和式（2-35）中的 ℓ，得

$$U = \phi^{-1/3}\Gamma(S_L) \tag{2-36}$$

式（2-31）为

$$F_{\mathrm{sk}}(\varepsilon_{ij},\phi_J,S_L,T) = W(\varepsilon_{ij},\phi_J,T) + \phi^{2/3}\Gamma(S_L) \tag{2-37}$$

把式（2-37）代入式（2-25），并且设定微分变换 $(\phi - \phi_0)/\phi_0 \ll 1$，得

$$p_C - p_L = -\frac{\mathrm{d}U}{\mathrm{d}S_L} \tag{2-38}$$

液-晶平衡方程［式（2-28）］和状态方程［式（2-38）］共同揭示了热力学状态函数 $\sigma_L(\Im = T_f - T)$ 的存在，并将液体饱和度 S_L 和当前冷却 $\Im = T_f - T$ 联系起来：

$$S_L = \sigma_L(\Im = T_f - T) \tag{2-39}$$

宏观液体饱和曲线 $\sigma_L(\Im)$ 最终捕捉到其在宏观尺度上建立的液-晶平衡。曲线 $\sigma_L(\Im)$ 可以通过实验在宏观尺度上直接确定，或者通过热孔量热法（Zuber and Marchand, 2004）、核磁共振（nuclear magnetic resonance, NMR）（Watanabe and Mizoguchi, 2002）、介电测量（Spaans and Baker, 1995; Fen-Chong et al., 2004）在微观尺度上进行测定。

忽略孔隙度变化引起的 U 的变化相对于冰饱和度变化引起的 U 的变化，U 可由式（2-28）、式（2-38）和从函数 σ_L 的经验知识（$U(S_L) = -\int_0^{\Im}\phi_f\Theta \times \mathrm{d}\sigma_L(\Theta)$）确定。

2.1.5 非饱和多孔弹性体的本构方程

将式（2-37）代入状态方程式（2-31），并使用孔隙度和表面能表达式（2-23）和式（2-36），提供了以下形式的状态方程

$$\sigma_{ij} = \frac{\partial W}{\partial \varepsilon_{ij}}, p_J - \frac{2}{3}U = \frac{\partial W}{\partial \phi_J}, \phi_{\mathrm{sk}} = -\frac{\partial W}{\partial T} \tag{2-40}$$

根据状态方程式（2-40），$p_J - 2U/3$ 是最终通过限定由成分 J 占据的多孔体积的内部

固体壁传递到固体骨架的净压力强度。项 $-2U/3$ 说明了与表面能 U 相关的拉伸界面力。U 的系数 $2/3$，表明了界面力与界面（二维）所浸入的孔隙（三维）的维度关系。

引入 W 相对于 ϕ_J 的勒让德–芬切尔变换 W^*：

$$W^* = W - \sum_{J=L,C} \left(p_J - \frac{2}{3}U \right) \phi_J \tag{2-41}$$

状态方程式（2-40）在形式上部分倒置：

$$\sigma_{ij} = \frac{\partial W^*}{\partial \varepsilon_{ij}}, \phi_J = \frac{\partial W^*}{\partial (p_J - 2U/3)}, \phi_{sk} = -\frac{\partial W^*}{\partial T} \tag{2-42}$$

式（2-42）为非饱和多孔弹性的广义状态方程。采用二次形式描述弹性关系。在各向同性的情况下：

$$\sigma_{ij} = (K - 2G/3)\varepsilon \delta_{ij} + 2G\varepsilon_{ij} - \left[b_C(p_C - 2U/3) + b_L(p_L - 2U/3) + 3aK(T - T_f) \right]\delta_{ij} \tag{2-43a}$$

$$\phi_C = b_{C\varepsilon} + \frac{p_C - 2U/3}{N_{CC}} + \frac{p_L - 2U/3}{N_{CL}} - 3a_C(T - T_f) \tag{2-43b}$$

$$\phi_L = b_{L\varepsilon} + \frac{p_C - 2U/3}{N_{CL}} + \frac{p_L - 2U/3}{N_{LL}} - 3a_L(T - T_f) \tag{2-43c}$$

式中，ε 是膨胀体积，K、G 和 a 分别是固体骨架的体积模量、剪切模量和热体积膨胀系数，反映受条件限制的多孔材料物理性质；b_J 为水在 J 相下（液体形式 $J=L$，固体形式 $J=C$）的广义毕奥（Biot）系数；N_{IJ} 为水在 I、J 相下（I、J 表示水的相态）的广义毕奥耦合模量；a_J 是与 J 相所占据的孔隙体积的热膨胀相关的系数。

2.1.6 低温条件下土壤孔隙的变化

使用水和骨架本构方程式（2-27a）和式（2-43b）、式（2-43c）以及关系式（2-22），基于式（2-30）的假设，微分单元中当前包含的总含水量表示为

$$\rho_C \phi_C + \rho_L \phi_L = \rho_L^0 \phi_0 + \rho_L^0 (v\Delta_\rho + v_\phi) \tag{2-44}$$

其中

$$v\Delta_\rho = \left(\frac{\rho_C^0}{\rho_L^0} - 1 \right) \phi_0 S_C \tag{2-45}$$

而且

$$v_\phi = b\varepsilon + \sum_{J=L,C} \frac{p_J - 2U/3}{M_J} + \frac{2}{3}U \sum_{J=L,C} \frac{\phi_0 S_J}{K_J} + 3 \left(\sum_{J=L,C} \phi_0 S_J \alpha_J + a_C + a_L \right)(T_f - T) \tag{2-46}$$

b 和 M_J 被定义为

$$b = b_C + b_L, \frac{1}{M_J} = \frac{1}{N_{JJ}} + \frac{1}{N_{LC}} + \frac{\phi_0 S_J}{K_J} \tag{2-47}$$

式中，$v\Delta_\rho$ 表示由于冰饱和度变化和相关液–晶质量密度差异引起的孔隙体积变化。v_ϕ 项与水资源项有关，是由于热机械载荷下孔隙体积的变形，其上述表达式与液–晶相变无关。液–晶平衡条件式（2-28）为

$$v_\phi = b\varepsilon + \frac{1}{M}\left(p_L - \frac{2}{3}U\right) + \frac{\phi_f(T_f - T)}{M_C} + \frac{2}{3}U\sum_{J=L,C}\frac{\phi_0 S_J}{K_J} + 3\left(\sum_{J=L,C}\phi_0 S_J\alpha_J + a_c + a_L\right)(T_f - T)$$

(2-48)

其中，

$$\frac{1}{M} = \frac{1}{M_L} + \frac{1}{M_C}$$

(2-49)

在式（2-48）中，由 ϕ_f 的分解项说明了微低温抽吸过程导致的孔隙度变化，该过程不断调整液体和晶体饱和度，以便随时满足液–晶平衡条件［式（2-28）］。

2.2 冻融过程中土壤液态含水量确定的物理方法

2.2.1 冻土中液态含水量物理表征方法

可利用土壤温度、土壤温度和土壤颗粒比表面积、土壤水分曲线确定冻土液态含水量。

1. 土壤温度–液态含水量

在液态含水量和冰点以下土壤温度之间的各种关系中，最常用的幂函数如下（Anderson and Tice，1972；Osterkamp and Romanovsky，1997；Xu et al.，2010；Zhang et al.，2008）：

$$\theta_u = a\,|T|^c$$

(2-50)

式中，θ_u 为液态含水量；a 和 c 为经验拟合参数；T 为土壤温度。

Osterkamp 和 Romanovsky（1997）基于各种冻土中观察到的冰点温度（T_f），对幂函数形式进行了修正（Anderson and Tice，1972；Osterkamp，1987；Quinton et al.，2005），得

$$\theta_u = a\,|T - T_f|^c$$

(2-51)

式中，T_f 为冰点温度（Kozlowski，2004）。

Anderson 和 Tice（1972）、Anderson 和 Morgenstern（1973）认为冻土的液态含水量和土壤温度之间的关系可以用幂定律来描述：

$$\theta_u = \frac{\rho_s(1 - \theta_s)}{100\rho_w}\alpha\,(-T)^\beta$$

(2-52)

式中，ρ_s 是土壤固体的密度（M/L^3）；ρ_w 是水的密度；θ_s 是饱和体积含水量（m^3/m^3）；α 和 β 是经验拟合参数。

van Genuchten（1980）提出的液态含水量计算方法也已得到广泛应用（Nishimura et al.，2009；Vitel et al.，2016；Mu et al.，2018）：

$$\theta_u = \left[1 + \left(\frac{L_f \rho_w \ln((T + 273.15)/273.15)}{\alpha_0} \right)^{n_0} \right]^{-m_0} \tag{2-53}$$

式中，α_0、n_0 和 m_0 是与土壤性质相关的参数；L_f 为水的融化潜热（0℃时为 3.337×10^5 J/kg）。

一些研究基于冰点水势函数（Cary and Mayland，1972；Zhao and Gray，1997；Smirnova et al.，2000；Zhang et al.，2008）对土壤液态含水量进行计算：

$$\theta_u = \varepsilon \left[L_f(T - T_f)/[g(T + 273.15)\phi_0] \right]^{-1/b} \tag{2-54}$$

式中，ε 是土壤孔隙度（m^3/m^3）；g 是重力加速度（m/s^2）；ϕ_0 是饱和土壤基质势（m）；b 是土壤水势–含水量曲线的形状系数。

基于实验结果（Anderson and Tice，1973），液态含水量的函数形式被假定为（Michalowski，1993）：

$$\theta_u = \theta_{u,1} + (\theta_f - \theta_{u,1})\exp(-a(T - T_f)) \tag{2-55}$$

式中，θ_f 是冻结温度 T_f 下的液态含水量；$\theta_{u,1}$ 是最小液态含水量（m^3/m^3）；a 是拟合参数。

液态含水量的另一个可能形式是指数函数（Lunardini，1988；McKenzie et al.，2007）。用冻结温度下的液态含水量代替饱和度，进行修正：

$$\theta_u = (\theta_f - \theta_{u,1})\exp\left(-\left(\frac{T - T_f}{w} \right)^2 \right) + \theta_{u,1} \tag{2-56}$$

式中，w 是拟合参数。

McKenzie 等（2007）、Ge 等（2011）都提出，液态含水量可以通过连续的指数函数获得，且非饱和条件（Kurylyk and Watanabe，2013）函数中用总含水量代替饱和体积含水量：

$$\theta_u = \theta_{u,1} + (\theta_w - \theta_{u,1})\exp\left(-\left(\frac{T}{w} \right)^2 \right) \tag{2-57}$$

式中，θ_w 是总含水量（m^3/m^3）。

此外，指数形式的其他一些形式也被广泛用于计算液态含水量，如（Mu et al.，2018；Zhang and Michalowski，2015）：

$$\theta_u = \theta_{u,1} + (\theta_s - \theta_{u,1})\exp(wT) \tag{2-58}$$

Tice 等（1976）提出了一个液态含水量的经验公式，表示为

$$\theta_u = \begin{cases} \theta_w[1 - (T - T_f)^\beta], & T \leqslant T_f \\ \theta_w, & T > T_f \end{cases} \tag{2-59}$$

式中，β 是经验参数。

Nicolsky 等（2017）使用以下等式计算液态含水量：

$$\theta_u = \begin{cases} a\,|T_f|^b\,|T|^{-b}, & T \leqslant T_f \\ \theta_s, & T > T_f \end{cases} \tag{2-60}$$

式中，a 和 b 是拟合参数。

McKenzie 等（2007）认为，简单的分段线性函数可以合理地逼近液态含水量。采用总含水量取代非饱和条件下孔隙度，得（Kurylyk and Watanabe, 2013）：

$$\theta_u = \begin{cases} mT_f + \theta_w, & T > T_{u,1} \\ \theta_{u,1}, & T \leqslant T_{u,1} \end{cases} \tag{2-61}$$

式中，$T_{u,1}$ 是液态含水量达到最小值时的临界温度（℃）。

Qin 等（2008）发现接近零时存在奇异值。因此，液态含水量被视为内部变量；当与内部变量共轭时，是未冻结土壤的相变潜热。利用连续介质热力学理论推导出液态含水量与土壤的关系式（Qin et al., 2008）：

$$\theta_u = \begin{cases} -a(T + 273.15)^b + \theta_w, & T_{u,1} < T < 0 \\ 0, & T \leqslant T_{u,1} \end{cases} \tag{2-62}$$

式中，a 是拟合参数。

根据观测到的土壤温度和液态含水量，通过拟合以下函数确定液态含水量（Westermann et al., 2011）：

$$\theta_u = \begin{cases} \theta_{u,1} - (\theta_{max} - \theta_{u,1})\dfrac{\delta}{T - \delta}, & T \leqslant 0 \\ \theta_{max}, & T > 0 \end{cases} \tag{2-63}$$

式中，θ_{max} 是最大含水量；δ 是拟合参数（℃）。

使用分段线性函数计算液态含水量；所有参数都有物理意义，可以简单地实现如下（Goodrich, 1978; Zhang et al., 2003, 2008）：

$$\theta_u = \begin{cases} \theta_w - (\theta_w - \theta_{u,1})(T - T_f)/(T_{u,1} - T_f), & T > T_{u,1} \\ \theta_{u,1}, & T \leqslant T_{u,1} \end{cases} \tag{2-64}$$

Kozlowski（2007）开发了一个液态含水量的半经验模型，该模型由以下三个不同温度范围的三个等式组成：

$$\theta_u = \begin{cases} \theta_w, & T > T_f \\ \theta_{u,1} + (\theta_w - \theta_{u,1})\exp\left[\delta\left(\dfrac{T_f - T}{T - T_{u,1}}\right)^{\chi}\right], & T_f \geqslant T > T_{u,1} \\ \theta_{u,1}, & T \leqslant T_{u,1} \end{cases} \tag{2-65}$$

式中，δ 和 χ 为该表达式的拟合参数。

根据观测数据，液态含水量可表示为土壤温度的函数，如下所示（Zhang et al., 2017）：

$$\theta_{u} = \begin{cases} \overline{\theta}\left(1 - \left(\dfrac{T_{f} - T}{273.15 + T_{f}}\right)^{\beta}\right), & -273.15 < T < T_{f} \\ \overline{\theta}, & T \geqslant T_{f} \end{cases} \tag{2-66}$$

式中，$\overline{\theta}$ 为解冻期的平均体积含水量；β 为拟合参数。

当温度低于冰点时，液态含水量可通过液态水体积与温度之间的关系使用理论表达式获得，如下所示（Bai et al., 2018）：

$$\theta_{u} = \begin{cases} (\theta_{0} - \theta_{u,l})\, e^{b(T-T_{f})} + \theta_{u,l}, & T < T_{f} \\ \theta_{0}, & T \geqslant T_{f} \end{cases} \tag{2-67}$$

式中，θ_{0} 为初始含水量；T_{f} 同上（此处为 0℃）；b 为拟合参数。

2. 土壤温度和土壤颗粒的比表面积–液态含水量关系

Dillon 和 Andersland（1966）提出了一个使用土壤颗粒的比表面积来计算液态含水量的公式：

$$\theta_{u} = \frac{2.8 \times 10^{-4} \rho_{d} S}{\rho_{w} A} \frac{T}{T_{f}} \tag{2-68}$$

式中，ρ_{d} 和 ρ_{w} 分别代表土壤的干密度和水的密度；S 是土壤颗粒的比表面积（m²/kg）；A 是粒径小于 2μm 的颗粒的塑性指数比。

Anderson 和 Tice（1972）认为液态含水量是温度和比表面积的函数，表示为

$$\theta_{u} = a + S^{b} + (T - T_{f})^{csd} \tag{2-69}$$

式中，a、b、c 和 d 是拟合参数。

当温度接近 0℃ 时，比表面积和液态含水量之间的关系完全消失，这一事实对 Anderson 和 Tice（1973）给出的广为人知的经验公式的有效性提出了质疑：

$$\ln\theta_{u} = a_{1} + a_{2}\ln S + a_{3}S^{a_{4}}\ln(T + 273.15) \tag{2-70}$$

Kozlowski 和 Nartowska（2013）提出了基于式（2-71）的模型：

$$\ln\theta_{u} = a_{1}\ln S + a_{2}\ln C + a_{3}S^{a_{4}}C^{a_{5}}\ln(T + 273.15) \tag{2-71}$$

式中，a_{1}、a_{2}、a_{3}、a_{4} 和 a_{5} 是拟合参数；S 和 C 分别为土壤的粉粒和黏粒含量。

基于水膜和土壤表面作为平坦平行层的假设，液态含水量可表示为（Cahn et al., 1992；Dash et al., 1995；Ishizaki et al., 1996）：

$$\theta_{u} = \kappa\,(-T)^{-1/3} \tag{2-72}$$

其中，κ 是一个参数，反映比表面积 S、水密度 ρ_{w}、冰密度 ρ_{i}、潜热 H_{f} 和哈马克常数 A（ML²/s²）的影响：

$$\kappa = S\rho_{w} \left(\frac{-273.15A}{6\pi\rho_{i}H_{f}}\right)^{1/3} \tag{2-73}$$

式中，H_{f} 是融化潜热。

3. 土壤水分曲线–液态含水量关系

Shoop 和 Bigl（1997）提出的公式为

$$\theta_u = \frac{\theta_s}{A_w |\phi|^\alpha + 1} \tag{2-74}$$

式中，ϕ 是饱和土壤势；A_w 是反映水分特征的 Gardner 乘数；α 是水分特征的 Gardner 指数。

根据克拉佩龙（Clapeyron）等式，液态含水量可由式（2-75）给出（Bittelli et al.，2003；Xu et al.，2019）：

$$\theta_u = (\theta_s - \theta_{u,l}) \left[1 + \left(-\alpha \frac{L_f T}{g T_f} \right)^n \right]^{-m} \tag{2-75}$$

式中，α 是土壤进气值的倒数，$m = 1 - n^{-1}$，其中 n 为孔径分布指数，$n>1$（Xu et al.，2019）。

基于广义 Clapeyron 等式，液态含水量可以根据式（2-75）计算，不仅考虑了冷冻条件下的温度，还考虑了降低的融化温度（Dall'Amico et al.，2011）：

$$\theta_u = \theta_{u,l} + (\theta_s - \theta_{u,l}) \left\{ 1 + [-\alpha\psi]^n \right\}^{-m} \tag{2-76}$$

式中，α、m 和 n 是 van Genuchten（1980）模型参数。

Zhang 等（2007）基于 Clapp 和 Hornberger（1978）方程提出了一个吸力–含水量关系，并包括对冰效应的修正（Koren et al.，1999）：

$$\theta_u = \varepsilon \left(\frac{\rho H_f T}{273.15 P_a} \right)^{-1/b} (1 + C_k \theta_i)^2 \tag{2-77}$$

式中，P_a 为进气孔隙水压力 $[M/(L \cdot t^2)]$；ε 为土壤孔隙度；θ_i 为含冰量；b 为 Clapp-Hornberger 参数；C_k 为冰形成对基质势的影响（$C_k = 8$）（Koren et al.，1999）。

Sheshukov 和 Nieber（2011）基于 Clapeyron 关系及 Brooks 和 Corey（1966）方程，提出了一种液态含水量的简化算法：

$$\theta_u = \theta_{u,l} + (\varepsilon - \theta_{u,l}) \left(\frac{\rho H_f T}{273.15 P_a} \right)^{-1/b} \tag{2-78}$$

式中，b 是 Brooks 和 Corey 模型指数。

Dall'Amico（2010）研究表明，总含水量可以独立于温度获得，并认为液态含水量可以根据以下公式计算（Kurylyk and Watanabe，2013）：

$$\theta_u = \theta_{u,l} + (\varepsilon - \theta_{u,l}) \left\{ 1 + \left[-a P_{w0} - a \frac{\rho H_f T}{273.15 P_a} (T - \Delta T) \times H(T - \Delta T) \right]^n \right\}^m \tag{2-79}$$

式中，a、n 和 m 是 van Genuchten 拟合参数；H 是赫维赛德（Heaviside）函数；ΔT 是平衡温度的变化或由负压引起的冰点下降（℃）。

Watanabe 等（2011）证明，根据 Durner（1994）的结果，液态含水量可以用具有异质孔隙结构的 van Genuchten 方程表示：

$$\frac{\theta_u - \theta_{u,1}}{(\varepsilon - \theta_{u,1})} = \left\{ (1 - w_2) \left[1 + a_1 \rho_w H_f \ln \left(\frac{T + 273.15}{273.15} \right)^{n_1} \right]^{m_1} \right.$$
$$\left. + w_2 \left[1 + a_2 \rho_w H_f \ln \left(\frac{T + 273.15}{273.15} \right)^{n_2} \right]^{m_2} \right\} \tag{2-80}$$

式中，a_1、a_2、w_2、n_1、n_2、m_1 和 m_2 是拟合参数。

Liu 和 Yu（2013）提出了一个理论公式，该公式结合了 van Genuchten 模型（van Genuchten，1980）和 Clapeyron 方程，表示为

$$T(S) = T_f \exp \left[-\frac{1}{\alpha \rho_w L} (\theta_s^{-1/m} - 1)^{1/n} \right] \tag{2-81}$$

式中，θ_s 为土壤饱和含水量；α、m 和 n 为拟合参数；L 为融化潜热。

Chai 等（2018）提出了粉质黏土液态水的物理计算模型、毛细管水和结合水的冰点。其中，冰点低于温度 T_i 的情况下，液态含水量 $\theta_u(T_i)$ 是毛细管水含量 $\theta_{cw}(T_i)$ 和结合水含量 $\theta_{bw}(T_i)$ 之和，表示为

$$\theta_u(T_i) = \theta_{cw}(T_i) + \theta_{bw}(T_i) \tag{2-82}$$

Mu 等（2018）考虑了毛细现象和吸附现象，设定土壤温度下的液态含水量可表示为

$$\theta_u = \theta_{cw} + \theta_{aw} = (\theta_s - \theta_{amax}) \left[\frac{1}{1 + \{ m_0 e^{m_1} \rho_w L_f \ln[(T + 273.17)/273.15] \}^{m_2}} \right]^{m_3}$$
$$+ \theta_{amax} \left\{ 1 - \left[\exp \left(\frac{T - T_{min}}{T} \right) \right]^k \right\} \tag{2-83}$$

式中，θ_{cw} 为冻结的毛细管水含量；θ_{aw} 为冻结吸附水含量；θ_{amax} 为最大体积吸附水含量；T_{min} 为所有孔隙水冻结时的温度；m_0、m_1、m_2、m_3 和 k 均为拟合参数。

2.2.2 冻土中液态含水量估算方法

关于冻土中液态含水量估算方法，已经进行了大量的研究（表 2-1）。例如，Zhang 等（2008）将三种液态含水量估算方法与加拿大不连续冻土区的观测数据进行了比较。结果显示，式（2-63）与观察结果最为符合。

表 2-1 液态含水量估算方法参数化的评估结果

研究	参数化	最佳参数化结果
Zhang 等（2008）	式（2-50）、式（2-53）、式（2-63）	式（2-63）
Kurylyk 和 Watanabe（2013）	式（2-51）、式（2-56）、式（2-60）、式（2-64）	式（2-64）
Bai 等（2018）	式（2-58）、式（2-66）、式（2-80）	式（2-66）
Mu 等（2018）	式（2-51）、式（2-52）、式（2-57）、式（2-82）	式（2-82）
Lu 等（2019）	式（2-54）、式（2-55）、式（2-64）、式（2-65）	式（2-65）

Kurylyk 和 Watanabe（2013）使用实验数据对不同的液态含水量估算方法［式（2-51）、式（2-56）、式（2-60）、式（2-64）］进行了评估。结果显示式（2-64）与观察到的液态含水量的符合程度远远好于式（2-51）、式（2-56）或式（2-60）（Kurylyk and Watanabe，2013）。Bai 等（2018）比较了不同初始土壤含水量条件下的估算方法，结果显示，式（2-81）和式（2-66）的效果最好，而式（2-58）的效果最差。需要指出的是，式（2-81）包括了三个参数，而式（2-66）只有一个参数。这种差异有明确的物理意义，如式（2-81）具有在初始凝固点连续的理论表达式，这使得其更适合于水热模拟。同样，Mu 等（2018）结果表明，式（2-51）和式（2-52）仅在较窄的温度范围内有效（−10 ~ −5℃）。然而，在土壤温度−2 ~ 0℃的范围内，使用式（2-57），预测值与实测的液态含水量非常吻合。这些结果表明，在很宽的温度范围内式（2-83）比式（2-51）、式（2-52）或式（2-57）好很多。这是因为式（2-83）明确考虑了毛细作用和吸附作用（Mu et al.，2018）。

2.3　冻融过程中热力学模拟基础

2.3.1　冷冻和解冻的潜能效应

孔隙水冻结和融化将吸收和释放潜热，导致在土壤开始冻结的初期以及冻土融化初期温度变化过程相对较为缓慢（Woo，2012）。与之类似，由于融化冻结的孔隙水所需的潜热，晚冬或早春的土壤变暖和解冻被延缓。在孔隙水相变过程中释放或吸收的聚变潜热增加了地下的热惯性，在接近冰点的温度下，这种潜热可主导热传导过程（Kay et al.，1981；Williams and Smith，1989）。

孔隙水相变的热效应可以理解为在发生冻结的温度范围内土壤表观热容量的增加。热容量的这种明显增加可以容纳在具有瞬态源/汇项（取决于温度变化的方向）等于水的融化潜热的控制热传输方程中。图 2-3 为液态水饱和度-热传导度关系，其中两个虚线系列代表正在解冻的完全饱和的土壤，其中冰相正在转变为液态水相。两个实心系列代表正在饱和的干燥未冻土，其中空气相被液态水相取代。

孔隙水相变的热效应可以概念化为土壤表观热容量在冻结发生的温度范围内的增加。热容量的这种明显增加可以容纳在控制热传输方程中，瞬态源/汇项取决于温度变化的方向，等于水的融化潜热 L_f（334 000J/kg）乘以冰的密度和冰的体积分数（饱和度乘以孔隙度）的时间导数 θ_i（Kay et al.，1981；Hansson et al.，2004）：

$$S = -L_f \rho_i \frac{\partial \theta_i}{\partial t} = -L_f \rho_i \frac{\partial \theta_i}{\partial T} \frac{\partial T}{\partial t} \tag{2-84}$$

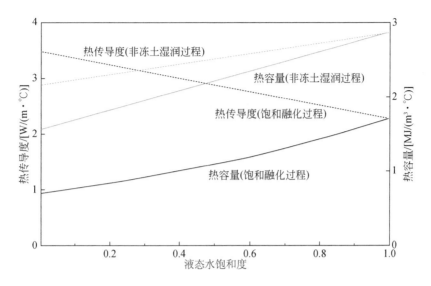

图 2-3　液态水饱和度–热传导度关系（2018 年甘肃省玛曲县实测数据）

式（2-84）与蓄热项相结合，并表示为表观热容 C_a 的表达式（Lunarardini，1991；Hansson et al.，2004）：

$$c_\rho \frac{\partial T}{\partial t} - L_f \rho_i \frac{\partial \theta_i}{\partial t} = \left(c_\rho - L_f \rho_i \frac{\partial \theta_i}{\partial t} \right) \frac{\partial T}{\partial t} \tag{2-85}$$

$$C_a = C_\rho - L_f \rho_i \frac{\partial \theta_i}{\partial t} \ 或 \ C_a = C_\rho + L_f \rho_w \frac{\partial \theta_w}{\partial t} \tag{2-86}$$

表观热容可以代替方程式中热容项（c_ρ）。结合式（2-86），并用 εS_i 代替 θ_i，得冻融土壤的表观热容项：

$$C_a = \left[(1 - \varepsilon) c_s \rho_s + \varepsilon (1 - S_w - S_i) c_a \rho_a + \varepsilon S_w c_w \rho_w + \varepsilon S_i c_i \rho_i \right] - \varepsilon \rho_i L_f \frac{\partial S_i}{\partial T} \tag{2-87}$$

式（2-87）将产生比方程式更高的热容量，根据土壤冻结曲线，冰饱和度对温度的导数为负（Kurylyk and Watanabe，2013）。

2.3.2　冻土热力学模拟基础

寒冷地区的水和热传输模型需能够模拟相变期间的热力学平衡条件。冰冻土壤中温度和基质势之间的平衡关系由 Clapeyron 方程描述，该方程通常称为 Clausius-Clapeyron 方程、冻结温度方程或平衡方程。

基于 Gibbs 自由能的热力学概念，通过建立各相（固相、液相、冰相）的 Gibbs-Duhem 关系，得到应用于多相介质条件的 Clapeyron 方程（Kay and Groenevelt，1974；Groenevelt and Kay，1974）。

$$\frac{1}{\rho_w}\frac{dP_{wf}}{dT} - \frac{1}{\rho_i}\frac{dP_i}{dT} = \frac{H_f}{T + 273.15} \tag{2-88}$$

式中，T 是冻结平衡温度（℃）；H_f 是融化潜热（L^2/t^2）；P_{wf} 和 P_i 分别是液态水和冰相在部分冻土中的平衡表压 [$M/(L \cdot t^2)$]；q_w 和 q_i 分别是水和冰的密度（M/L^3）。使用基本的热力学原理，Loch（1981）通过对每个阶段的 Gibbs-Duhem 表达式进行积分，再组合这些项，推导出了与 Clapeyron 方程略有不同的形式

$$\frac{P_{wf}}{\rho_w} - \frac{P_i}{\rho_i} = \frac{H_f}{273.15}T \tag{2-89}$$

许多模型模拟部分冻结土壤中水分或热量的迁移，而不包括冻结引起的变形（Clapp and Hornberger，1978；Ishizaki et al.，1996；Mu et al.，2018）。这些模型通常不考虑冰相中的表压（基质势和自由能之间的关系），Schofield（1935）证明了平衡冷冻温度受基质势的影响，考虑温度 dT 的变化导致冻土中水的平衡表压 dP_{wf} 的变化，对 Clausius-Clapeyron 方程进行了修正：

$$\frac{dP_{wf}}{dT} = \frac{H_f \rho_w}{T + 273.15} \tag{2-90}$$

式（2-90）假设液态水与处于恒定压力和密度的固态冰共存。在接近 0℃ 的温度下，分母中的 T 项被删除，并不产生显著的影响。

$$\frac{dP_{wf}}{dT} \approx \frac{H_f \rho_w}{273.15} \tag{2-91}$$

式（2-90）和式（2-91）表明孔隙水压力和平衡冻结温度处于一种平衡状态。随着温度降低和冰的形成，液态含水量降低，导致孔隙压力降低，水分被吸向冷冻区，这一过程称为冷冻抽吸。

Clapeyron 方程通常不用微分表示。对式（2-90）重新排列以隔离压差，并对 T 和 P_{wf} 进行积分，得

$$P_{wf} = H_f \rho_w \ln\left(\frac{T + 273.15}{273.15}\right) \tag{2-92}$$

式（2-92）假设水的密度与温度无关。这种形式通常通过使用指数函数的泰勒展开 [式（2-93）] 中的第一项来进一步简化。

$$e^x \approx 1 + x \rightarrow x \approx \ln(1 + x) \tag{2-93}$$

如果 x 取为 $T/273.15$，则式（2-92）简化为

$$P_{wf} = H_f \rho_w \frac{T + 273.15}{273.15} \tag{2-94}$$

式（2-94）等价于式（2-92）泰勒展开式中的第一项，这意味着 $T = 0$ 的微小变化。式（2-94）可以证明与式（2-91）中给出的形式基本相同。

式（2-90）~式（2-94）在冰相压力恒定时等价或近似于式（2-88）。同样，当冰相中

的压力为大气压时（零表压）或当水相中的压力与冰相中的压力相等时，式（2-94）等价于式（2-89）。图 2-4 为 P_{wf} 和 T 之间的关系，表明平衡方程在温度高于–10℃时几乎没有差异。

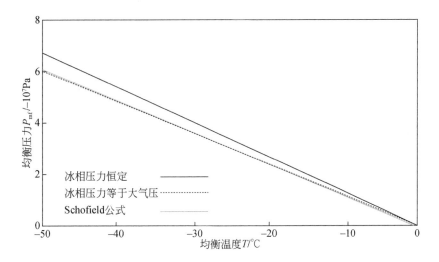

图 2-4　温度变化条件下不同方程的比较（2018 年甘肃省玛曲县实测数据）

用于冻结土壤的各种形式的 Clapeyron 方程，根据有关冰相压力的假设而有所不同。例如，Saetersdal（1981）提出了将式（2-95）式（2-96）作为 Clapeyron 方程的替代形式：

$$\frac{dP_{wf}}{dT} - \frac{dP_i}{dT} = \frac{H_f}{(\rho_w^{-1} - \rho_i^{-1})(T + 273.15)} \tag{2-95}$$

$$\frac{dP_i}{dT} = \frac{H_f\rho_i}{(T + 273.15)} \tag{2-96}$$

根据 Saetersdal 方程，当冰相中的压力变化转移到液态水相时式（2-95）是有效的，反之亦然，式（2-96）在孔隙水压力恒定时有效，但冰相压力发生变化。Kay 等（1985）以及 Kay 和 Groenevelt（1974）提出了 Clapeyron 方程的其他形式。Dall'Amico（2010）列出了 Clapeyron 冻土方程的九种变体，这些变体已被各种模型采用。

可以通过 Clapeyron 方程确定由冷冻前负压 P_{w0} [M/(L·t²)] 导致的冰点下降。例如，式（2-94）可以重新排列为

$$\Delta T = \frac{273.15 P_{w0}}{H_f\rho_w} \tag{2-97}$$

式中，ΔT 是平衡温度的变化或由负压导致的冰点下降（℃）。假设冰相中的压力恒定，并且达到热力学平衡，则该形式在接近 0℃ 的温度下有效。Koopmans 和 Miller（1966）放宽了大气冰压假设，类似于式（2-89）的方程推导，提出了更为一般的冰点降低方程：

$$\Delta T = \left[\frac{P_{wf}}{\rho_w} - \frac{P_i}{\rho_i} \right] \frac{273.15}{H_f} \tag{2-98}$$

需要指出的是，上述方程中温度降低忽略了由溶质浓度引起的冰点降低。冻结和解冻过程可能并不总是发生在热力学平衡状态，在不平衡状态下，Clausius-Clapeyron 方程无效（Dall'Amico, 2010; Watanabe et al., 2012）。不平衡相变可能在土壤冻结开始时发生，因为温度下降的速度比平衡结冰的速度更快。如果温度变化率在 0 ~ 0.5℃ 范围内超过 0.1℃/h，则不应忽略不平衡状态的可能性。基于 Clapeyron 方程假设热力学平衡的数值模型往往会高估低温抽吸引起的冻结开始时的水流，因为基于平衡假设高估了冰的形成速度。此外，在解冻和随后的渗透过程中可能会出现不平衡压力，因为含冰量会在不改变温度的情况下减少。在考虑冻结锋现象或在不均匀地面解冻期间模拟融雪入渗和径流时，用适当的数学公式准确表达这些不平衡非常重要。

2.4　冻融过程中土壤水热均衡过程

2.4.1　水量均衡

水质量平衡方程为

$$\frac{\partial}{\partial t} (\rho_1 S_1 \phi + \rho_i S_i \phi) + \nabla (\rho_1 q_1) = f^w \tag{2-99}$$

式中，S_1 和 S_i 分别为未冻结水（液体）和冰相的部分饱和度；ϕ 是孔隙度；q_1 是液态水通量（m/s）；f^w 是水的汇/源项 [g/(m³·s)]。

2.4.2　固体质量均衡

固体质量平衡方程为

$$\frac{\partial}{\partial t} [\rho_s (1 - \phi)] + \nabla [\rho_s (1 - \phi) v] = 0 \tag{2-100}$$

式中，ρ_s 是固体颗粒的密度（g/m³）；v 是相对于固定参考框架的土壤运动（m/s）。

2.4.3　内部能量均衡

内部能量平衡方程为

$$\frac{\partial}{\partial t} [e_s \rho_s (1 - \phi) + e_1 \rho_1 S_1 \phi + e_i \rho_i Si_1 \phi] + \nabla [- \lambda \nabla T + j_1^e] = f^e \tag{2-101}$$

式中，e_s、e_l 和 e_i 分别是与土壤矿质、液态水和冰相关的比内能（J/g）；j_l^e 是与液相运动相关的热通量平流项（W/m^2）；λ 是多孔介质的热导率 [W/(m·k)]；f^e 是与能量汇或源项（冰形成/融化相关的能量消耗或释放）（W/m^3）。该方法通过特定的内能和相应的体积分数 S_l 和 S_i 的变化捕获了吸热或放热过程中的能量变化。

多孔介质的动量平衡方程简化（如忽略惯性项）为总应力的平衡方程：

$$\nabla \cdot \sigma + b = 0 \tag{2-102}$$

式中，σ 是总应力张量；b 是物体力矢量（N/m^3）。

2.4.4 热量传输本构方程

本构方程将主要未知量（即液体压力、温度和位移场）与因变量（如液体和热通量、应变、液体饱和度）联系起来。

传导热流：对于三维流动条件和各向同性导热率，傅里叶定律支配的热流通量 i_c（W/m^2）为

$$i_c = -\lambda \nabla T \tag{2-103}$$

平流液体流动：广义达西定律控制土壤中液态水的平流流量（m/s）为

$$q_l = -K_l(\nabla P_l - \rho_l g) \tag{2-104}$$

式中，g 是重力矢量（即标量 g=9.8m/s^2 乘以矢量 $[0, 0, 1]^T$）。张量 K_l 反映三维流中液相的冻土渗透性 [m^4/(N·s)]。渗透率 K_α 取决于沉积物固有渗透率 k（m^2）；μ_l 和 k_{rl} 分别为液体动力黏滞度（N·s/m^2）和相对渗透率（无量纲）：

$$K_l = k \frac{k_{rl}}{\mu_l} \tag{2-105}$$

如果介质是各向同性的，则 K_l 是标量渗透率 k_l 乘以单位矩阵 I。冻土的固有渗透率由无冰介质的固有渗透率（k_o）估算，该固有渗透率在参考孔隙度（ϕ_o）下根据广义 Kozeny-Carman 模型确定：

$$k = k_0 \frac{\phi^3}{(1-\phi)^2} \frac{(1-\phi_0)^2}{\phi_0^3} \tag{2-106}$$

采用幂函数描述液态动力黏滞度 $k_{r\ell}$ 随着 S_ℓ 的增加而增加的特性：

$$k_{r\ell} = (S_\ell)^m \tag{2-107}$$

式中，m 是模型参数。

液体和冰之间的界面张力维持着液体和冰之间的压力差。为了计算任何设定温度下液态水的饱和度，采用了修正的 vanGenuchten 模型（Nishimura et al., 2009）：

$$S_l = \left(1 + \left(\frac{-\left(1-\dfrac{\rho_i}{\rho_l}\right)P_l - \rho_i l \ln\left(\dfrac{T}{273.15}\right)}{P}\right)^{\frac{1}{1-\lambda}}\right)^{-\lambda} \tag{2-108}$$

式中，P 和 λ 是控制液态水保持曲线形状的模型参数。

　　液态水到冰和冰到液态水的相变。假设冰融化/形成现象是快速平衡控制反应，即相变特征时间比土壤中其他过程（如扩散、平流或传导）的特征时间小得多，意味着当前的压力和温度有利于相变时，该过程瞬间发生。通过式（2-95）将流体压力、温度和液态水饱和度联系起来。

第3章 气象条件和下垫面对冻土水热迁移的影响

土壤的冻结和融化过程显著受到了边界条件和土壤内部条件的影响，边界和土壤内部之间复杂的能量交换和水文传输过程直接和间接地影响了土壤水分分布、温度传输、冻结深度、冻结速率及水热耦合迁移过程。在全球气候变暖的大背景下，位于北极和中纬度高山地区的多年冻土和活动层厚度及其冻融循环过程正在发生显著变化，而这些变化又进一步影响着该区陆地水文系统、能量系统和生态系统之间的能量、物质传递与相互作用。因而，了解外界环境因子和土壤条件变化下的水热迁移机制对于全局性地掌控冻土中的水热耦合机制尤为重要。

3.1 不同气象条件下的冻土水热动态

3.1.1 气候变化对冻土层的影响

气候变暖已经导致北极和亚北极地区的冻土水文和生态发生了显著的变化（Rouse et al., 1997；Serreze et al., 2000；Jorgenson et al., 2001；Hinzman et al., 2005；Schindler and Smol, 2006）。这些变化包括永久冻土变暖或退化、土壤中二氧化碳释放量增加、冰川冰量减少和生物指标变化。例如，在美洲（Osterkamp and Romanovsky, 1997；Smith et al., 2010；Qian et al., 2011；Quinton et al., 2011）、亚洲（Zhang et al., 2001；Yang et al., 2010；Wu et al., 2012）和欧洲（Mauro, 2004；Harris and Davidson, 2009；Etzelmüller et al., 2011；Hipp et al., 2012），研究人员已经从长期测量中直接观察到，以及从钻孔温度剖面中推断出来土壤温度出现升高的趋势性。随着气候变暖，永久冻土的厚度和范围减少（Quinton and Baltzer, 2013），其永久冻土的增厚和退化速度之间出现不平衡。在中国，多年冻土面积在过去40年中减少了近20%。由于全球变暖的加剧，预计未来几十年冻土的退化速度将加快。Schaefer等（2011）使用三个全球气候模型（global climate model, GCM）的输出来模拟到2200年全球永久冻土面积，结果表明其将减少29%~59%。Lawrence等（2012）和Schaefer等（2011）使用GCM的输出作为冻土模型的边界层，模拟预测结果表明，到2100年和2200年，全球永久冻土面积将分别减少33%~72%和29%~59%。

沈永平等（2002）认为在政府间气候变化专门委员会（Intergovernmental Panel on Climate Change，IPCC）的情景下，青藏高原冻土区的气温到2100年将上升2~3.6℃，同时冰川融水占河流总径流的比例由现在的25%下降到18%。Yusuke等（2006）认为由于气候变暖，多年冻土区冻土融化深度增加，河流直接径流率和退水系数将呈现明显减少的趋势。Oogathoo（2006）应用结合积融雪和冻土条件的MIKE SHE模型对加拿大Canagagigue Creek流域模拟，并设定情景进行水资源演变分析，认为在砍伐森林的情景下总径流减少了11%；在城市化的情景下洪峰流量减少，基流增加；在气温升高的情景下，在湿润年份径流增加，正常和雨量较少年份径流将会减少。Rawlins（2006）将PWBM（Pan-Arctic Water Balance Model）应用于加拿大泛北极地区，发现该地区对气候变化的水文响应较其对下垫面变化的水文响应敏感，并认为在气候变化的情况下，该地区土壤水资源已经由占总径流量的7%增加到27%。Doran等（2008）根据统计方法分析南极洲干谷地区径流对极端气候下的夏季温度的响应，认为在暖夏的情况下该地区径流是冷夏的3~6000倍。陈博和李建平（2008）通过对1955~2004年中国季节性冻土与短时冻土的时空变化特征的研究，指出在全球变暖背景下，中国冻土主要表现为最大冻土深度减小，冻结日期推迟，融化日期提前，冻结持续期缩短，以及冻土下界上升的总体退化趋势，冻土的主要转型时期发生在20世纪80年代中期。胡宏昌（2009）将基于冻土的草地水文模型应用于黄河源区小流域水文过程和能量过程模拟，并分析了不同气候变化和人类活动情景下的模拟结果，包括蒸发、总径流、地表径流和壤中流对气温和降水以及植被覆盖度的响应。

永久冻土融化将可能会成为释放储存在北方寒区土壤中的碳和甲烷（Kettridge and Baird，2008；Tarnocai et al.，2009）。目前，北极和北欧地区的土壤中含有的碳约占全球陆地碳的40%，而且分解很少（Gouttevin et al.，2012）。气候变化会显著地影响北极和北欧地区泥炭地中土壤有机质的分解速度，并将这些地区从全球的碳汇区转变为碳源区（Oechel et al.，1993；Osterkamp and Romanovsky，1997）。此外，多年冻土含水层融化导致向地下水排放的有机碳质量增加，可能导致河流中溶解的有机碳含量增加，进而增加大气中二氧化碳的浓度。随着空气和地表温度的升高，地表温度向地下传播，浅层永久冻土层开始变暖，又会降低永久冻土层的厚度（Pang et al.，2012；Streletskiy et al.，2012），产生连锁效应。

3.1.2　冻土层变化对地下水热传输的影响

随着土壤孔隙中冰的融化，土壤的渗透性增加，地表水体与冻土层以下的地下水之间的水力交换增强。永久冻土退化引起含水层水力传导性能的加大可能会增加河流和湖泊的基流量，并降低河流流量的季节性变化（Michel and van Everdingen，1994）。许多研究已经观察或模拟了这些变化（Smith et al., 2007；Walvoord and Striegl, 2007；Lyon et al., 2009；St. Jacques and Sauchyn, 2009；Walvoord et al., 2012；Connon et al., 2014）。冬季地下水出流可以使寒冷地区的河流和湖泊变暖（Utting et al., 2012），永久冻土融化引起的基流量增加可能会减少冬季冰盖的厚度和持续时间（Jones et al., 2013）。永久冻土会影响液态水在含水层中的停留时间，从而影响孔隙水和土壤颗粒之间生物地球化学反应的时间（Williams and Shaykewich, 1970），因而地下水的质量也可能受到永久冻土退化的影响。

在地下水流速低的地区 [如永久冻土区（Kane et al., 1991）或未破裂的固结土壤]，能量和物质传输以传导方式为主。相反，对流热传输通常在具有高地下水流速的较浅饱和区，以及在非饱和区的间歇性降水和融雪期间中占主导地位，热量传输传导或平流分量的相对重要性取决于地下水位起伏、水力传导度分布和方向以及流动深度。由于温度和水运动的空间和时间变化，热传输控制模式也可能在空间和时间上发生变化（Koo and Kim, 2008），在热传输研究中，采用无量纲佩克莱数（Peclet 数：Pe）表征平流热通量的比率：

$$Pe = \frac{q\rho_w c_w T}{\left(\lambda \dfrac{\partial T}{\partial x}\right)} \tag{3-1}$$

通常，方程式中的温度项被取消，并应用以下形式的 Peclet 数来确定占主导地位地下热传输模式：

$$Pe = \frac{q\rho_w c_w L^*}{\lambda} \tag{3-2}$$

式中，L^* 是特征长度（m）。Domenico 和 Palciauskas（1973）提出来用于反映地下水流速未知条件下的区域尺度输运的 Peclet 数：

$$Pe^* = \frac{\rho_w^2 c_w k g B \Delta z}{2(\mu_w \lambda H)} \tag{3-3}$$

式中，B 是区域土层厚度（m）；μ_w 是水的动力黏滞度 [kg/(m·s)]；k 是土壤基质的渗透率（m^2）；g 是重力加速度（m/s^2）；Δz 为地下水位起伏变化量（m）；H 为流域水平尺寸（m）。Domenico 和 Palciauskas（1973）认为，Peclet 数大于 1 时，平流变得显著。

Stefan（ST）数是一个无量纲数，常用于寒冷地区地下热传输研究。在土壤变暖的情况下，Stefan 数是一定体积的均质多孔介质从初始温度 T_i（℃）到最终温度 T_f（℃）所需的显热除以由于土壤解冻而被介质吸收的潜热。在以体积饱和度表示含水量的情况下，Stefan 数表示为（Kurylyk et al., 2014）：

$$ST = \frac{c_\rho(T_j - T_i)}{L_f \rho_i \varepsilon S_{ip}} \tag{3-4}$$

式中，S_{ip} 为在温度变化的时间间隔内发生相变（即解冻）的冰饱和度。在较高的 Stefan 数下，显热占主导地位，相变的热影响不重要。

对流和传导是地下热传输的主要模式，地下水流动和热传输过程相互依赖，必须以耦合的方式进行模拟。然而，一些情况下，冻融的热效应在短暂冻融的土壤或经历逐渐解冻的永久冻土中可能很显著，如果能够忽略对流热传输，则可以极大地简化模拟复杂性，并且可以通过应用 Peclet 数分析忽略对流所产生的影响。同样，如果预计土壤不会冻融或含水量非常低，则采用热传输的控制方程会使模型变得更简单。潜热的相对热效应可以通过无量纲的 Stefan 数来研究。在高 Stefan 数情况下，不考虑孔隙水相变的更简单的热传输模型是合适的。然而，在长期气候变化的情况下，即使是在当前气候下永久冻结的高纬度土壤［即式（3-4）中的 $S_{ip}=0$ 和 ST $=\infty$］也可能开始解冻，可能会极大地改变介质的水力特性，改变地下水流动条件，从而增加 Peclet 数。用于表征传热过程的 Peclet 数和 Stefan 数都可能受到特定地下环境中气候变化的强烈影响。在选择合适的控制方程来模拟地下水对气候变化的热响应时，需要注意冻土物理过程变化对模型构建的影响。

开展现场实验，特别是大尺度条件下的实验，对丰富和拓展寒冷地区水文地质模型的复杂性（Painter et al., 2013）的物理概化和描述能力，以及提高模拟有效性都具有重要的意义。Alatorre 等（2013）认为，即使基于物理的模型不断改进，区域尺度行为的建模仍是一项重大挑战，建议通过将精心设计的现场实验与建模研究相结合。Minsley 等（2012）基于在阿拉斯加平原的调查结果，生成了 1800km^2 详细的永久冻土数据集。Parsekian 等（2013）对阿拉斯加的热岩溶湖泊和陆地永久冻土进行表面核磁共振成像测量，这些实验结果以及另外一些饱和或非饱和土壤冻结的实验室测试结果（Watanabe et al., 2011; Mohammed et al., 2014）也被用于寒冷地区水流和热传输模型性能评估。

3.1.3 大气边界条件设定

气象条件是冻土过程模拟的上边界条件，气候模式与地表地下水文和能量模型之间的耦合关系如图 3-1 所示（Wilby and Dawson，2013）。大多数气候变化影响包括热平流的影响，通常假设气候变化导致地表温度线性升高。然而，线性趋势并不符合 IPCC 的预测（Meehl et al., 2007; Kurylyk et al., 2014）。由于预测得到的年度和季节的地表温度趋势复杂，为地表温度边界条件指定简单函数可能不合适。一般来说，一种优选的方法是通过驱动地下水流和能量传输模型来模拟未来气候变化对地面以下热量传输的影响。

通常必须对 GCM 的结果进行降尺度以获得局部尺度的气候预测结果。这种降尺度可以通过统计降函数或模型来完成（Wilby and Dawson，2013）。统计降尺度函数可以通过在

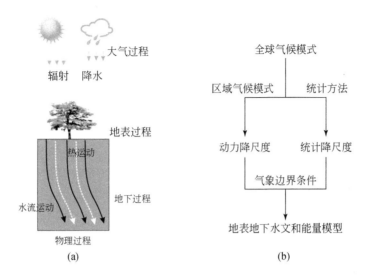

图 3-1　气候模式与地表地下水文和能量模型之间的耦合关系

参考期间运行 GCM，根据观测到的气象数据和该期间的 GCM 的相关关系/校正，并将这些校正应用于未来期间的 GCM 预测（Jeong et al.，2012）；或者由 GCM 驱动更高分辨率区域气候模型（RCM）进行动态降尺度（Wood et al.，2004）。RCM 经常存在偏差，因此通常需要对原始 RCM 输出执行额外的偏差校准（Bordoy and Burlando，2014）。

评估气候变化影响的另一个困难是，地下热力和水动力学过程是由地表条件（如渗透和地表温度）驱动的，而并不是由 GCM 产生的低层大气条件（如气温和降水）直接驱动。在冬季，积雪使地表免受冷空气的影响（Goodrich，1982；Zhang，2005）。气温升高产生的冬季积雪厚度和持续时间的减少可能会使未来地面温度和气温关系发生显著性变化（Mann and Schmidt，2003；Mellander et al.，2007；Kurylyk and Watanabe，2013）。

将气象变化转化为地表变化的一种方法是利用气候情景来驱动地表模型，并将地表模型的输出作为边界条件应用于地下水流和能量传输模型。例如，将 GCM 的输出用于驱动积雪表面热通量复杂动力学模型（Kurylyk and Watanabe，2013），进一步应用地表模型模拟的地表温度来形成地下水流动和热传输模型的地表热边界条件（Kurylyk et al.，2014）。此外，一些条件下，还需要考虑气候变化引起的降水和地下水补给增加而导致的对流热传输潜在增加的影响。地下水补给的时间和幅度的变化（Allen et al.，2010；Crosbie et al.，2011；Kurylyk et al.，2014）和地下平流热传输，可以通过指定气候控制条件下地下水补给边界条件来模拟。基于微尺度气候数据的地表水文模型中，地表热过程和水文过程都可以在同一个土壤植被大气转移模型中进行模拟［图 3-1（b）］。

3.2 下垫面对冻土水文过程影响的实验研究

3.2.1 实验流域基本情况

黑顶子河位于吉林省长春市双阳区内（125°34′27″E～125°42′22″E，43°22′48″N～43°29′37″N），是双阳河的主要支流。它发源于双阳区土顶子乡老窝屯东北，自南向北在双阳区东侧汇入双阳河，全长 30.4km。研究区属于寒温带半湿润大陆性季风区。根据双阳区气象站实测数据，年平均气温 4.8℃；1 月最冷，平均气温−17.0℃左右，极端最低气温−38.4℃；7 月最热，平均气温 21～23℃，极端最高气温 38.0℃。4～5 月副热带太平洋气团开始进入本区，月平均风速 5m/s 左右，超过年平均风速 35%，为各月平均风速的最大值，极大风速达 36.8m/s。历年出现 8 级以上大风日数在 15 天左右，全年以偏南风或西南风最多。多年平均日照时数为 2700h。作物生长期 5～9 月，计 1250h 左右。5 月日照时数最多，平均为 267h，12 月最少，平均只有 162h。多年平均降水量 624.7mm，降水主要集中在 6～9 月，为 471.3mm，占全年降水量的 75.4%，暴雨多发生在 7 月中旬至 8 月中旬。多年平均水面蒸发量（20cm 蒸发皿）为 1381.4mm。封冻期一般在 11 月中旬到次年 3 月下旬，最大冰厚可达 1m，历年最大冻土深度 158cm。

黑顶子河流域包括黑顶子村、黄家村、长山村、杜家村、东方村、沃土村、蔡家村等村屯，总人口 13 777 人。流域面积 83.4km²，其中坡地面积 68.46km²，河谷平原面积 12.94km²。

根据双阳区土壤普查数据，双阳区杜家村一带为棕色森林土，黑顶子河其他地带为黑钙土。棕色森林土母质多为岩石风化残积物和坡积物。一般质地较粗，地形坡度较大，排水良好，呈现棕色。土壤容重为 1.4～1.6g/cm³，总孔隙度为 39%～62.3%，田间持水量为 19%～48%。棕色森林土土层薄，肥力低，易水土流失。

流域基本情况如图 3-2 所示。该流域的典型特点是：闭合流域，流域的下垫面主要是玉米和水稻两种作物的种植区，水稻和玉米种植区分别占汇流区面积的 14.5% 和 67.2%。流域地面高程如图 3-1（a）所示，监测资料表明，整个冻融期，地下水位低于河道底板高程。

于 2015～2016 年、2016～2017 年和 2017～2018 年土壤冻融期开展了 3 年的实验。冻结过程中，河道被完全冻结，采用取土法测定了土壤不同深度的总含水量。冻土融化期（地表完成融雪后，水稻开始泡田），分别在 3 个以玉米种植区为主的汇流区（R2～R4）出口、1 个水稻种植区（R1）为主的汇流区出口位置，以及流域出口位置共 5 个位置设置监测断面［图 3-2（b）］。流域基本情况如表 3-1 所示。对于主河道出口及各支流入河口，

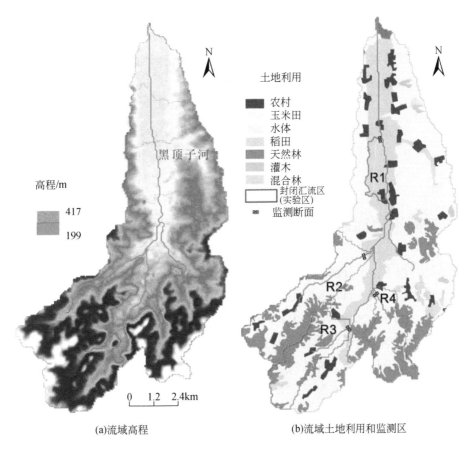

图 3-2　实验区基本信息

在实验开始前确定了监测断面尺寸，河道中流量采用 LB-206 型流速仪进行监测。

表 3-1　黑顶子河流域基本情况

汇流区		R1	R2	R3	R4
面积/$10^6\,m^2$		1.824	11.203	7.29	6.235
坡度/(m/m)		0.025	0.038	0.103	0.119
汇流区河道长度/$10^3\,m$		5.361[a]	8.81	6.04	5.495
土地利用		水稻田	玉米田	玉米田	玉米田
土壤性质	黏粒/%	20.56±5.67[b]	16.74±5.26	16.24±5.80	18.88±6.99
	粉粒/%	36.78±12.04	33.11±11.14	37.00±10.14	36.28±11.38
	砂粒/%	41.16±14.55	48.09±14.88	44.26±15.10	43.51±15.07
	水力传导度/(10^{-6} m/s)	3.44±3.31	5.66±5.85	6.38±6.57	5.15±5.58
	容重/(g/cm³)	1.44±0.21	1.40±0.27	1.39±0.11	1.41±0.02

a 水稻田汇流区长度为各级排水沟道程度总和；b 为均值±标准差。

流域内冻土向河道的水析出过程则通过质量平衡法监测：分别在流域的区外来水（黑顶子水库日常泄水）入河位置和流域的出口位置设置监测断面（A_1，A_2）。实验开始前进行了河道断面基础参数测定，冻土开始融化后，逐日进行断面流量监测。根据质量平衡原理，流域内冻土水量析出量为

$$Q^t = Q_{A_2}^t - Q_{A_1}^t \tag{3-5}$$

式中，Q^t 为第 t 日的流域冻土析出水量（m^3/s）；$Q_{A_2}^t$ 为第 t 日黑顶子河流域出口位置的水量（m^3/s）；$Q_{A_1}^t$ 为第 t 日区外入流水量（m^3/s）。对于汇流区，其出口流量即为汇流区的冻土析出量。

3.2.2　不同下垫面水文过程的比较

土壤冻结过程中，水分向上运动聚集到土壤表层，通过改变土壤剖面中再分布过程，进而影响土壤中水析出入河过程。图 3-3 和图 3-4 分别为水稻和玉米两种下垫面条件下，2015～2016 年、2016～2017 年和 2017～2018 年土壤冻结前、冻土开始融化（地表覆雪融化后）和冻土完全融化后土壤液态含水量均值的比较。3 年的实验结果均表明，相比土壤冻结前，冻土开始融化时最大冻结层以上深度的水量增加显著。水稻田和玉米田土壤最大冻结深度以上区间的液态含水量平均分别增加了 17.3% 和 13.5%。

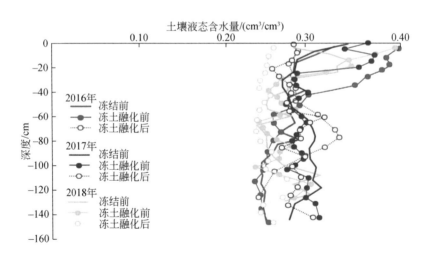

图 3-3　冻融期水稻田不同深度土壤液态含水量变化

2016 年、2017 年和 2018 年冻土融化期，进入水稻田土壤中的日均能量分别为 4.4MJ/（$m^2 \cdot d$）、2.84MJ/（$m^2 \cdot d$）和 2.80MJ/（$m^2 \cdot d$），与水稻田相比，进入玉米田土壤中的能量平均为进入稻田能量的 87.16%。4 个汇流区出口监测流量、冻土融化期单位面积析出入河水量和土壤总含水量变化的比较如表 3-2 所示。以玉米田为主的汇流区 R2、R3 和 R4 单位面积析出水量显著的小于以水稻田为主的 R1，玉米田单位面积析出水量平均为水

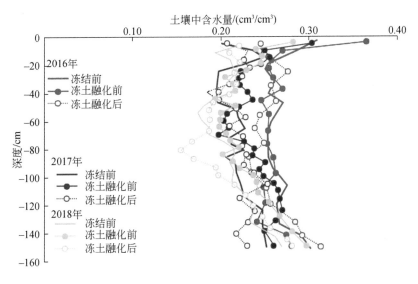

图 3-4 冻融期玉米田不同深度土壤总含水量变化

稻田析出量的 61.4%。以玉米田为主的 3 个汇流区中，冻结期水量在土壤上层的聚集、冻土开始融化时土壤与河道之间的水势梯度最大，因而形成了析出水量峰值。其后土壤析出水量显著下降。水稻田中析出水量的变化速率则显著的低于玉米田。2016 年水稻田和玉米田单位面积析出水量均为最大，水稻田 2017 年平均析出水量分别为 2016 年平均析出量的 47.5%~68.7%，2018 年析出水量最小，平均析出水量为 2016 年的 23.8%~45.7%。此外，汇流区 R2、R3 和 R4 的析出水量的年际间变化量也显著的小于 R1。

表 3-2 不同汇流区融化过程中土壤析出水量和土壤总含水量变化量的比较

汇流区	单位面积析出水量/ $[m^3/(s \cdot km^2)]$		析出水量在土壤总含水量变化量中的占比/%
	均值±标准差	最大值/最小值	
R1	$1.81 \times 10^{-3} \pm 1.09 \times 10^{-3}$[a]	$3.91 \times 10^{-3}/4.02 \times 10^{-4}$	28.6
R2	$9.10 \times 10^{-4} \pm 3.72 \times 10^{-4}$	$1.60 \times 10^{-3}/2.53 \times 10^{-4}$	34.1
R3	$1.12 \times 10^{-3} \pm 0.87 \times 10^{-3}$	$2.52 \times 10^{-3}/3.51 \times 10^{-3}$	35.6
R4	$1.29 \times 10^{-3} \pm 9.22 \times 10^{-4}$	$3.08 \times 10^{-3}/4.94 \times 10^{-4}$	30.7

a 为 2016 年、2017 年和 2018 年析出水量统计值。

3.2.3 流域冻土融化期水量析出过程分析

采用两种方法确定黑顶子河流域尺度水量析出通量。方法一，根据黑顶子河流域出口和进口的质量差确定水析出入河通量；方法二，根据各汇流区监测流量过程，确定各类汇流区单位面积的析出入河量，乘以各类汇流区总面积后确定各汇流区水析出入河量，流域总析出量为各汇流区析出水量的叠加。图 3-5 和表 3-3 分别为两种方法所确定的黑顶子河流域水量,可以看出两种方法所确定的水量过程总体趋势一致。

冻土融化期,采用质量平衡法(方法 1),根据流域出口断面和入口断面质量差确定单位面积的土壤析出水量,在表 3-4 中以 M1 表示。根据玉米种植区、水稻种植区面积以及在各类下垫面中取样测定的不同深度的总含水量,分别计算了流域表层融化区(地表-未融土层深度),以及最大融化区(地表-最大冻结深度)的土壤总含水量变化量,在表 3-4 中分别以 M2 和 M3 表示。在流域尺度上,单位面积析出水量分别占表层融化区含水量变化量的 32.9% ~ 74.6%,最大融化区含水量变化量的 10.6% ~ 59.2%,3 月 11 ~ 20 日以及 3 月 21 ~ 30 日,土壤中水平通量(析出入河通量)和垂直通量(蒸发及深层渗漏通量之和)之比分别为 1.45 和 0.91,3 月 31 日 ~ 4 月 10 日、4 月 11 ~ 19 日水平通量大幅度减小,与垂直通量的比值分别为 0.119 和 0.183。

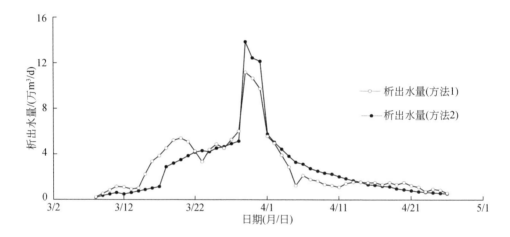

图 3-5　两种方法确定析出水量的比较

表 3-3　冻土融化期 R1 ~ R4 类汇流区流域析出水量和土壤总含水量变化量的比较

汇流区类型		3 月 8 ~ 23 日		3 月 24 日 ~ 4 月 4 日		4 月 5 ~ 12 日		4 月 13 ~ 26 日	
		析出水量/ (m³/d)	R/%	析出水量/ (m³/d)	R/%	析出水量/ (m³/d)	R/%	析出水量/ (m³/d)	R/%
水量	R1	16 133.7	42.83	29 231.7	42.94	8 524.2		2 092.1	17.22
	R2	2 341.4	6.22	8 981.1	13.19	2 657.7	34.04	1 952.6	16.08
	R3	9 887.7	26.25	29 574.9	43.44	13 776.5	10.61	5 849.6	48.16
	R4	197.9	0.53	289.3	0.43	80.6	55.02	34.0	0.28

注:R 为析出水量在土壤总含水量变化量中的比例。

表 3-4   冻土融化期黑顶子流域析出水量与土壤总含水量变化量的比较

[单位：$m^3/(hm^2 \cdot d)$]

时段	M1	M2	M3
3 月 11 ~ 20 日	446.9	598.89	754.725
3 月 21 ~ 30 日	729.6	1190.29	1532.90
3 月 31 日 ~ 4 月 10 日	175.3	392.44	1646.69
4 月 11 ~ 19 日	144.1	437.39	932.88

第 4 章 冻融过程中土壤水热迁移物理模拟方法

冻土有多相性的特点，包括固相（土壤颗粒）、液态水相、冰相、气相等。当温度改变时，冰水发生相变反应从而互相转化，孔隙会闭合或者扩张，冻土的热性质和水分迁移参数也因此改变，即使在较低温度下冻土仍有部分孔隙和未冻水的存在，导致冻土的结构和性质十分复杂。研究和解决物理学问题时，舍弃次要因素，抓住主要因素，建立的概念模型就叫物理模型（physical model），构建物理模型的方法称为物理模拟方法。

4.1 冻融过程中土壤主要水热过程物理机制概化

冻土水热耦合运移与陆面过程的关系最密切，Harlan（1973）认为冻土中的液态水的运移类似于非饱和土体的水分运移，于 1973 年建立了第一个水热耦合运移模型。在此理论基础上，发展形成了两类数值模型：一类模型模拟冻结过程对土壤内部水热分布规律的影响，这类模型通常不涉及土壤外部的水流（Taylor and Luthin，1978）；另一类模型研究季节性水文过程，涉及降水、融雪等外部过程（Flerchinger and Saxton，1989）。

一些方法则通过深度统计或者概化描述水热耦合过程，例如，采用了局部体积平均法以描述一维瞬时水热耦合传输问题，基于能量守恒、熵不等概念以及流动率与自由边界正交的原则建立热质传递耦合方程（周余华等，2005）。

在对自然条件下季节性冻土进行模拟时，必然要考虑降水和冰雪融化对土壤水热状况的影响，这就涉及冻土的入渗问题。Zhao 和 Gray（1997）对冻土入渗过程和入渗机理进行了研究，发现可以将冻土入渗过程分为两个阶段：瞬时阶段和拟稳态阶段。分析发现，一旦入渗过程达到拟稳态阶段，土壤深处的温升则主要由地表冰的融解潜热提供。Harlan 模型简单且其形式与普通的土壤水动力学方程没有太大的区别，因此该模型在陆面过程模式中得到了广泛应用。但是在目前绝大多数的陆面过程模式中，对冻土的考虑大都比较简单，很少对土壤水分由未冻区向冻结区运移这一物理过程进行描述。从模型的模拟结果来看，后两种模型的效果较好，但由于所采用的数据不尽相同，难以比较各自的优劣。

通过研究气候、土壤、植被、地形等对土壤冻融的影响，以及土壤冻融对水分平衡的影响的实验研究表明，冻融深度和液态含水量是联系各种因子对冻土水热过程的重要参数，基于 Stephan 方程和水分平衡方程对冻土深度和土壤液态含水量进行模拟，在此基础上分析土壤冻融过程中的水热传输（Hu et al.，2017；Hu et al.，2019）。

陆面过程模型，如 IAP94 模型（Daily，1997），基于多孔介质流体力学原理，较详细地描述植被、雪盖、土壤过程。在土壤过程中对土壤水分气、液、固各相相变过程也有描述。模型计算精度与数值模型基本一致。相比冻土中的液态含水量、温度等状态量的物理模拟，一些模型，例如 LPM-ZD 模型（张晶和丁一汇，1997），考虑了雪盖对陆面水文、对土壤热传导以及雪盖的高反照率对辐射收支的影响，以及降水分布的次网格特征及其对陆面水文产生的重要影响，采用物理方程和经验解析公式相结合的方法进行土壤温度和土壤水汽的求解。该方法明晰了冻土中液态水通量的变化特性，此类物理描述方法对于了解水文过程显然具有更为直接的意义。

4.2 冻融过程中土壤水流通量模拟

4.2.1 水流通量实验与分析

1. 实验方法

实验于 2011 年 10 月～2012 年 5 月在吉林省松原市前郭灌区水稻重点试验站进行，实验区土壤物理及水动力性质如表 4-1 所示。实验在原状土条件下进行，在 1.0hm² 的区域内选择了 4 块 2.0m×2.0m 的典型区域。实验分两组处理，每组一个平行，共四个 2m×2m 的试验小区。其中处理 1（包括 Plot1 和 Plot2），封冻前洒入 6.5g/L 的 NaBr 溶液 2cm；处理 2（包括 Plot3 和 Plot4），封冻前洒入 13g/L 的 NaBr 溶液 5cm。

表 4-1 土壤物理及水动力性质参数

土层深度/	粒径分布/%			容重/	土壤水分特征曲线*				渗透系数/
cm	<2μm	2～50μm	>50μm	(g/cm³)	θ_r	θ_s	α	n	(10cm/s)
0～15	28.0	41.0	31.0	2	0.0820	0.4794	0.0101	1.5004	3.24
15～28	30.5	35.8	33.7	1.4	0.0767	0.4311	0.0126	1.4413	1.25
28～100	18.5	28.9	52.6	1.5	0.0592	0.3991	0.0230	1.4000	2.81

＊土壤水分特征曲线用 van Genuchten 模型表示。

实验开始前，在土壤 0～140cm 深度范围内分别布置时域反射仪（time domain reflectometer，TDR）传感器及 PT100 温度传感器。用来对土壤不同深度液态含水量及温度进行连续监测，温度传感器及 TDR 传感器布设深度位置主要根据土壤液态含水量及温度的变化设定。位置如图 4-1 所示。将设定浓度和质量的 NaBr 溶液均匀地喷洒到实验区中，喷洒过程中，避免形成地表积水。

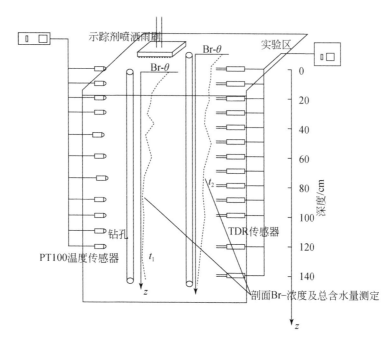

图 4-1　实验示意

实验过程中，在 11 月 15 日、12 月 9 日、1 月 9 日、1 月 28 日、3 月 5 日、3 月 21 日、4 月 5 日和 4 月 20 日分别对四个小区进行取样，分别在 0cm、10cm、30cm、40cm、60cm、80cm、100cm、120cm 及 140cm 处取土样，测定土壤水分及示踪剂浓度。

含水量测定采用烘干法，Br$^-$ 浓度测定采用三信电极（MP523-06），化验时取 50g 湿土，加入 250mL 蒸馏水，振荡过滤后用 Br$^-$ 电极测定。

2. 冻融过程中土壤剖面水流特性分析

图 4-2（a）为处理 1 冻融过程中不同时刻土壤含水量剖面，在冻融过程中，表层 20cm 土层的总含水量一直呈增加趋势，而下层土层的水分则出现了不同程度的增加或减少，水分发生重新分布。图 4-2（b）为处理 2 冻融过程中不同时刻土壤含水量剖面，在冻融过程中，含水量剖面的变化并不如处理 1 剧烈，整个剖面的含水量分布规律较为明显，表层总含水量的变化显著地超过了底层总含水量的变化。

根据土壤剖面温度监测以及冻土取样资料，冻融过程可分为冻结前期、冻结期和融解期 3 个时期，冻结前期（2011 年 11 月 9 ~ 25 日），地表温度迅速降低并开始形成冻土层；冻结期（2011 年 11 月 25 日 ~ 2012 年 2 月 25 日），冻深逐渐向下扩展到最大位置；融解期（2012 年 2 月 25 日 ~ 5 月 10 日），冻土由最大冻结深度向上以及由地表向下逐渐解冻。

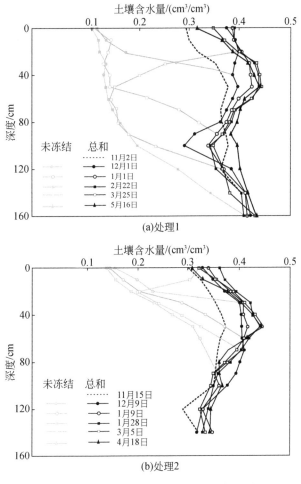

图 4-2　冻融过程中不同时刻土壤含水量剖面

在 11 月 2 日 ~12 月 1 日的第一个阶段中,冻结锋面到达 38cm 深度位置,0 ~70cm 深度总含水量(包括液态含水量和冰体)表现出增加的趋势。11 月 2 日和 12 月 1 日 0 ~70cm 深度的平均土壤总含水量分别为 0.346cm³/cm³ 和 0.385cm³/cm³。而 70cm 以下的土壤总含水量则由于液态水在温度势的作用下向上移动而减小,11 月 2 日和 12 月 1 日 70 ~160cm 深度的土壤总含水量分别为 0.382cm³/cm³ 和 0.366cm³/cm³。12 月 2 日至次年 1 月 1 日这个时段(阶段 2)内,冻结锋面到达了 84cm 深度,与第一个阶段相同,冻结锋面以上 40cm 和以下 30cm 的区间的土壤总含水量表现出增大的趋势,12 月 2 日和 1 月 1 日 30 ~100cm 深度区间的平均总含水量分别为 0.361cm³/cm³ 和 0.390cm³/cm³,100cm 以下深度的土壤总含水量则表现出减小的趋势。冻结锋面在 2 月 15 日到达最大深度位置(156cm)。在第一个冻结阶段中,发生土壤总含水量最大变化的位置为 20cm,而在第 2 个冻结阶段和第 3 个冻结阶段(1 月 2 日 ~2 月 25 日),土壤最大总含水量的变化深度位置分别为

40cm 和 100cm。在冻结期间，最大总含水量变化的位置在冻结锋面以上，并且随着冻结锋面的向下推移，最大总含水量变化位置与冻结锋面的距离则表现出增大的趋势。

3. 冻融过程中水流通量解析方法

选取地表约 160cm 土壤–松散岩体为均衡区，将均衡区按 20cm 厚度分为 8 层，一维垂向条件下，各层上下边界的水流通量及水量、示踪剂质量平衡关系如图 4-3 所示：

$$q_{i+1}c_{i+1} - q_i c_i = \Delta M_i \tag{4-1}$$

$$Q_{i+1} - Q_i = \Delta W_i \tag{4-2}$$

式中，q_i 和 q_{i+1} 分别表示第 i 层（$i=1$，2，…，8）从上下边界进入（或流出）该层的水流通量；c_i 和 c_{i+1} 分别为水流通量中示踪剂浓度；Q_i 和 Q_{i+1} 分别为第 i 层从上下边界进入（或流出）该层的水量；ΔM_i 和 ΔW_i 分别为第 i 层示踪剂质量和含水量的变化量（对于表层，含水量变化量为蒸发量）。

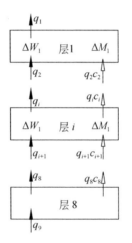

图 4-3　采用示踪方法测定下垫面土壤–松散岩体中通量方法示意

考虑到冻结过程中只有液态水发生移动，而水结冰后溶质会析出，以及冻结和融化过程中液相和固相水体中示踪剂的交换，不考虑溶质对土壤冻结及融化过程中的水分及温度变化的影响，只考虑溶质的对流运动，采用预估–校正的方法对水流通量进行估算，具体如下：由于第 i 层的下边界通量与第 $i+1$ 层的上边界通量相等，采用式（4-1），以及各层测量含水量的变化量，即可递推确定各层的边界水流通量，采用式（4-2），根据各层示踪剂质量变化量测定结果，递推计算进入（流出）各层的通量浓度。对于表层，出流的溶质通量为 0，水流通量为蒸发或降雨（雪），而对于最下层，入流的溶质通量为 0。通过反复迭代计算，直到误差在控制范围（<5%）之内。根据各层测定的总含水量和示踪剂的质量变化量，确定下垫面土壤–松散岩体中的质量均衡过程。

为了消除土壤含水量和示踪剂空间变异性对测定结果的影响，每次至少在 6 个位置进

行取样，不同深度位置的测量值和均值向量分别为

$$x_i = (x_i^w, x_i^{Br}), i = 1, \cdots, 6 \tag{4-3}$$

$$\mu = (\mu^w, \mu^{Br}) \tag{4-4}$$

式中，上标 w 和 Br 分别表示土壤总含水量和示踪剂浓度，各测量值与均值之间的欧氏距离为

$$d(x_i, \mu) = \sqrt{\left(\frac{x_i^w - \mu^w}{\sigma^w}\right)^2 + \left(\frac{x_i^{Br} - \mu^{Br}}{\sigma^{Br}}\right)^2} \tag{4-5}$$

其中，σ^w 和 σ^{Br} 为土壤总含水量和示踪剂标准差，式（4-5）可进一步表示为

$$d(x_i, \mu) = \sqrt{\frac{1}{1 - r^2}\left(\frac{x_i^w - \mu^w}{\sigma^w}\right)^2 + \left(\frac{x_i^{Br} - \mu^{Br}}{\sigma^{Br}}\right)^2 - 2r\left(\frac{x_i^w - \mu^w}{\sigma^w}\right)\left(\frac{x_i^{Br} - \mu^{Br}}{\sigma^{Br}}\right)} \tag{4-6}$$

$$r = \frac{\sigma^{wBr}}{\sigma^w \sigma^{Br}} \tag{4-7}$$

其中，σ^{wBr} 为土壤总含水量和示踪剂浓度的协方差。

采用 Monte Carlo 方法确定不受土壤空间变异性影响的最大值 d_{max}。基于土壤总含水量和示踪剂浓度为对数正态分布的设定，在均值 95% 的置信区间内，产生 6 组随机的土壤总含水量和示踪剂浓度，并且计算每一组数据的欧氏距离，其中最大的距离 $d(x_i, \mu)$ 作为临界距离 d_{max}。在实测土壤总含水量或者浓度超过临界值的情况下，则认为土壤总含水量的影响不能够被忽视；反之，则认为测定结果的变异性不影响结果。

4. 冻结和融化过程中土壤水流通量解析

根据式（4-1）～式（4-2）确定的方法，基于土壤总含水量变化和示踪剂浓度变化监测结果，进行通量计算，结果如图 4-4 所示。表 4-2 为确定的下垫面土壤在各种冻结和融化状态中的通量（实验区平均）。

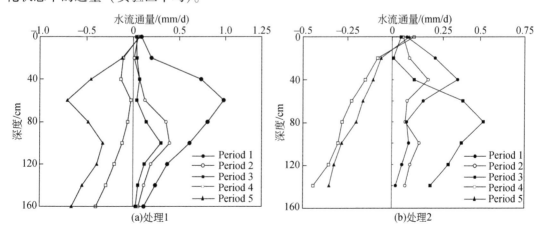

图 4-4　冻土过程中采用质量均衡法确定的水流通量

表 4-2   冻结和融化阶段下垫面水流通量的比较

区域	土壤总含水量变化量/ [cm³/(cm²·d)]	冻土中水流通量/(mm/d)		$R_{V/L}$/%	
		均值±标准差	最大值/最小值	均值±标准差	最大值/最小值
冻结层	0.01	0.11±0.08	0.25/0.01	27.3±25.4	81.9/6.04
过渡层	0.03	0.41±0.18	0.74/0.26	15.4±9.31	32.2/4.03
未冻结层	0.02	0.37±0.13	0.50/0.31		
传导层	0.02	0.37±0.18	0.68/0.19		
融化层	0.04	0.33±0.20	0.61/0.11		

注：$R_{V/L}$ 为可移动水体与液态含水量的比例。

质量平衡分析结果表明，处理 1 和处理 2 在冻结前期、冻结期和融解期的平均蒸发通量分别为 5.4×10^{-3} mm/d、0.85×10^{-3} mm/d 和 4.6×10^{-3} mm/d。在冻结初期（11 月 9 ~ 25 日），水流通量均在 20 ~ 40cm 土层达到最大值，分别为 1.34×10^{-2} mm/d 和 0.94×10^{-2} mm/d，而在表层 0 ~ 20cm，在冻结期开始后迅速冻结，水分向表层运动受阻，水流通量较小，分别为 0.45×10^{-2} mm/d 和 0.60×10^{-2} mm/d。随着冻结期的深入，冻结锋开始稳定向下运动的同时，土壤剖面的水流通量峰值位置亦向下推移，通量最大值发生在冻土层与非冻土层之间的交界区。11 月 25 日 ~ 12 月 20 日，处理 1 和处理 2 水流通量分别在 60 ~ 80cm 和 40 ~ 60cm 处达到最大值 1.12×10^{-2} mm/d 和 1.13×10^{-2} mm/d。由以上分析可知，水流通量的峰值在冻结的不同时刻出现在土层不同深度，且与冻结锋面的位置具有一致性，而在深层未冻区域，水流通量表现出随深度减小的趋势。

在冻结锋面以上的土层中，已冻结土壤中的液态含水量在较低负温时基本不变，由未冻土迁移到冻土中的水分会立即结冰，并在冻土与冻结锋之间形成冰透镜体，阻碍了水分向未冻土层的运移，并同时引起冻结锋处水势的减小，促使更多的水分在水势梯度作用下向冻结锋处聚集，导致该处水流通量出现峰值，因此出现水流通量峰值与冻结锋位置的一致变化。而在 80cm 以下深层未冻土层中，由于温度和水势梯度降低，水流通量出现随深度增加而减小的趋势。

4.2.2   水流通量模拟

1. 冻土水流通量模型构建

将土壤孔隙视为一系列大小不一的毛管，根据 Hangen-Poiseuille 方程，基于牛顿流体及无滑动边界假设，毛管中水流通量可表示为（Dash et al., 1999）

$$Q = \int_0^{2\pi} \int_0^R V(r) r \mathrm{d}r \mathrm{d}\phi = \frac{\pi R^4 \Delta P}{8\eta L} \tag{4-8}$$

式中，ΔP 为毛管两端压力差；η 为动力黏滞度；L 和 R 分别为毛管长度和毛管半径。

当土壤冻结后，毛管束的中心形成一个半径为 r_i 的冰柱体，如图 4-5（a）所示，液态水在冰柱体（图 4-5 中灰色区域）与毛管束之间的通道流动，未冻结情况下的孔隙流动以及孔隙存在冰柱体情况下的孔隙流动比较如图 4-5（b）所示，冻结情况下，水流在毛管边壁与冰柱体之间的孔隙中流动，冻土中毛管内水流的流量 Q 可通过式（4-9）计算：

$$Q = \frac{\pi \Delta P}{8\eta L}\left[R^4 - r_i^4 + \frac{(R^2 - r_i^2)^2}{\ln(r_i/R)}\right] \tag{4-9}$$

式中，r_i 为冰柱半径；r_m 为最大流速半径，$r_m = \sqrt{(r_i^2 - R^2)/[2\ln(r_i/R)]}$。

考虑到土壤中的各毛管长度 L 不同，认为截面积为 A_T 的土柱由相互缠绕总长度为 L_T 的毛管束组成，则土壤中的平均水流通量 q_{wT} 为各毛管中水流量之和 Q 与总面积 A_T 之比。

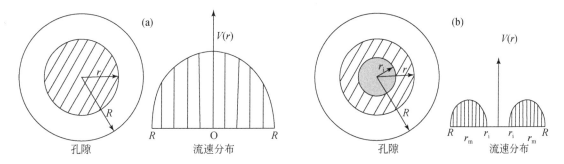

图 4-5 毛管中水流流动示意

根据 Laplace 方程（Watanabe and Flury，2008），孔隙半径 R_J 与土壤基质势 h_J 的关系可表示为

$$R_J = -\frac{2\sigma}{\rho_w g h_J} \tag{4-10}$$

式中，g 为重力加速度；σ 为空气与水界面自由能。类比达西定律，令 $\Delta z = 0 - L_T$，并定义曲度系数 ξ 为 L_T/L，得冻土中水流通量的表达形式为

$$q_{wT} = -\left\{\frac{\xi \rho_w g \pi}{8\eta}\sum_{J=1}^{M} n_J\left[\frac{(R_J^2 - r_{iJ}^2)^2}{\ln(r_{iJ}/R_J)}\right]\right\}\frac{\Delta H}{\Delta z} \tag{4-11}$$

式中，n_J 为单位面积上半径为 R_J 的毛管数量；ρ_w 为液态水密度；ΔH 为总水头差；M 为不同半径的毛管的种类。η 为动力黏滞度，为温度 T 的函数：

$$\eta = \eta_0 \exp(c/T) \tag{4-12}$$

式中，$\eta_0 = 9.62 \times 10^{-7}\,\mathrm{Pa}$；$c = 2046\,\mathrm{K}$。

$\Delta H/\Delta z$ 为水力梯度，由重力势度、基质势梯度和温度势梯度作用产生，可表示为

$$\frac{\Delta H}{\Delta z} = \frac{\Delta T}{\Delta z}\gamma h + \frac{\Delta h}{\Delta z} + 1 \tag{4-13}$$

式中，γ 为土壤水表面张力，$2.90 \times 10^{-2}\,\mathrm{J/m^2}$（25℃）。

根据 Clausius-Clapeyron 方程，并近似忽略冰的压力，则冻土中压力水头 h 与温度 T 的关系为

$$\frac{\Delta h}{\Delta T} = \frac{L_f}{\rho_w g v_1 T} \qquad (4\text{-}14)$$

式中，L_f 为水结冰时释放的潜热；v_1 为水的比体积。

类比达西定律可知，式（4-12）右端水力梯度前面部分即为冻土的水力传导度：

$$K(\theta_s - k\Delta\theta) = \frac{\xi \rho_w g \pi}{8\eta} \sum_{J=1}^{M} n_J \left[R_J^2 - r_{iJ}^2 + \frac{(R_J^2 - r_{iJ}^2)^2}{\ln(r_{iJ}/R_J)} \right] \qquad (4\text{-}15)$$

毛管中形成冰柱体与毛管内的范德华力影响的水膜厚度 $d(T)$、冰柱体的临界半径 $r_{GT}(T)$ 有关。当 $R_J - d(T) < r_{GT}(T)$ 时（即毛管不含冰），有 $r_{iJ} = 0$，而当 $R_J - d(T) \geqslant r_{GT}(T)$ 时（即毛管中出现冰柱），有 $r_{iJ} = R_J - d(T)$。

毛管中含冰量确定后，则土壤液态含水量为土壤总含水量与含冰量之差：

$$\theta_u = \theta - \theta_i = \pi \sum_{J=k+1}^{M} n_J (R_J^2 - r_{iJ}^2) \qquad (4\text{-}16)$$

当土壤孔隙中不含冰时，冰柱体半径 r_{iJ} 为零，则式（4-15）转化为未冻结情况下水力传导度的函数形式。

2. 冻土水流通量模型验证及分析

根据毛管束模型，采用式（4-15）确定冻土液态含水量，式（4-16）确定冻土水力传导度后，通过式（4-12）计算冻土水流通量。

将含水量以 $\Delta\theta$（0.005）为间隔等分为多段，根据土壤水分特征曲线确定不同土壤液态含水量所对应的土壤基质势 h_J，任一 h_J 为半径为 R_J（临界半径）的毛管基质势，由于半径大于 R_J 的毛管中水分已经被排干，单位面积上第 J 类毛管的数量 n_J 为

$$n_J = \frac{\Delta\theta}{\pi R_J^2} \qquad (4\text{-}17)$$

根据土壤水分特征曲线确定各段的土壤基质势 h_J，根据土壤不同时刻的温度确定液态水膜厚度 $d(T)$ 与冰柱体半径 r_{GT}，分别计算冻土液态含水量以及土壤水力传导度。

模拟冻土水力传导度–温度关系，如图 4-6（a）所示，可以看出，在 $-1 \sim 0^\circ\text{C}$，各层水力传导度出现骤降，从常温条件下的 $1.25 \times 10^{-2} \sim 3.24 \times 10^{-2}\,\text{m/s}$ 分别降到 $1.68 \times 10^{-15} \sim 5.84 \times 10^{-12}\,\text{m/s}$。由式（4-16）计算各层土壤液态含水量，与温度的关系与实测值的比较如图 4-6（b）所示，可以看出，在 $-0.01 \sim 0^\circ\text{C}$ 液态含水量减小 $46.3\% \sim 49.9\%$，之后液态含水量随温度的降低出现较平缓的变化，当温度降低到 -7°C 后，液态含水量基本保持不变，稳定在 $0.02\,\text{cm}^3/\text{cm}^3$（$0 \sim 15\text{cm}$ 深度）和 $0.07\,\text{cm}^3/\text{cm}^3$（$15 \sim 28\text{cm}$ 和 $28 \sim 100\text{cm}$ 深度）附近。液态含水量的变化规律与水力传导度的变化规律基本一致。尽管在冻融过程有水分不断地向冻土层迁移，不同土层在完全冻结后的液态含水量相差并不大，28cm 以下

土层与 0~28cm 土层在冻结后的液态含水量差异仅为 3%，这是由于当温度低于结冰点，土壤中水分冻结后，土壤孔隙中的毛管水已经全部冻结形成冰，液态水分主要为吸附于土壤颗粒表面的薄膜水，无法移动，而在温度梯度下运动到冻结土层中的水分由于温度低于结冰点，也会立即结冰，并不以液态形式在冻土层中存在；因此，尽管在冻结过程中不断有水分从未冻土向冻结锋附近移动，冻土中的液态含水量并没有发生显著的变化。

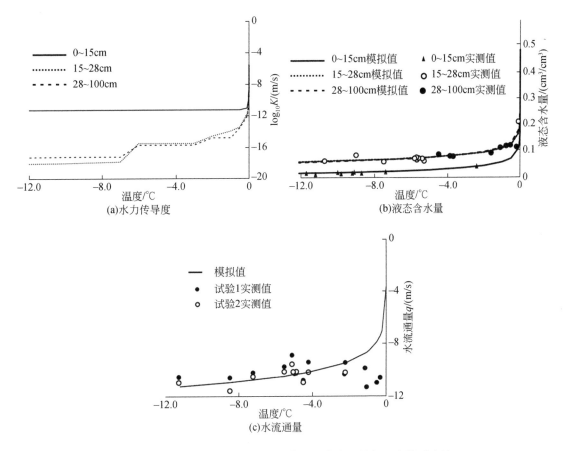

图 4-6 冻土水力传导度、液态含水量和水流通量与温度关系比较

从图 4-6（a）和图 4-6（b）可以看出，尽管常温条件下 3 层土壤的水力传导度并未表现出数量级的变化，然而土壤冻结后，同一温度下的 0~15cm 水力传导度相比 15~28cm 以及 28~100cm 深度的水力传导度表现出多个数量级的差异。而液态含水量则相反，同一温度条件下 15~100cm 深度的液态含水量大于表层 0~15cm 深度土层的液态含水量。表明，相比液态含水量，土壤质地对于冻土水力传导度的影响更为显著，土壤质地黏性较重的情况下，冻结后水力传导度的变化幅度要显著的小于砂性较重的土壤。

图 4-6（c）为一维条件下的实验 1 和实验 2 模拟水流通量与水量和示踪剂平衡分析所确定的实测通量的比较，可以看出，由于冻土的水力传导度远小于未冻土，以及液态含水

量的显著下降，随着冻土层的发育，实验 1 和实验 2 已冻土层的水流通量呈现急剧减小的趋势。–1 ~ 0℃温度范围内的模拟水流通量偏大，而温度低于–5℃情况下，模拟水流通量小于测定通量。–1 ~ 0℃温度范围内，融化期 0 ~ 20cm 和 80 ~ 100cm 深度的模拟和实测水流通量产生较大偏差，主要由于水分在冻结和融化过程中发生两次迁移，一维条件下，冻融期表层通量受到下层未冻土体的顶托而减小，而在最大冻深处，通量受到地下水的顶托而减小，冻土通量模型并未考虑这方面的影响，因而，相比实测通量，模拟值偏大。此外，通量计算模型也未考虑冻结后土壤中部分孔隙被冰晶堵塞所可能导致的水流通道的减少，以及溶质对土壤冻结温度有影响，而 Hangen-Poiseuille 方程中认为水流边界是不变化的，实际上，水结冰后体积增大，对土壤中的孔隙产生挤压，造成孔隙形状改变，一定程度上引起水流流动边界的变化，这在模型中也未考虑，在一定程度上导致温度低于–5℃情况下模拟值与实测值出现一定的偏差。

4.3　冻土融化期流域水分析出过程模拟

4.3.1　模拟方法

1. 土壤水分析出入河过程模拟

冻土融化过程中土壤水析出入河过程概化如图 4-7 所示，坡面包括了 n 个水文计算单元，每个单元内由未融化层所形成的不透水边界顶托，土壤冰体融化后液态水沿着土壤团聚体破碎后形成的连续通道运动，并在流动过程中不断汇集，进入河道。

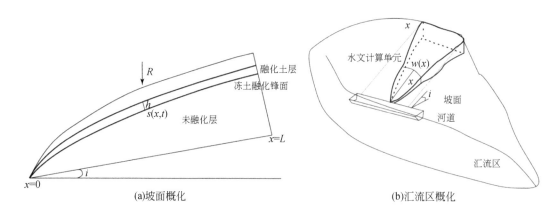

(a)坡面概化　　　　　　　　(b)汇流区概化

图 4-7　冻融过程中汇流区土壤水析出入河模型概化

选择垂直于河道方向，在 x 位置，未融化层以上土壤中径向流动通量 q 为

$$q = -wK\bar{h}\left(\frac{\partial \bar{h}}{\partial x}\cos i + \sin i\right) \tag{4-18}$$

式中，$\bar{h}$ 为流动面液态水头高度（液态水面–未融化层之间的高度差）；K 为随土壤水力传导度，反映融化过程中土壤团聚体破碎形成的连续通道的传导性；i 为垂直于河道方向的地形坡度。

$w(x)$ 为 x 位置流动面宽度，采用式（4-19）描述基本水文单元集中汇流过程中汇流区的变化：

$$w(x) = w_{\mathrm{c}} x^{w_{\mathrm{b}}} \tag{4-19}$$

其中，w_{c} 和 w_{b} 为描述土壤沿坡面汇流过程逐渐集中的参数。

式（4-17）进一步表示为

$$q = -wK\bar{h}\left(\frac{\partial \bar{h}}{\partial x}\cos i + \sin i\right) = -\frac{KS}{f}\left(\cos i\frac{\bar{\partial}}{\partial x}\left(\frac{S}{fw}\right) + \sin i\right) \tag{4-20}$$

式中，f 为土壤可排水比（移动的水量与饱和水量之比）。根据质量守恒定律，x 位置储水量的变化量为

$$\frac{\partial S}{\partial t} = -\frac{\partial q}{\partial x} + Rw \tag{4-21}$$

其中，R 为源汇量，为上边界降水对水文计算单元的补给量。S 为计算单元的储水量，将式（4-20）代入式（4-21），得

$$f\frac{\partial S}{\partial t} = \frac{K\cos i}{f}\frac{\partial}{\partial x}\left(\frac{S}{w}\left(\frac{\partial S}{\partial x} - \frac{S}{w}\frac{\partial w}{\partial x}\right)\right) + K\sin i\frac{\partial S}{\partial x} + fRw \tag{4-22}$$

式（4-22）中二次项展开，得

$$f\frac{\partial S}{\partial t} = \frac{K\cos i}{fw}\left[\left(\frac{\partial S}{\partial x}\right)^2 + S\frac{\partial^2 S}{\partial x^2} - \frac{3S}{w}\frac{\partial S}{\partial x}\frac{\partial w}{\partial x} + \frac{2S^2}{w^2}\left(\frac{\partial w}{\partial x}\right)^2 - \frac{S^2}{w}\frac{\partial^2 w}{\partial x^2}\right] + K\sin i\frac{\partial S}{\partial x} + fRw \tag{4-23}$$

由于 w 对 x 的微分项较小，将 $\frac{\partial w}{\partial x}$ 项忽略掉，则式（4-23）为

$$f\frac{\partial S}{\partial t} = \frac{K\cos i}{fw}\left[\left(\frac{\partial S}{\partial x}\right)^2 + S\frac{\partial^2 S}{\partial x^2}\right] + K\sin i\frac{\partial S}{\partial x} + fRw \tag{4-24}$$

由于 $\frac{\partial S}{\partial x}\left(S\frac{\partial S}{\partial x}\right) = S\frac{\partial^2 S}{\partial x^2} + \left(\frac{\partial S}{\partial x}\right)^2$，式（4-24）可表示为

$$f\frac{\partial S}{\partial t} = \frac{K\cos i}{fw}\frac{\partial S}{\partial x}\left(S\frac{\partial S}{\partial x}\right) + K\sin i\frac{\partial S}{\partial x} + fRw \tag{4-25}$$

将 S 进行线性化近似为

$$S \cong pfwD \tag{4-26}$$

式中，p 介于 $0 \sim 1$；D 为未融化层以上的土壤层厚度。将式（4-26）代入式（4-25），得

$$f\frac{\partial S}{\partial t} = \frac{KpfwD\cos i}{fw}\frac{\partial^2 S}{\partial x^2} + K\sin i\frac{\partial S}{\partial x} + fRw \tag{4-27}$$

简化后得到了以储水量 S 为变量的冻土融化层土壤水分运动方程：

$$f\frac{\partial S}{\partial t} = KpfD\cos i\frac{\partial^2 S}{\partial x^2} + K\sin i\frac{\partial S}{\partial x} + fRw \tag{4-28}$$

冻土融化过程中，由于降水量较小，全部降水以入渗的形式补给土壤液态水，下边界为未融化冰层形成的不透水边界，$x=0$ 和 $x=L$ 边界条件分别为

$$K\frac{\partial S}{\partial x} + \frac{K\sin i}{f}S = 0 \quad ,x=L \tag{4-29}$$

$$S(0,t) = 0 \tag{4-30}$$

2. 河道水流运动过程模拟

汇流区出口位置河道流量全部来源于土壤析出水量，采用曼宁公式模拟河道中水流运动过程。

$$Q = AC\sqrt{Ri} \tag{4-31}$$

式中，A 为排水沟过水断面面积；C 为谢才系数；R 为水力半径；i 为排水沟道坡降。

$$C = \frac{1}{n}R^{1/6} \tag{4-32}$$

4.3.2 参数率定和模型验证

采用 2016~2018 年在黑顶子河流域开展的实验，对冻土融化期析出土壤水分入河过程模拟方法中的参数进行率定，以及对模拟效果进行评价和分析。

采用 2016 年和 2017 年的监测数据进行参数率定，结果见表 4-3。

表 4-3 率定参数

参数		公式	率定值
等效水力传导度	K/（m/s）	(4-28)	$1.24\times10^{-3}/4.54\times10^{-4}$
冻土融化层汇流区形状系数	w_c/m	(4-19)	7.28/4.48
	w_b	(4-19)	0.3374/0.2411

注：两个数值分别为最大值和最小值。

图 4-8 为实验期的大气温度和降水，模拟结果如表 4-4 和图 4-9 所示。可以看出，2016 年的析出水量明显大于 2017 年和 2018 年，三个实验年度中，2016 年、2017 年和 2018 年冻土融化期平均温度分别为 7.5℃、7.2℃和 7.1℃。2016 年冻土融化期温度，特别是开始融化期的温度均明显超过 2017 年和 2018 年。相比 2016 年，2017 年和 2018 年玉米汇流区析出水量减小了 53.4%和 36.1%，气象条件对水稻汇流区析出水量的影响显著

小于玉米汇流区，相比 2016 年，2017 年和 2018 年析出水量的减小幅度分别为 19.7% 和 22.4%。稻田土壤在近饱和情况下，水量析出峰值主要受水力传导度的影响，因此出现持续的峰值过程，然而监测数据并没有观测到这种现象，表明峰值和析出水流通量取决于融化水量。玉米汇流区析出水量年际变化特性更为显著，原因在于，玉米种植土壤完全处于非饱和条件，所形成的蓄水能力对水流通量有较强的调节能力。式（4-28）在机理上能够反映冻土融化期以上不同土壤水分状态下的水文特性。

表 4-4 流量模拟和实测的比较 ［单位：$10^3 \mathrm{m}^3/(\mathrm{s} \cdot \mathrm{km}^2)$］

汇流区		水稻田	玉米田	流域
单位面积析出水量	实测值	1.92/1.22/1.08	1.24/0.98/0.90	1.34/1.02/0.97
	模拟值	2.01/1.08/1.02	1.32/0.81/0.78	1.31/1.05/1.02

注：三个数值分别代表最大值、中间值和最小值

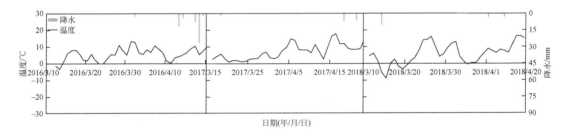

图 4-8 实验期（冻土融化期）大气温度和降水

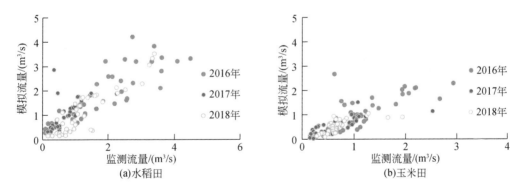

(a)水稻田   (b)玉米田

图 4-9 不同下垫面析出水量计算结果和实测结果的比较

第5章 | 冻土水热耦合数值模拟方法

数值模型是利用变量、等式和不等式，以及数学运算等数学符号和语言规则来描述事物特征以及内在联系的模型。在寒区，将陆面融雪过程与冻土水热活动相结合，按能量平衡及水量平衡原理建立模型，实现土壤水热耦合和对寒区流域水文过程的模拟。

5.1 数值模拟方法

5.1.1 冻土中的水势

非饱和土孔隙中存在着毛细管水和薄膜水，水分受力平衡的状态下，土壤中的水分并不运动，处于静止状态。当非饱和土冻结时，增长的冰晶从邻近的水膜中夺走水分，使水膜变薄，而相邻的厚水膜向薄水膜补充水分，形成了水分向冻结锋面运移。温度的变化引起土壤水作用力的重新分布，温度梯度是水分迁移的重要诱导因素。能量反映物体的运动状态，可以从一个物体转移到另一个物体或从一种形式转变为另一种形式，但总量不变。可以从能量的变化和转移中认识能量，其中力做功是改变能量的手段，冻土中水分能量的转换表明土壤孔隙中水体受到各种各样力的作用，包括毛细管力、液体内部的静压力、结晶力、气态水的移动受到的摩擦力、气压液泡内聚力、吸力、渗透压力、电渗力、真空抽吸力、化学势、驱动冻结锋面的势能变化、冻结带中的水势变化、冻结带中的孔隙填充挤压受力、冰压力梯度。自然界的任何物体都具有一定的能量，物体运动的趋势是由能量高的位置（状态）向能量低的位置（状态）运动，以达到最终的能量平衡。经典物理学认为：物体的能量由两部分组成，动能和势能。在冻土中，水分的迁移速率很小，冻土中的水分可以忽略动能，只具有势能。冻土中水分迁移引入能量的概念：当土壤中两点间的水分具有不同的能量时，水分由能量高的一点流向能量低的一点，即忽略水分动能的影响，如果两点的水势不同，则水分由水势高的位置流向水势低的位置。水势梯度即为冻土中水分迁移的驱动力。

冻土中总水势是由影响水分能量状态的各种因素的总和组成：重力、温度、由溶质存在造成的渗透力、液相和孔隙中空气之间的表面张力、液相和固相分界面的吸附力。总水势就是单位数量的土壤中水分从标准参考状态移动或改变到目前状态时，这些影响因素对水分所做的功的总和。而水势梯度（单位距离的水势变化）则是土壤中水流运动的直接驱动力。冻土中的主要水势梯度如下。

1）重力势梯度

由于水分的重力作用，把处于标准状态下微量体积水（标准大气压、20℃或25℃）在等温可逆的条件下迁移到所研究的土体中所做的功为重力势。此时水的新状态与迁移之前在基准面处的差别只在于高度的不同，所以重力势的大小由土中水分相对于基准面的高度决定，其中 z 为水分目前高度相对于基准面的高度，正负号和坐标规定有关。

在冻融过程中，显热传递、可能的潜热传递及重力势梯度的方向都是向下的；然而，重力势梯度与其他梯度相互作用，这些梯度决定了水运动的净方向。在秋季和冬季结冰期间，冻结锋面向下推进使得冻结面以下的土壤水分向上运动，而重力势梯度则在很大程度上抵消了这种运动。当水被吸引到冻结前沿并随后冻结时，会释放出潜热。这阻碍了冻结前沿的进一步推进，直到热量消散。相反，在春季和夏季，重力势梯度增强了融雪和降雨入渗。当来自上覆积雪的融水进入温度低于冰点的土壤时，部分水体结冰，随后土壤升温至最高，而其余未冻结的水仍与冰保持平衡。

2）基质势梯度

基质势是在土-水系统中，由基质吸力对土中固体颗粒做功引起的，是土水势的一个重要的分势，其对非饱和水土的水分保持和运动起着重要作用。

形成基质势的因子包括：土壤中胶体颗粒具有巨大的表面能；土粒间的孔隙具有毛管性；土颗粒吸附离子的水化作用。这三种作用是很难区分的。据研究，对同一种土来说，基质势主要随液态含水量减小而减小，土壤中水分被土基质势吸持后，其自由能大大降低，相应的基质势值减小。吸持作用越强，自由能降低越多，基质势值越小。

非饱和土壤中基质势由两部分组成：孔隙气压力和毛管吸力。基质吸力通常同水的表面张力引起的毛细现象联系在一起。基质吸力即为孔隙气压力与毛管吸力的差值，相对于孔隙气压力（通常设大气压为零），毛管吸力为负值。低饱和度时，毛管吸力可以达到约-7000kPa。

附着在土壤颗粒表面的水膜的压力张力是土壤含水量和土壤类型的函数。由于冻结或蒸发过程中水向作用面（冻结面或蒸发面）的迁移，导致了孔隙压力变化。Williams 和 Smith（1989）研究表明，冻土情况下，孔隙中冰的形成与土壤干燥相似，孔隙水压力张力呈负增长。与重力梯度一样，压力梯度对液态水质量迁移的影响比对传热能量的影响更大。然而，与总是向下的重力梯度相反，基质势梯度可以向上或向下甚至横向。假设土壤是均质的，孔隙水基质势梯度始终是从湿土到干土的方向。在相对不透水的土壤层存在于地表附近的情况下，黏土层之上的较粗的土壤层或永久冻土之上的活跃层，水的运动通常被限制在不透水层之上的饱和区域，并且沿地表地形的方向运动。

3）温度势梯度

由于温度场的存在，正在冻结的土层中各点有不同的温度势，温度势的大小由该点的温度和标准参考温度之差决定。土壤中温度的分布和变化对土中水分运动的影响是多方面的，有些显著超过了温度势本身的作用。例如，温度对水的物理化学性质（如黏滞性、表面张力及渗透压等）产生影响，从而影响到基质势、溶质势的大小及土中水分运动参数。温度状况还决定着水的相变。由于土中水分状况在很大程度上决定着土中水的特性参数，水的相变如果发生，则成为热量平衡中的一个重要因素。

4）溶质（化学）势梯度

溶质势是土中所有溶质对土水势综合影响的结果。土中水溶质中的溶质离子和水分子之间存在着吸引力，这种吸引力的存在，降低了土中水的能量水平，这是溶质势产生的原因。若纯净自由水的溶质势为零，则其他相同条件下，含有溶质的土中水溶质势为负值。

若只考虑水分在土中的运动，而不涉及植物根系供水，则土中不存在半透膜，溶质势可视为零。由于冻土中的水分迁移，溶质随着孔隙水一起迁移，在冻土段的孔隙水从外围向内逐渐冻结为冰，冰可以看作是纯净相，并不含有溶质，所以剩下的液态水中溶质浓度越来越大，造成冻土段和未冻土段产生溶质浓度差，因此产生了溶质势差。这种溶质势差反过来又促使溶质从冻土段向未冻土段扩散（或溶质由浓度高处向浓度低处扩散）。

随着土壤开始向下冻结，离子被排除在冰晶格之外，并增加了冰冻前沿土壤水的溶质浓度，这会激活深度的土壤理化过程。垂直渗透梯度的发展将导致水向溶质浓度升高的区域移动。由于冰生长过程中的离子排斥或蒸发浓缩，土壤水局部溶质浓度增加，同时吸收了蒸汽和液态水朝向离子富集区。

由于蒸发和冻结过程具有季节依赖性，耦合热质量流过程对土壤热态的相对影响具有很强的季节性模式。在远低于冰点的温度下，由于土壤孔隙中存在大量冰，这些过程往往会停止。然而，在略低于0℃的温度下，有足够的未冻结水使这些过程保持活跃。

5）密度梯度

由于土壤中的温度差异，可能会导致土壤中水的密度存在梯度变化。当地表温度较低而地下较深处温度较高时，则会发生自由对流。但在夏季，则不容易发生自由对流，因为温度通常会随着深度的增加而降低，水的密度会随着深度的增加而增加。由于水的最大密度发生在4~8℃附近，这是寒冷地区典型的土壤温度，在这个温度范围内的对流更加复杂。

6）水汽压梯度

由于温度差异，非饱和土壤中存在水汽压梯度，这种梯度导致孔隙空气中的水汽浓度梯度，因此，水汽会通过孔隙从高温区域扩散到低温区域。由于与水汽运动相关的潜热沿温度梯度方向传输，水汽传输直接增强了传导热传递。

热导率测量通常使用保护热板装置进行，该装置在土壤样品上施加温度梯度，并准确测量通过样品的热传递速率。如果样品处于不饱和状态，则通过开放孔隙空间中的水汽传输传递热量。然后，潮湿土壤的实验热导率测量将必然包括土壤基质传导和蒸汽传输的影响，通过土壤颗粒表面的水运动引起的显热传递略微增强，因为这两种机制在测量期间都是活跃的。因此，实验室测量的有效热导率基本上解释了土壤基质传导和水汽传输。这两个过程本质上都是扩散机制，并且由温度梯度驱动，这两个过程可以使用有效热导率进行组合（Goering and Zhang，1991）。即使蒸汽传输是非传导过程，也可以考虑这些影响，如果蒸汽扩散主要由温度梯度驱动，则使用标准热传导模型。

7）压力势梯度

压力势是由土壤–水系统中孔隙水压力超过基准压力而引起的水势。土壤饱和条件下，存在着上覆水层或地下水位，静水压力超过基准压力而形成的水势。在非饱和条件下，土壤中孔隙与大气相通，孔隙中水承受大气压，故压力势为零。土壤水的总土水势为分势之和。在冻土水文学研究中，也通常采用广义梯度的形式，如图 5-1 所示。

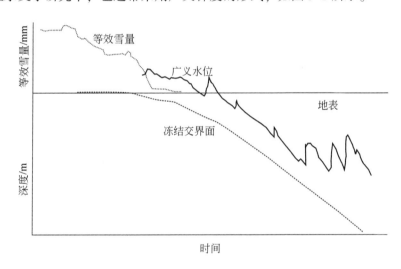

图 5-1 冻土中的广义水势

5.1.2 一维冻土水热过程模拟

冻土中的水热传输模型如下。

1）液态水运动方程

$$\frac{\partial \theta_l}{\partial t} = -\frac{\rho_i}{\rho_l}\frac{\partial \theta_i}{\partial t} - \frac{\partial}{\partial z}\left[-K\frac{\partial h}{\partial z} + K\right] + \frac{1}{\rho_l}\frac{\partial}{\partial z}\left[D_{TV}\frac{\partial T}{\partial z}\right] \tag{5-1}$$

水体相变方程：

$$\frac{\partial C_v}{\partial T} - \frac{\partial \rho_i \theta_i}{\partial t} = \frac{\partial}{\partial z}\left[K_e\frac{\partial T}{\partial z}\right] \tag{5-2}$$

式中，θ_l 和 θ_i 分别为土壤的液态含水量和含冰量（以占土壤体积百分比表示）；h 为土壤水势；T 为土壤温度；D_{TV} 为温度梯度引起的水气扩散系数；C_v、K、K_e 分别为与土壤质地有关的土壤体积热容量、水力传导度和热传导系数。冻土中液态含水量 θ_l 和含冰量 θ_i 关系为

$$h = h_0 \left(\frac{\theta_l}{\theta_i}\right)^{-b} (1 + c_k \theta_i)^2 \tag{5-3}$$

式中，c_k 为含冰量形成的势能修正系数。

土壤水势和温度之间存在着严格的平衡态热力学关系，其计算公式为

$$h = \frac{L_{il} T}{g T_0} \tag{5-4}$$

式中，L_{il} 为土壤的冰-液相变潜热；g 为重力加速度；T 和 T_0 分别为土壤水的温度和冻结温度（K）。

冻土水热传输方程中的水流通量关系可表示为

$$q_{tot} = K_{fh} \frac{\Delta h}{\Delta z} + K_{fh} + K_T \frac{\Delta h}{\Delta z} \tag{5-5}$$

式中，q_{tot} 为水流通量；$K_{fh} \frac{\Delta h}{\Delta z}$、$K_{fh}$、$K_T \frac{\Delta h}{\Delta z}$ 分别为温度势、基质势和重力势共同作用下形成的水流通量。

一些研究将未冻结区和冻结区看作一个整体，其中的水流是连续的，冻结区水分的不饱和程度由液态含水量来确定。运用非饱和土壤水分运动的基本分析方法，得到水流的基本运动方程为

未冻结区：

$$\frac{\partial \theta}{\partial t} = \frac{\partial}{\partial z}\left(D(\theta) \frac{\partial \theta}{\partial z}\right) - \frac{\partial K(\theta)}{\partial z} \tag{5-6}$$

冻结区：

$$\frac{\partial \theta}{\partial t} = \frac{\partial}{\partial z}\left(D(\theta_i) \frac{\partial \theta_i}{\partial z}\right) - \frac{\partial K(\theta_i)}{\partial z} \tag{5-7}$$

其中

$$\theta = \theta_l + \frac{\rho_i}{\rho_l}\theta_i \tag{5-8}$$

式中，θ 为土壤的体积含水量；θ_l 为土壤的液态含水量；θ_i 为土壤的含冰量；ρ_l 和 ρ_i 分别为水和冰的密度；$D(\ )$ 和 $K(\ )$ 分别为未冻区土壤的扩散率和导水率；t 为时间坐标；z 为距离坐标，向下为正。

2）热流方程

土壤中的热流方程为

非冻结区：

$$\frac{\partial T}{\partial t} = \frac{\partial}{\partial z}\left(\lambda\,\frac{\partial T}{\partial z}\right) \tag{5-9}$$

冻结区：

$$\frac{\partial T}{\partial t} = \frac{\partial}{\partial z}\left(\lambda\,\frac{\partial T}{\partial z}\right) + L\rho_{\mathrm{s}}\frac{\partial \theta_{\mathrm{s}}}{\partial t} \tag{5-10}$$

式中，T 为温度；λ 为导热率；L 为水的冻结潜热。

3）联系方程

冻结土壤中，液态含水量与温度的函数表示为

$$\theta_{\mathrm{l}} = \theta_{\mathrm{i}}(T) \tag{5-11}$$

冻结区为

$$\frac{\partial \theta_{\mathrm{l}}}{\partial t} = \frac{\partial}{\partial z}\left(K(\theta_{\mathrm{l}})\,\frac{\partial \phi}{\partial z}\right) - \frac{\partial K(\theta_{\mathrm{l}})}{\partial z} - L\rho_{\mathrm{i}}\frac{\partial \theta_{\mathrm{i}}}{\partial t} \tag{5-12}$$

式中，ϕ 为总水势。

由式（5-10）~式（5-12）得

$$\left(C + L\rho_{\mathrm{i}}\frac{\partial \theta_{\mathrm{i}}}{\partial t}\right)\frac{\partial T}{\partial t} = \frac{\partial}{\partial z}\left(\lambda\,\frac{\partial T}{\partial z}\right) + L\rho_{\mathrm{i}}\frac{\partial}{\partial z}\left(K\,\frac{\partial \phi}{\partial z}\right) - L\rho_{\mathrm{i}}\frac{\partial K(\theta_{\mathrm{i}})}{\partial z} \tag{5-13}$$

冻土中水和冰的总势能仅与温度和压力有关，在冰、水的共同体内，二者的总势能是均衡的，在此条件下

$$\mathrm{d}\phi = \frac{L\rho_{\mathrm{i}}}{T}\mathrm{d}T \tag{5-14}$$

得

$$(C')\frac{\partial T}{\partial t} = \frac{\partial}{\partial z}\left(\lambda'\,\frac{\partial T}{\partial z}\right) - L\rho_{\mathrm{i}}\frac{\partial K(\theta_{\mathrm{i}})}{\partial z} \tag{5-15}$$

其中

$$C' = C + L\rho_{\mathrm{i}}\frac{\partial \theta_{\mathrm{i}}}{\partial t} \tag{5-16}$$

$$\lambda' = \lambda + L^2\rho_{\mathrm{i}}K(\theta_{\mathrm{i}})/T \tag{5-17}$$

采用 2021 年在武汉大学开展的模拟实验对以上数值方法的原理进行说明，实验设置如图 5-2 所示。当土壤含水量 $\theta = 0.4$ 时，将土壤与水混合，并以容重为 $1.38\mathrm{g/cm^3}$ 填充到内径为 7.8cm、高度为 45cm 的土柱中。插入了 10 个热电偶和 7 个 TDR 探头，柱子的侧壁是绝缘的。本实验使用 TDR 探针测量冻土中液态含水量，采用脉冲核磁共振（NMR）对该方法进行了校准。土柱在 2℃的环境温度下静置 24h 以建立初始水和温度曲线，然后通过控制土柱两端的温度从上端冷冻。在实验过程中，控制上下边界水通量为零，并使用热电偶和 TDR 探头监测温度和液态含水量的分布。然后针对每种冷冻条件进行不同冷冻持续时间的实验。在实验结束后，将样品切成 2.5cm 的土柱测量土壤总含水量。

图 5-3（a）为不同时刻土壤不同深度的温度，图 5-3（b）为总含水量和液态含水量分布。可以看出，液态含水量随温度降低急剧下降，但在 $-8℃$ 时仍有超过 $0.1\,cm^3/cm^3$ 的水保持液态。

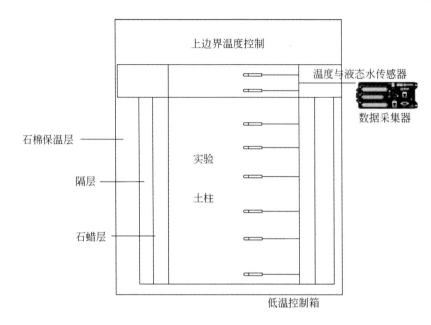

图 5-2　实验室模拟实验测定冻土水热特性和参数实施布置

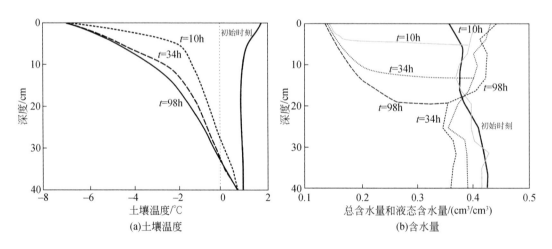

图 5-3　不同时刻测定的土柱剖面温度和含水量的变化

图 5-4（a）为 $t=98h$ 时刻不同深度土壤基质势的分布，图 5-4（b）为不同深度液态水通量。对比图 5-3 可知，冻结锋面位置出现水流通量峰值，显著地影响了未冻结层的水流运动。

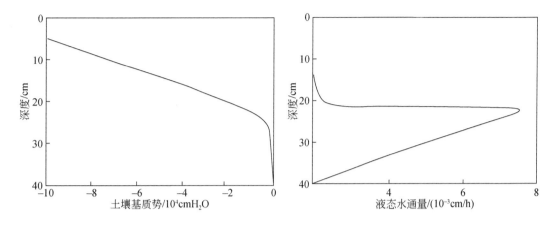

图 5-4 模拟不同深度土壤基质势和液态水通量

5.2 冻土水分运动和热量传输动力学参数

5.2.1 冻结曲线

1. 冻结曲线的物理意义

当冰和液态水共存时，会出现一个相平衡状态方程，即 Clausius-Clapeyron 方程的广义形式：

$$\frac{L_{il}}{T} = v_l \frac{dP_l}{dT} - v_i \frac{dP_i}{dT} \tag{5-18}$$

式中，T 为土壤温度（K）；L_{il} 为土壤的冰−液相变潜热；P_l 和 P_i 是液态水和冰的压力；v_l 和 v_i 分别是液态水和冰的比容。假设 Clausius-Clapeyron 方程在 $P_l = \rho g h$ 和 $P_i = 0$ 的冻土中也有效，则可以从温度估算出处于平衡状态的冻土中液态水的基质势为

$$h = \frac{L_{il}}{g} \ln \frac{T}{T_0} \tag{5-19}$$

式中，T_0 为水的冻结温度（K）。冻土中温度 T 在基质势 h 处的冻土含有与 h 处的未冻非饱和土相同量的液态水，也就是 SFC 可以从 SWC 中估算出来。此外，SFC 的斜率通过 Clausius-Clapeyron 方程从 SWC 的斜率推导出。

$$\frac{\theta_l}{dT} = \frac{d\theta_l}{dh} \frac{dh}{dT} = \frac{\rho g L_{il}}{v_l T} \frac{d\theta_l}{dh} \tag{5-20}$$

2. 土壤水分曲线与土壤冻结曲线的相似性

将 SWC 和 SFC 联系起来的理论基础是毛细管理论。在干燥的土壤中，弯曲的空气–水界面处的空气压力和孔隙水压力（即毛细管压力，$P_a - P_w$）之间的压力不连续性可以使用 Young-Laplace 方程（Williams，1967a，1967b）的形式来表示：

$$P_a - P_l = 2\frac{\sigma_{al}}{r_{al}} \tag{5-21}$$

式中，P_a 是孔隙水压力 [M/(L·t²)]；P_l 是孔隙水压力 [M/(L·t²)]；σ_{al} 是空气–水界面的比能（Mt⁻²），r_{al} 是空气–水界面曲率的平均半径（L）。类似地，Koopmans 和 Miller（1966）推测，在无空气、冻结的土壤中，冰水界面可以得到相应的表达式，区分了无冰土壤中的孔隙水压力 P_l 和部分冻土中的孔隙水压力 P_{lf}：

$$P_i - P_{lf} = 2\frac{\sigma_{il}}{r_{il}} \tag{5-22}$$

式中，r_{il} 是冰水界面曲率的半径（L）；σ_{il} 是冰水界面的比能（M/t²）。如果两个界面（即冰–水和水–空气）的半径相同，则联系式（5-21）和式（5-22）推导出：

$$P_a - P_l = \frac{\sigma_{al}}{r_{il}}(P_i - P_{lf}) \tag{5-23}$$

Koopmans 和 Miller（1966）使用实验 SWC 和 SFC 数据证明了界面能量的比率（r_{iw}/r_{iw}）约为 2.20。在多组分流动中，由于相界面表面能的差异，不同相的水可能处于不同的压力下并且仍处于热力学平衡状态。

干燥无冰土壤的孔隙水压力可以与具有相同液态水饱和度（相同界面半径）的冻结无空气土壤的孔隙水压力相关，可表示为（Jame，1977）

$$P_l = nP_{lf} \tag{5-24}$$

其中，对于粉质和黏质土壤（SLS），n 为 1.0，对于砂性土壤（SS），n 为 2.2。对于式（5-22）和式（5-23）之间的差异，Koopmans 和 Miller（1966）认为，对于不是完全 SLS 或完全 SS 的土壤，不存在完全定量的 SFC-SWC 关系，并且与干燥和湿润曲线相似，冷冻和解冻曲线表现出滞后现象。Black 和 Tice（1989）确定 SWC 和 SFC 之间的定量关系仅在相似的体积密度下有效，并且由于滞后，只有干燥曲线可能与冷冻曲线有关，只有润湿曲线可能与解冻曲线有关。当满足上述条件时，SFC 参数与从 SWC 参数间接获得的 SFC 参数相似，因而从冷冻测试中获得的 SFC 参数来推断 SWC 参数。

图 5-5 说明了 Clapeyron 方程 [式（5-18）] 表示冻土中负压（吸入压力）和温度之间关系的能力。只要达到平衡并且直接测量压力而不是从 SWC 估计，Clapeyron 方程在没有修改的情况下是有效的。图 5-6 显示了 SWC 和 SFC 数据，这些数据是使用标题中描述的方法从具有相同容重的土壤中独立获得的。Clapeyron 方程 [式（5-18）]，有和没有 n 调整因子 [式（5-24）]，也被证明是为了说明使用 Clapeyron 方程的形式来关联 SWC 和 SFC

的有效性。如图 5-5 所示，SWC 导出的压力和 SFC 导出的温度可能与 Koopmans 和 Miller（1966）提出的理论关系不完全匹配。例如，在接近 0℃ 的温度下，高岭石数据（SLS 土壤）与调整因子 $n=2.2$ 的 Clapeyron 方程相匹配；然而，理论上，该 2.2 调整因子不应该适用于 SLS 土壤。此外，沙土（SS 土壤）和高岭石数据似乎在假设吸附力占优势的 Clapeyron 曲线（$n=1$）与假设毛细管力占优势的曲线（$n=2.2$）之间切换，温度约为 5℃。这导致假设 n 调整因子与温度有关，因为控制保持力（毛细管或吸附力）可能会随着温度和压力的降低而切换，因此对于调整因子 n，Koopmans 和 Miller（1966）的经典 SLS 与 SS 分离可能是不适当的简化。这种温度依赖性应在未来的研究中得到解决。冰的形成降低了冻土的有效孔隙率（即孔隙率减去含冰量）。对于低压和低温下较小的有效孔隙率，吸附力可能占主导地位（$n=1$），而对于较大的有效孔隙率（接近 0℃），毛细管力可能会变得显著（$n=2.2$）。

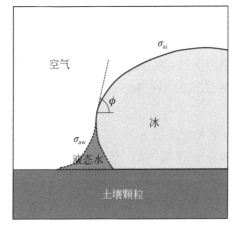
(a)冰、空气、水和土壤颗粒共存关系

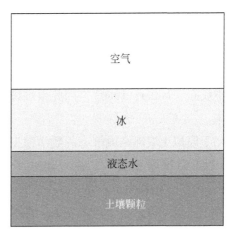
(b)冰、空气、水和土壤颗粒体积比例

图 5-5 冰冻土壤中冰、空气、水和土壤颗粒的共存示意

Spaans 和 Baker（1995）认为 Koopmans 和 Miller（1966）提出的方法存在以下限制：①冻土通常是不饱和的，因此无空气冻结限制的应用条件并不完全满足。②自然界中的大多数土壤既不是完全 SLS 土壤也不是完全 SS 土壤。

Miller（1973，1980）试图在较低的土壤水势下解决上述第一个限制。对于非饱和 SS 土壤，认为毛细作用力也受到空气–冰界面的影响，并产生第三个势能不连续方程［前两个方程见式（5-21）和式（5-22）］：

$$P_{\mathrm{i}} - P_{\mathrm{a}} = 2\frac{\sigma_{\mathrm{ai}}}{r_{\mathrm{ai}}} \tag{5-25}$$

式中，P_{i} 和 P_{a} 分别为冰和空气的水势；r_{ai} 是空气–冰界面曲率的半径（L）；σ_{ai} 是空气–冰界面的比能（M/t^2）。这种方法假设，像水–空气界面一样，调整空气–冰界面的形状以最小化界面能量。这一假设得到了雪中颗粒化观察结果的支持（Miller，1980）。Miller（1977）还证明了空气–冰界面能量可以通过空气–水界面的比能（σ_{al}）和冰–水界面的比能（σ_{il}）叠加得到：

$$\sigma_{ai} = \sigma_{al} + \sigma_{il} \tag{5-26}$$

对于非饱和 SLS 土壤，根据 Koopmans 和 Miller（1966）关于空气–水和冰–水界面能量比的研究结果，式（5-29）为

$$\sigma_{ai} = \sigma_{al} + \sigma_{il} = \sigma_{al} + \frac{1}{2.2}\sigma_{al} = 1.45\sigma_{al} \tag{5-27}$$

$$或 \sigma_{ai} = 3.2\sigma_{iw} \tag{5-28}$$

在接近 0℃ 的温度下，空气–水、水–冰和空气–冰界面阻力 r_{al}、r_{il} 和 r_{ai} 的近似值分别为 0.07N/m、0.03N/m 和 0.10N/m（Miller，1980）。冰冻土壤中冰、空气、水和土壤颗粒的共存如图 5-5 所示。Miller（1973）提出了空气–冰界面和土壤颗粒之间的接触角［图 5-5（a）］的关系。冰压仅在接触角为 68° 时为大气压（Miller，1972）。如果接触角小于该临界值，则冰压大于气压，如果接触角大于该临界值，则冰压介于气压和孔隙水压力之间（Jame，1977）。因为如果存在空气–冰界面，则由空气–冰界面能量引起的冰压力为零假设不成立（Miller，1980），因此很难将非饱和 SS 土壤的 SFC 和 SWC 在物理和数量上联系起来。

用于模拟土壤冻结或解冻的数学模型必须包含某种形式的 SFC，以将未冻结的含水量与 0℃ 以下温度联系起来，并且建立了大量的独立于任何 SWC 数据的经验 SFC 关系（Jame，1977；McKenzie et al.，2007；Kozlowski，2007；Anderson and Morgenstern，1973）。

基于质量守恒，总含水量 θ（水的体积/总体积）等于液态含水量［θ_l，图 5-5（b）］与含冰量［θ_i，图 5-5（b）］和冰密度与水密度的比值：

$$\theta = \theta_l + \frac{\rho_i}{\rho_l}\theta_i \tag{5-29}$$

一些情况下，冰和水之间的密度差异被忽略，总含水量简单地表示为含水量和液态含水量的总和：

$$\theta = \theta_l + \theta_i \tag{5-30}$$

如果假设液态含水量与总含水量无关，则 θ_l 可以仅表示为温度的函数。Anderson 和 Tice（1972）、Anderson 和 Morgenstern（1973）认为液态含水量 θ_l 与冻土温度之间的关系可以用幂函数近似：

$$\theta_l = \frac{\rho_s(1-\varepsilon)}{100\rho_l}\alpha(-T)^\beta \tag{5-31}$$

式中，ρ_s 是土壤固体的密度（M/L³）；ε 是孔隙度；α 和 β 是经验拟合参数。SFC 必须是平滑且可微的，因为冻结或解冻土壤的表观热容项包含 SFC（McKenzie et al.，2007）的导数。式（5-31）的温度导数为

$$\frac{\partial \theta_1}{\partial T} = \frac{\rho_s (1 - \varepsilon)}{100 \rho_1} \alpha \beta \, (- T)^{\beta - 1} \tag{5-32}$$

Andersland 和 Ladanyi（1994）率定了多种土壤的 α 和 β 值。Anderson 和 Tice（1972）、Anderson 和 Morgenstern（1973）、Blanchard 和 Frémond（1985）的研究结果也表明，可以从比表面积 S（m^2/g）获得不同类型土壤的 α 和 β 值：

$$\alpha = e^{0.5519 \ln(S) + 0.2168} \tag{5-33}$$

$$\beta = - e^{-0.2640 \ln(S) + 0.3711} \tag{5-34}$$

因此，可以证明 α 和 β 值取决于基本土壤类型。例如，式（5-33）表明，对于黏土和其他具有较高比表面积的土壤类型，α 值通常较高。组合式（5-31）、式（5-33）和式（5-34），将未冻结的含水量表示为仅与温度和比表面积有关的函数，而无需使用经验拟合参数 α 和 β，可以通过一些简单的实验室测量确定特定土壤的 SFC。尽管这些方法是根据经验开发的，但在 SFC 中使用幂函数在理论上也是成立的，并且是估算冻土中液态含水量的有效方法。

如果假设水膜和土壤表面作为平坦的平行层，则液态含水量可以表示为（Ishizaki et al.，1996）：

$$\theta_1 = \kappa \, (- T)^{-1/3} \tag{5-35}$$

式中，κ 是反映表面积、水密度、冰密度、潜热和 Hamaker 常数 A（$M \cdot L^2/s^2$）影响的参数：

$$\kappa = S \rho_1 \left(\frac{- 273.15 A}{6 \pi \rho_i H_f} \right)^{1/3} \tag{5-36}$$

式（5-36）中参数 κ 可以被证明是比表面的函数，这与 Anderson 和 Tice（1972）以及 Anderson 和 Morgenstern（1973）提出的经验关系一致。式（5-33）～式（5-36）是基于吸附（表面）力而非毛细管力支配的假设而制定的。因此，当水通过吸附力而不是毛细管力保持在土壤（SS 或 SLS）颗粒表面时，这些函数关系对 SLS 土壤或在较低温度下更有效。

Jame（1977）、Mckenzie 等（2007）建议采用一个简单的分段线性函数近似表达 SFC，以适应不饱和条件：

$$\theta_1 = mT + \theta_{res} \, , T > T_{res}$$
$$\theta_1 = \theta_{res} \, , T < T_{res} \tag{5-37}$$

式中，m 是冻结函数的斜率（T^{-1}）；θ_{res} 是剩余的液态含水量；T_{res} 是液态含水量减少到 θ_{res} 时的温度。冷冻温度的合理范围是 $0 \sim 2^{\circ}C$（Williams and Smith，1989）。此外，用非线性分段冻结曲线的方法，如 Kozlowski（2007）通过采用指数分段 SFC，非常适合确定黏土中液态含水量：

$$\theta_1 = \theta, \, T > T_0$$
$$\theta_1 = \theta_{res} + (\theta - \theta_{res}) \, e^{\left[\delta \left(\frac{T_0 - T}{T - T_{res}} \right)^\chi \right]} \, , \, T_0 > T > T_{res}$$

$$\theta_1 = \theta_{res} \quad ,T<T_{res} \tag{5-38}$$

式中，T_0 为水的冻结温度；δ 和 χ 是该表达式的拟合参数。麦肯齐等（2007）和 Ge 等（2011）建议可以通过连续指数函数确定 SFC，采用总含水量代替孔隙度以适应于不饱和条件：

$$\theta_1 = \theta_{res} + (\theta - \theta_{res}) e^{-\left(\frac{T}{w}\right)^2} \tag{5-39}$$

其中，w 是拟合参数。

SFC 的分段线性或指数形式可以被证明在冻结区间上是温度 T 的平滑导数（McKenzie et al.，2007）。Kozlowski 和 Nartowska（2013）提出了 Anderson 和 Tice（1972）指数 SFC 方程的修正形式：

$$\theta_1 = e^{a+b\ln S+cS^2\ln|T|} \tag{5-40}$$

其中，a、b、c 是经验拟合参数。

与 SWC 的实验研究数量相比，SFC 的实验研究数量相对较少。这种缺乏研究的部分原因是存在"滞后"问题。Smerdon 和 Mendoza（2010）在实验室和现场条件下，监测热特性的滞后行为的同时采用 TDR 测量了土壤中液态含水量，结果表明，热特性滞后的程度取决于液态含水量。He 和 Dyck（2013）基于实验资料分析了 SFC 的混合模型，发现了显著的滞后现象，将其归因于过冷和渗透冰点下降现象。Parkin 等（2013）也报道了这种迟滞现象。一些现场实验资料表明，最佳 SFC 拟合参数在冷冻和解冻周期之间变化了 0.09 倍，但这种变化与先前研究的预测不符。自然环境中缺乏单调递增或递减的温度循环，因此难以获得 SFC 的原位测量值。

SWC 的主要自变量是水势，SFC 的主要自变量是温度。因此，可以利用 Clapeyron 方程在 SWC 和 SFC 之间进行转换。理论上，至少对于饱和土壤，与负温度相关的孔隙水压力（P_{wf}）可以首先用 Clapeyron 方程确定，并与干燥土壤的相关孔隙水压力 P_w 相关联，通过 P_w 从适当的 SWC 获得液态水饱和度。以这种顺序方式，SFC 可以从先前存在的 SWC 开发或链接到先前存在的 SWC。例如，Flerchinger 等（1994）使用 TDR 测量了冻结土壤中的液态含水量，并证明从压力板分析中获得的 SWC 参数与在冻结实验期间直接获得的 SFC 推导出的 SWC 参数非常接近。

Dall'Amico（2010）给出了几种 SWC 衍生的 SFC。例如，Shoop 和 Bigl（1997）应用了 Gardner（1958）SWC 的改进形式，以获得冷冻或解冻土壤中液态含水量的 SFC。Zhang 等（2007）考虑冰对土壤比表面积的影响，认为：

$$\theta_1 = \varepsilon \left(\frac{\rho H_f T}{273.15 P_a}\right)^{-1/b} (1 + C_k \theta_1)^2 \tag{5-41}$$

式中，P_a 是进气孔水压力 $[M/(L \cdot t^2)]$；b 是经验 Clapp 和 Hornberger 参数，C_k 说明了冰形成对基质势的影响（Zhang et al.，2007）。Sheshukov 和 Nieber（2011）将式（5-41）与 Brooks 和 Corey（1966）SWC 相结合，得到类似于以下的关系：

$$\theta_1 = \theta_{res} + (\varepsilon - \theta_{res}) \left(\frac{\rho_1 H_f T}{273.15 P_a} \right)^{-1/b} \tag{5-42}$$

其中，b 是 Brooks 和 Corey 模型指数。式（5-42）在形式上与式（5-31）和式（5-35）中提出的基于吸附力的权力关系非常相似。尽管 Brooks 和 Corey 模型可以适应毛细管力或吸附力，因为 b 指数不一定与式（5-42）的指数相匹配。在较低温度下，当吸附力控制时，式（5-42）在理论上会接近式（5-35）。Azmatch 等（2012）证明了式（5-18）中给出的 Clapeyron 方程的形式可以与 Fredlund 等（2014）提出的 SWC 有效结合。进一步发现，当土壤冻结温度转换为毛细管压力时，SFC 和 SWC 的压力与液体饱和度曲线非常接近，且所有的情况下 SWC 和 SFC 均发生重叠，这表明存在黏土（即 $n = 1.0$ 的 SLS 土壤）。

Dall'Amico（2010）将 vanGenuchten（1980）的 SWC 与 Clapeyron 方程相结合，对冻结条件下压力（水势）的变化进行了估计。由于存在预冻压力，冻结温度降低了 ΔT 后才达到平衡 [式（5-24）]。温度进一步降低情况下的压力变化为

$$P_{wf} = P_{w0} + \frac{\rho_1 H_f}{273.15}(T - \Delta T) H(T - \Delta T) \tag{5-43}$$

式中，H 是 Heaviside 函数；P_{w0} 是预冻结压力；P_{wf} 是冻结引起的新压力 $[M/(L \cdot t^2)]$。

Dall'Amico（2010）推测，根据 van Genuchten（1980）SWC，以 P_{w0} 作为输入，可以独立于温度获得总含水量 θ，进而可以根据式（5-44）和式（5-45）计算液态含水量和含冰量：

$$\theta_1 = \theta_{res} + (\varepsilon - \theta_{res}) \left\{ 1 + \left[-aP_{w0} - a \frac{\rho_1 H_f}{273.15}(T - \Delta T) H(T - \Delta T) \right]^n \right\}^{-m} \tag{5-44}$$

$$\theta_i = \frac{\rho_1}{\rho_i}(\theta - \theta_i) \tag{5-45}$$

式中，a、n 和 m 是 van Genuchten 拟合参数。

Watanabe 等（2011）证明了可以通过结合式（5-18）来制定 SFC。Durner（1994）提出的 van Genuchten 方程来适应异构孔结构：

$$\frac{\theta_1 - \theta_{res}}{\varepsilon - \theta_{res}} = \left\{ (1 - w_2) \left[1 + a_1 \rho_1 H_f \ln \left(\frac{T + 273.15}{273.15} \right)^{n_1} \right]^{-m_1} \right.$$

$$\left. + w_2 \left[1 + a_2 \rho_1 H_f \ln \left(\frac{T + 273.15}{273.15} \right)^{n_2} \right]^{-m_2} \right\} \tag{5-46}$$

其中，a_1、a_2、w_2、n_1、n_2、m_1 和 m_2 是 Durner（1994）拟合参数。

图 5-6 描绘了确定液态含水量的一般方法，其步骤如下：①总含水量可以基于来自 SWC 的预冷冻压力获得；②计算由于初始（负）压导致的冰点下降；③直到土壤温度降到低于新降低的冻结温度时才发生冻结；④在低于冻结温度的温度下，冰开始形成，一些未冻结的水根据 SFC 保留在孔隙空间中；⑤在低于冰点的给定温度下，液态含水量可以直接从调整后的 SFC 曲线中获取 [式（5-44）]。含冰量等于总含水量减去液态含水量乘以

水和冰的密度之比［式（5-45）］。应该注意的是，将现有的 SWC 与 Clapeyron 方程的一种形式相结合以确定 SFC 通常会使 SFC 的微分以及随后将其纳入表观热容量项变得更加困难。考虑到非饱和冷冻模拟的时间步长较短，这些 SFC 衍生模型的相对复杂性目前可能会限制其在多维或空间扩展数学模型中的使用。

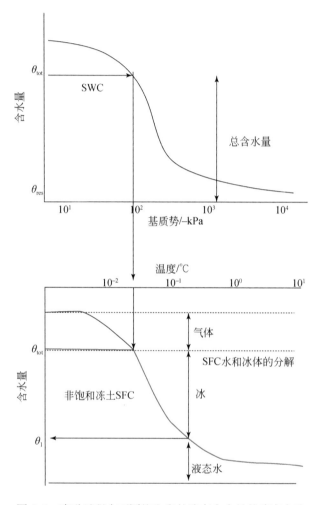

图 5-6　冻融过程中不同饱和度的液态含水量的确定方法

5.2.2　水力传导度

　　由于土壤孔隙中的流速取决于流动路径横截面积和孔隙几何形状，当冰在孔隙空间中积聚时，冻结土壤中的水力传导度（K_f）会降低。这种现象的描述方法通常可以归纳为三类：①基于毛细管和吸附理论的半理论方法；②将 K_f 表示为温度函数且独立于 SWC 的简单经验公式；③从 SWC 导出的无冰干燥土壤的水力传导度函数估计 K_f 的方法。

非冻融条件下，非饱和水力传导度是土壤基质势 ψ、土壤液态含水量 θ 和土壤介质性质（如土壤形状系数 n 和 m）的函数，表 5-1 中列出了冻结条件下经常用到的以土壤势能、液态含水量和介质性质为参数的非饱和水力传导度方程。此外，大量的研究也引入冻土温度等物理变量，对非饱和水力传导度进行描述。Watanabe 和 Flury（2008）通过应用毛细管和表面吸收理论提出了冻结土壤水力传导度模型。在这种方法中，土壤被视为一束圆柱形毛细管，并假设冰的形成发生在毛细管的中心。水流和水力传导度取决于毛细管和薄膜流动过程。与现场和实验室数据相比，半理论水力传导模型在一定程度上与实测值有较好的符合程度（Watanabe and Flury，2008）。

表 5-1 非饱和水力传导度方程

文献来源	数学方程
Gates 和 Lietz（1950）	$k(\theta) = k_s \int_0^\theta \dfrac{\mathrm{d}\theta}{\psi^2} \Big/ \int_0^{\theta_{sat}} \dfrac{\mathrm{d}\theta}{\psi^2}$
Campbell（1974）	$k = k_s \left(\dfrac{\theta_u}{\theta_s} \right)^{2b+2}$
Mualem（1976）	$k(\theta) = k_s \left(\dfrac{\int_0^\theta \frac{\mathrm{d}\theta}{\psi}}{\int_0^{\theta_s} \frac{\mathrm{d}\theta}{\psi}} \right)^2$
Mualem 和 Dagan（1978）	$k(\theta) = k_s \dfrac{\int_0^\theta \frac{\theta - \upsilon}{\psi^2} \mathrm{d}\upsilon}{\int_0^{\theta_s} \frac{\theta_s - \upsilon}{\psi^2} \mathrm{d}\upsilon}$
van Genuchten（1980）	$k(\psi) = k_s \left[1 - (a\psi)^{n-2} \left[1 + (a\psi)^n \right]^{-m} \right] = k_s \left[1 - (1 - \Theta^{1/m})^m \right]$
Fredlund 等（1994）	$k(\psi) = k_s \dfrac{\int_{\ln\psi_r}^{\ln\psi_r} \frac{\theta(e^y) - \theta(\psi)}{e^y} \theta'(e^y) \mathrm{d}y}{\int_{\ln\psi b}^{\ln\psi_r} \frac{\theta(e^y) - \theta(\psi)}{e^y} \theta'(e^y) \mathrm{d}y}$
Tarnawski 和 Wagner（1996）	$k = k_s \left(\dfrac{\theta_u}{\theta_s} \right)^{2b+3}$

一些简单的经验水力传导度模型用于冻结土壤，其中水力传导度只是土壤温度的函数（类型 2）。例如，Nixon（1986）提出的函数关系为

$$K_f = K_0 / (-T)^\delta \tag{5-47}$$

式中，K_f 是冻结土壤中的水力传导度（L/t）；K_0 是 1℃时的水力传导度（L/t）；T 以℃为单位；δ 是 K_f–T 关系曲线的斜率。

一个独立于任何 SWC 的基于温度的水力传导度函数是 Horiguchi 和 Miller（1980）提出的函数关系：

$$K_f = CT^D \tag{5-48}$$

式中，C 和 D 是拟合常数。与 SFC 一样，冻结土壤的水力传导度函数可以简单地通过分段线性函数进行近似：

$$K_f = K_{sat}\left\{\left(\frac{K_{ret} - 1}{B_T}\right)T + 1\right\} \ , T > B_T$$

$$K_f = K_{rel}K_{sat} \ , T < B_T \tag{5-49}$$

式中，K_{sat} 是饱和条件下的水力传导度（L/t）；K_{rel} 是最小相对水力传导度或最小 K_f 与 K_{sat} 的比值；B_T 是达到最小水力传导度时的温度。基于温度的水力传导度函数在数值模型中使用时通常会产生稳定的计算结果。然而，通常很难获得与不同类型土壤的参数。

由于上面列出的两种方法局限性，大多数模型都采用了土壤部分冻结条件下的导水率函数，该函数是从 SWC 派生的用于干燥土壤的导水率函数发展而来。根据饱和导水率和 SWC 物理关系预测不饱和水力传导度。这种方法中，融化条件下的水力传导度表示为基于 SWC-水力传导度关系的液态含水量的函数（Mualem，1976）。然后可以使用 SFC 生成一个模型，该模型将部分冻土的水力传导度表示为温度的函数。例如，Tarnawski 和 Wagner（1996）提出可以利用 Brooks 和 Corey（1966）传导率函数预测冻土中的水力传导度：

$$K_f = K_{sat}\left(\frac{\theta_l}{\varepsilon}\right)^{2b+3} \tag{5-50}$$

式中，b 是基于土壤粒度分布的经验参数。类似地，源自 Gardner（1958）、Brooks 和 Corey（1966）、van Genuchten（1980）的 SWC 模型的非饱和土壤水力传导度函数可用于确定冻结土壤的相对传导率函数。

干燥土壤水力传导度模型的主要优点是，一旦已知 SWC 和饱和传导率，该模型就可以很好地定义和参数化。SWC 或 SFC 比传导率–压力或传导率–温度关系更容易确定。

是否需要额外的水力阻抗项来解释冰的形成、以及无滑移的冰水界面的存在，是关联干燥土壤和冻结土壤的相对水力传导度函数的主要不确定性所在。是否包括阻抗因子的问题最初源于对 Harlan（1973）工作的研究。Harlan（1973）首先提出，在相同的液体水分饱和度下，冻结土壤的水力传导度与干燥土壤的水力传导度相同。这种方法在两种情况下都假设了相似的薄膜–水几何形状。Harlan（1973）模型对冰冻前沿附近水流的计算值偏大，这表明该方法也高估了水力传导度。阻抗因子被用于模拟这种感知到的水力传导度降低，阻抗因子通常以下列形式给出：

$$K_f = K_u \, 10^{-EQ} \tag{5-51}$$

式中，K_u 是土壤非冻结情况下，具有与冻结情况相同的基质势（或液态含水量）时对应的水力传导度；10^{-EQ} 是阻抗系数，E 是经验系数，Q 是冰的质量和总的水体（冰+水）质量之比。

Mao 等（2007）提出冻结多孔介质的水力传导度可以通过将阻抗因子形式与未冻结的多孔介质的水力传导度相关联，估算冻土的水力传导度。

$$K_f = K_u \left(1 - \theta_i \right)^3 \tag{5-52}$$

Kahimb 等（2009）认为，Brooks 和 Corey（1966）水力传导度关系中，对原始阻抗概念进行修正，可以解释部分冻土中孔隙冰的形成导致的有效孔隙度降低的现象。

$$K_f = K_{sat} \left(\frac{\rho_l g (\varepsilon - \theta_i)}{- P_{lf}} \right)^{3+2/b} \left(\frac{\theta - \theta_i}{\varepsilon - \theta_i} \right)^{3+2/b} \tag{5-53}$$

经验阻抗因子已被众多研究人员采用（Shoop and Bigl, 1997；Zhang et al., 2007）。在水力传导度函数中实施阻抗因子有四个反对意见：①Newman 和 Wilson（2004）批评了经验阻抗因子的使用，认为经验阻抗因子是一个不基于物理的任意拟合参数。他们建议，干燥和冷冻土壤都首先从较大的孔隙空间中失去液态水，因此为干燥、非饱和土壤发展的吸力–电导率关系仍应适用于冷冻、非饱和土壤。②一般来说，土壤在高含水量和低含水量情况下都会形成冰，因此很难利用阻抗因子来匹配水力传导度的变化（降低）。例如，Watanabe（2008）确定在导水率项中包含阻抗因子导致冻结带渗透率过低。Zhao 等（1997）认为，表观阻抗因子（E）不是一个常数，而是取决于基质势的变量，而基质势又取决于温度。③阻抗因子可以使水力传导函数在接近 0℃ 的温度下不可微分。在冻结之前，阻抗因子没有影响，但在冻结开始时，阻抗因子会改变电导率与液态含水量曲线的斜率并产生不连续性。这种不连续性会产生不稳定的计算。④经验阻抗因子必须与实验数据相反确定，限制了对其他土壤或冻结条件的适用性。当通过比较模拟与实测实验数据来评估模型精度时，该过程也会产生内在冲突。

一些研究采用替代方法来表示由冰形成导致的水力传导性能的降低。例如，Newman 和 Wilson（2004）建议经典的非饱和水力传导度模型应该能够在不使用阻抗因子的情况下重现液态含水量和传导率之间的关系，前提是 SFC 是准确的，Newman（1995）在模拟和测量的冰饱和度之间获得了很好的一致性。

同样，Painter 等（2013）证明了 van Genuchten（1980）提出的 SWC 可以与 Mualem（1976）的水力传导度模型相结合，在不使用阻抗因子的情况下预测部分冻结的多孔介质的水力传导度。

Azmatch 等（2012）直接利用实验衍生的 SFC（而不是首先从 SWC 衍生 SFC）与 Fredlund 不饱和水力传导度模型（Fredlund et al., 1994）相结合，估计部分冻结土壤的水力传导度，证明 Fredlund 不饱和水力传导度模型可用于准确再现冻土的水力传导度。同样，Watanabe 等（2010）证明可以直接或间接获得 SFC 以确定部分冻结土壤的水力传导度模型。他们通过在粉质壤土柱上进行的实验室冷冻实验测量了 SWC 和 SFC，发现从 SWC 或 SFC 获得的 Durner-Mualem（1994）水力传导度模型与实验结果一致。这种方法的另一个优点是不假设平衡条件，而直接使用 SFC 的一个缺点是大多数土壤类型的 SFC 参数尚未确定到 SWC 参数所具有的程度。

Durner（1994）使用加权因子 w 结合了两个 van Genuchten 方程，描述冻土中的水力特性。

$$S_e = w_1 \left[1 + (\alpha_1 h)^{n_1} \right]^{-m_1} + w_2 \left[1 + (\alpha_2 h)^{n_2} \right]^{-m_2} \tag{5-54}$$

$$K_h = K_s \frac{(w_1 S_{e1} + w_2 S_{e2})^i (\alpha_1 w_1 \left[1 - (1 - S_{e1}^{1/m_1})^{m_1} \right] + \alpha_2 w_2 \left[1 - (1 - S_{e2}^{1/m_2})^{m_2} \right])^2}{(\alpha_1 w_1 + \alpha_2 w_2)^2}$$

$$\tag{5-55}$$

式中，S_e 是土壤液态含水量；h 是土壤水基质势；α、m、n 都是参数；K_h 和 K_s 分别是土壤冻结条件下的水力传导度和饱和水力传导度；w_1 和 w_2 分别是两个 van Genuchten 方程的权重；下标 1 和 2 分别表示两个 van Genuchten 方程的参数。

Watanabe 和 Wake（2008）认为，源自经典 SWC 模型（Brooks and Corey，1966；van Genuchten，1980）的导水率函数无法准确预测非常冷温度下的导水率。例如，van Genuchten 方程（van Genuchten，1980）中的残余含水量会导致冰冻地区的水力传导度过高。此外，0℃附近的压力变化显著影响冻结过程中的水迁移；这种压力变化可以在双孔隙度模型中更准确地表示。因此，考虑土壤异质性的 van Genuchten 方程（van Genuchten，1980）的修改版本可用于预测部分冻土中的水力传导度（Durner，1994；Fayer and Simmons，1995；Priesack and Durner，2006）。这些修改后的双孔隙度 SWC 和水力传导函数在液态含水量较低的情况下更加灵活和准确。按照这种方法，Watanabe 等（2010）证明了 Durner（1994）的双孔隙度 SWC 可用于准确表示部分冻结的粉砂壤土柱的 SFC 和水力传导度，然而阻抗因子使得相对渗透率函数在冻结开始时是不可微分的，这可能会导致压力不切实际和模型计算不稳定。Durner（1994）SWC 衍生的 SFC（双孔隙率）已被证明能够比 van Genuchten 衍生的 SFC 更好地描述冻土中测量的液态含水量和压力。基质势误差会转化为不合理的高水力传导度和水迁移通量，因此需要使用阻抗因子。Harlan（1973）对水力传导度的高估主要是由于使用了不准确的 SFC 和传导率函数，而不是对孔隙冰的水力阻抗的不正确理解。可以看出，阻抗因子这个概念仍然是一个正在进行的研究和辩论的问题。

5.2.3 土壤热动力学参数

1. 土壤热传导率

土壤热传导率由土壤基质、水、冰的热导率及其含量确定。

（1）温度在冰点温度以上情况下：

$$\lambda = \lambda_s^{1-\theta} \lambda_1^\theta \tag{5-56}$$

式中，λ_s 为土壤基质热导率；λ_l 为水的热导率；θ 为液态含水量。

$$\lambda_s = \frac{\lambda_{sand}(\%\,sand) + \lambda_{clay}(\%\,sand)}{\%\,sand + \%\,sand} \tag{5-57}$$

式中，$\%\,sand$ 和 $\%\,clay$ 分别为土壤砂粒和黏粒的百分含量；λ_{sang} 和 λ_{clay} 分别为砂土和黏土的热传导率。

（2）温度在冰点温度以下的情况下：

$$\lambda = \lambda_s^{1-\theta_T}\lambda_l^{\theta_T}\lambda_i^{\theta_T-\theta} \tag{5-58}$$

式中，θ_T 为土壤总含水量（液态含水量+含冰量）；λ_i 为冰的热导率。土壤热动力参数（不包括粒径分布）取值如表 5-2 ~ 表 5-4 所示。

表 5-2　土壤热传导和热容量参数

参数	单位	取值	备注
水热导率	J/(mKs)	0.57	λ_l
冰热导率	J/(mKs)	2.2	λ_i
土壤砂粒热导率	J/(mKs)	8.8	λ_{sand}
土壤黏粒热导率	J/(mKs)	2.29	λ_{clay}
水热容量	MJ/(m³K)	4.2	c_l
冰热容量	MJ/(m³K)	1.9	c_i
土壤基质热容量	MJ/(m³K)	0.9	c_s

表 5-3　已纳入数值模拟程序的 14 种冻土热传导率计算方法

编号	来源	缩写	类型	阶段	数值模型集	备注
1	Kersten（1949）	KM1949	经验线性回归	2-4	ST&TP-ES	该算法是基于稳态方法开发的；适用于未冻结和冻结土壤的各种质地和体积密度
2	de Vries（1963）	DV1963	理论-离散模型	2-4	SHAW	适用于未冻结和冻结土壤
3	Johansen（1975）	JO1975	经验-常规	2-3	PRM，CABLE，CLASS	该模型是基于稳态数据开发的，适用于未冻结和冻结土壤
4	Farouki（1981）	FO1981	经验-常规	2-4	GCM，CoLM，CLM，UM	Johansen（1975）模型的修正形式，适用于未冻结和冻结土壤
5	Lunardini（1981）	LV1981	经验-几何平均模型	2-3	LSM	适用于未冻结和冻结土壤的几何平均模型
6	McCumber 和 Pielke（1981）	MP1981	经验	2-4	CAPS，SVATS，Eta-LSS，NCEP，ECMWF，LEAF-OLAM，OSU-CAPS，WRF，Noah	导热系数作为基质电位的函数；适用于未冻结和冻结土壤

编号	来源	缩写	类型	阶段	数值模型集	备注
7	Verseghy（1991）	VD1991	经验–常规	2-4	CLASS	Johansen（1975）模型的修正形式，适用于未冻结和冻结土壤
8	Becker 等（1992）	BB1992	经验	2-4	SiB2	具有四个参数的适于未冻结和冻结砾石、砾石、砂、粉质黏土和泥炭模型
9	Desborough 和 Pitman（1998）	DP1998	经验	2-4	BASE	Johansen（1975）模型的修正形式，适用于冻结土壤
10	Peters-Lidard 等（1998）	PL1998	经验–常规	2-4	UM, ISBA, Noah, JULES	Johansen（1975）模型的修正形式，适用于未冻结和冻结土壤
11	Shmakin（1998）	SA1998	经验–常规	2-4	SPONSOR	Johansen（1975）模型的修正形式，适用于未冻结和冻结土壤
12	Côté 和 Konrad（2005）	CK2005	经验–常规	2-4	DOS-TEM	Johansen（1975）模型的修正形式，适用于未冻结、冻结土壤和建筑材料
13	Lawrence 和 Slater（2008）	LS2008	经验–常规	2-4	CLM	考虑有机质影响的 Johansen（1975）模型修正形式
14	Luo 等（2009b）	LS2009	经验–常规	2-4	CoLM	Johansen（1975），Côté 和 Konrad（2005）、Farouki（1981）修正模型

注：①CABLE 指大气生物圈土地共同交换模型；CLASS 指加拿大陆面过程模式；CLM 地球系统模式 CESM 中的陆面过程模式分量；CoLM 指全球气候模型；GCM 指全球气候模型；SHAW 指水热耦合模型；SiB2 指简单生物圈模型，2.0 版本；SVATS 指土壤–植被–大气传输模型；SPONSOR 指半分布式地形诱导水文参数化方案。BASE 指地面交换陆面模式的最佳近似；CoLM 指普通用陆面模式；DOS-TEM 指陆地生态系统模型；ECMWF 指欧洲中期天气预报中心；Eta-LSS 指 NCEP 中尺度埃塔模式的陆面方案；ISBA 指土壤生物圈大气相互作用；JULES 指联合英国陆地环境模拟器陆面模型；LEAF 指陆地生态系统–大气反馈模型；LSM 指地表模型；NCEP 指国家环境预报中心；Noah 指社区诺亚陆面模型；OSU-CAPS 指俄勒冈州立大学耦合大气–植物–土壤模型；PRM 指普渡陆面模式；ST&TP-ES 指土壤热和传输特性–专家系统；WRF 指天气研究和预报模型

②阶段表示对冻结和融化过程划分的细致程度。2 表示将冻融过程划分为冻结过程和融化过程；4 表示为冻结过程进一步划分为正冻过程和已冻过程，融化也进一步分解为正融和已融；3 则表示划分为未冻结、冻结和融化三个过程。

表 5-4 陆地表面模型中的选定土壤热传导率模型

	编号	来源	编写	表达式	参数	主要地表模型	备注
基于物理的 STC 方案	1	de Vries (1963)	DV1963	$\lambda_{eff} = \sum_{i=0}^{N}(F_i\phi_i\lambda_i)/\sum_{i=0}^{N}F_i\phi_i$, $F_i = \dfrac{1}{3}\sum_{k}[1+(\lambda_i/\lambda_0-1)g_k]^{-1}$, $\left(\sum_k g_k = 1; k=a,b,c\right)$	F_i, ϕ_i, λ_i, g_k	BEST, SHAW, STEMMUS	理论-离散模型, 适用于冻土与非冻土
	2	Kersten (1949)	KM1949	$\lambda_{eff} = \begin{aligned} &UC_1[(0.9\lg\theta_g - 0.2)\times 10^{0.01UC_2\cdot\rho_b} \\ &UC_1[(0.01\times 10^{0.022UC_2\cdot\rho_b} + 0.085\times 10^{0.008UC_2\cdot\rho_b\theta_g}) \\ &UC_1[(0.7\lg\theta_g + 0.4)10^{0.01UC_2\cdot\rho_b}] \\ &UC_1[0.076\times 10^{0.013UC_2\cdot\rho_b} + 0.0032\times 10^{0.0146UC_2\cdot\rho_b\theta_g}] \end{aligned}$	θ_g, ρ_b, UC_1 和 UC_2 是单位转换要素	COUPModel, SOIL, ST&TP-ES	经验-线性回归模型, 适用于冻土与非冻土
	3	de Vries (1975)	DV1975	$\lambda_{eff,\ om} = h_1 + h_2\theta_v$	h_1, h_2, θ_v	CoLM, SOIL, COUPModel, STEMMUS	适用于腐殖质或有机质
线性-非线性回归的 STC 方案	4	Camillo 和 Schmugge (1981)	CS1981	$\lambda_{eff} = 0.4186\dfrac{[1.5(1-P)+1.3\theta_v]}{(0.75+0.65P-0.4\theta_v)}$	P, θ_v	SiB2	
	5	Cass 等 (1984)	CS1984	$\lambda_{eff} = A_1 + B_1\cdot S_r - (A_1 - D_1)\exp[-(C_1\cdot S_r)^{E_1}]$	A_1, B_1, C_1, D_1, E_1, S_r	UNSAT-H	只适用于非冻土
	6	Campbell (1985)	CG1985	$\lambda_{eff} = A_2 + B_2\theta_v - (A_2 - D_2)\exp[-(C_2\theta_v)^{E_2}]$ $A_2 = \dfrac{0.57+1.73f_{quartz}+0.93f_{other}}{1-0.74f_{quartz}-0.49f_{other}} - 2.8P(1-P)$, $B_2 = 2.8(1-P)$ $C_2 = 1+2.6/\sqrt{f_{clay}}$, $D_2 = 0.03+0.7(1-P)^2$, $E_2 = 4$	A_2, B_2, C_2, D_2, E_2, θ_v, P, f_{quartz}, f_{clay}	SLI, SVATS	适用非冻土
	7	Chung 和 Horton (1987)	CH1987	$\lambda_{eff} = a + b\theta_v + c\sqrt{\theta_v}$	a, b, c, θ_v	HDS-SPAC	适用非冻土
	8	Becker 等 (1992)	BB1992	$\lambda_{eff} = UC_1\lg\left[[(100S_r)/a_1 + Sinh(a_4)] + \sqrt{[(100S_r)/a_1 + sinh(a_4)]^2 + 1} - a_3\right]/a_2$	a_1, a_2, a_3, a_4, S_r	SiB2	经验模型, 适用于冻土与非冻土状态

续表

编号	来源	缩写	表达式	参数	主要地表模型	备注
			线性-非线性回归的STC方案			
9	Hubrechts (1998)	HL1998	$\lambda_{eff} = A_3 + B_3 \exp\left(\dfrac{-C_3}{100\theta_v}\right),$ $A_3 = -0.295 + 1.26 f_{clay} + 0.388\rho_b,$ $B_3 = -1.776 + 2.0476\rho_b + 12.4 f_{om},$ $C_3 = \exp(0.976 + 6.5 f_{clay} + 14 f_{om})$	$\theta_v,\ f_{clay},\ f_{om},\ \rho_b$	MACRO	
			基于标准化概念的STC方案			
10	Johansen (1975)	JO1975	$\lambda_{eff} = K_e(\lambda_{sat} - \lambda_{dry}) + \lambda_{dry}$ $K_e = \begin{cases} 0.7\log_{10}S_r + 1, & S_r > 0.05,\ \text{非冻土} \\ \log_{10}S_r + 1, & S_r > 1,\ \text{非冻土} \\ S_r, & \text{冻土} \end{cases}$ $\lambda_{sat} = \begin{cases} \lambda_w^P \lambda_s^{1-P}, & \text{非冻土} \\ \lambda_{ice}^{P-\theta_{lw}} \lambda_w^{1-f} \lambda_s^{\theta_{lw}}, & \text{冻土} \end{cases}$ $\lambda_s = \lambda_{quartz}^{f_{quartz}} \lambda_{other}^{1-f_{quartz}}$ $\lambda_{dry} = (0.135\rho_b + 0.0647)/(\rho_s - 0.947\rho_b)$	$P,\ S_r,\ \theta_{lw},$ $f_{quartz},\ \rho_b,$ λ_s	CABLE, CLASS, ISBA-MEB, NCEP, PRM	经验-标准化模型
11	Farouki (1981)	FO1981	$\lambda_{eff} = \begin{cases} K_e(\lambda_{sat} - \lambda_{dry}) + \lambda_{dry}, & S_r > 10^{-7} \\ \lambda_{dry}, & S_r \leq 10^{-7} \end{cases}$ $K_e = \begin{cases} \lg S_r + 1, & T \geq T_f \\ S_r, & T < T_f \end{cases}$ $\lambda_s = [8.8 f_{sand} + 2.92 f_{clay}]/[f_{sand} + f_{clay}]$	$T,\ T_f,\ S_r$	CLM4/CESM, CoLM, DOS-TEM, GCM, JULES, MOSES, UM	经验-修正标准化模型

续表

	编号	来源	缩写	表达式	参数	主要地表模型	备注
	12	Lunardini (1981)	LV1981	$\lambda_{eff} = \begin{cases} \lambda_{T+}, & T > T_f + \Delta T \\ \lambda_{T-} + (\lambda_{T+} - \lambda_{T-})\dfrac{(T - T_f + \Delta T)}{(2\Delta T)^{-1}}, & T_f - \Delta T \leq T \leq T_f + \Delta T \\ \lambda_{T-}, & T < T_f - \Delta T \end{cases}$ $\lambda_{T+} = (\lambda_s^{1-P}\lambda_w^{\theta} - 0.15)\theta/P + 0.15\lambda_T$ $= (\lambda_s^{1-P}\lambda_{ice}^{\theta_{ice}} - 0.15)\theta_{ice}/P + 0.15$	P, θ_{ice}, T, T_f	LSM	经验－修正标准化模型
	13	Verseghy (1991)	VD1991	$\lambda_{eff} = (\lambda_{sat} - \lambda_{dry})\theta_{total}/P + \lambda_{dry}$, λ_{sat} $= \lambda_{ice}^{P-\theta_{lw}}\lambda_s^{1-P}\lambda_w^{\theta_{lw}}$, $\lambda_{dry} = \lambda_s^{1-P}$	θ_{total}, θ_{lw}, θ_{ice}, λ_s, P	CLASS	经验－修正标准化模型
基于标准化概念的 STC 方案	14	Desborough 和 Pitman (1996)	DP1998	$\lambda_{eff} = (\lambda_{sat} - \lambda_{dry})\theta_{total}/P^* + \lambda_{dry}$, $P^* = \min(0.45, 0.388 + 0.0125 I_{texture})$, $\lambda_{sat} = \lambda_w^{\theta_{lw}/\theta}\theta_{total}\lambda_{ice}^{\theta_{ice}/\theta_{total}}\lambda_s^{1-P^*}$, $\lambda_{dry} = 0.25 + 0.05[(9 - I_{texture})/8]$	P^*, θ_{total}, $I_{texture}$, λ_{sat}, λ_{dry}	CAPS, BASE	经验－修正 Verseghy (1991) 模型
	15	Peters-Lidard 等 (1998)	PL1998	$\lambda_{eff} = K_e(\lambda_{sat} - \lambda_{dry}) + \lambda_{dry}$, λ_{sat} $= \lambda_{ice}^{P-\theta_{lw}}\lambda_s^{1-P}\lambda_w^{\theta_{lw}}$, $\lambda_{dry} = (0.135\rho_b + 0.0647)/(\rho_s - 0.947\rho_b) \pm 20\%$ $K_e = \begin{cases} \lg S_r + 1, & S_r \geq 0.1, \text{非冻土} \\ 0, & S_r < 0.1, \text{非冻土} \\ S_r, & \text{冻土} \end{cases}$	P, θ_{lw}, λ_s, ρ_b	UM, ISBA, Noah, JULES	经验－修正标准化模型
	16	Shmakin (1998)	SA1998	$\lambda_{eff} = \lambda_{wp} + (\sqrt{\theta_{total}}(\lambda_{fc} - \lambda_{wp}))$	θ_{total}, λ_{fc}, λ_{wp}	SPONSOR	经验－修正标准化模型

编号	来源	缩写	表达式	参数	主要地表模型	备注
17	Cox 等（1999）	CM1999	$\lambda_{eff} = (\lambda_{sat} - \lambda_{dry})\theta_{total}/P + \lambda_{dry}$, λ_{sat} $= \lambda_s^{1-P}\lambda_w^{\theta'_{lw}}\lambda_{ice}^{P-\theta'_{lw}}$, $\lambda_{dry} = \lambda_s^{1-P}\lambda_{air}^P$	P, θ'_{lw}, θ_{ice}, λ_s	JULES	经验 - 修正标准化模型
18	Cote 和 Konrad（2005）	CK2005	$\lambda_{eff} = K_e(\lambda_{sat} - \lambda_{dry}) + \lambda_{dry}$, $K_e = \dfrac{k_1 \cdot S_r}{1 + (k_1 - 1)S_r}$ $\lambda_{sat} = \begin{cases} \lambda_s^P\lambda_s^{1-P}, & \text{非冻土} \\ \lambda_{ice}^{P-\theta_{lw}}\lambda_s^{1-P}\lambda_w^{\theta_{lw}}, & \text{冻土} \end{cases}$ $\lambda_{dry} = \chi\,10^{-\eta\cdot P}$	k_1, χ, η, S_r	DOS-TEM	经验 - 修正标准化模型
19	Lawrence 和 Slater（2008）	LS2008	$\lambda_{eff} = K_e(\lambda_{sat} - \lambda_{dry}) + \lambda_{dry}$ $K_e = \begin{cases} 0.7\lg S_r + 1, & S_r > 0.05,\ \text{粗砂，未冻结} \\ \lg S_r + 1, & S_r > 0.1,\ \text{细砂，未冻结} \\ S_r, & \text{冻土} \end{cases}$ $\lambda_{dry} = (1 - f_{om})\lambda_{dry,\,m} + f_{om}\lambda_{dry,\,om}$, $\lambda_s = (1 - f_{om})\lambda_{s,\,m} + f_{om}\lambda_{s,\,om}$	f_{om}, λ_s, m, $\lambda_{s,om}$	CLM	组合有机土和矿土的经验 - 修正标准化模型
20	Dharssi 等（2009）	DI2009	$\lambda_{eff} = K_e(\lambda_{sat} - \lambda_{dry}) + \lambda_{dry}$, $\lambda_s = \lambda_{sand}^{f_{sand}}\lambda_{silt}^{f_{silt}}\lambda_{clay}^{f_{clay}}$ $K_e = \begin{cases} 0.7\lg S_r + 1, & S_r > 0.05,\ \text{粗砂，未冻结} \\ \lg S_r + 1, & S_r > 0.1,\ \text{细砂，未冻结} \\ S_r, & \text{冻土} \end{cases}$ $\lambda_{sat} = \lambda_{ice}^{P-\theta_{lw}}\lambda_w^{\theta_{lw}}\lambda_{sat,\,o}/\lambda_w^P$, $\lambda_{sat,\,o}$ $= 1.58 + 12.4(\lambda_{dry} - 0.25)$	λ_{dry}, P, θ_{lw}	JULES、UM	经验 - 修正标准化模型

基于标准化概念的 STC 方案

续表

编号	来源	缩写	表达式	参数	主要地表模型	备注
21	Luo 等 (2009b)	LS2009	$$\lambda_{\mathrm{eff}} = \begin{cases} \dfrac{k_2 \cdot S_r}{1+(k_2-1)S_r}\left[(\lambda_{\mathrm{quartz}}^{f_{\mathrm{quartz}}}\lambda_{\mathrm{other}}^{1-f_{\mathrm{quartz}}})^{1-P}\lambda_{\mathrm{lw}}^{\theta_{\mathrm{lw}}} - \chi 10^{-\eta \cdot P}\right] + \chi 10^{-\eta \cdot P}, & T \geq T_f, \ S_r 10^{-5} \\[2mm] \dfrac{k_2 \cdot S_r}{1+(k_2-1)S_r}\left[(\lambda_{\mathrm{quartz}}^{f_{\mathrm{quartz}}}\lambda_{\mathrm{other}}^{1-f_{\mathrm{quartz}}})^{1-P}\lambda_{\mathrm{lw}}^{\theta_{\mathrm{lw}}}\lambda_{\mathrm{ice}}^{\theta_{\mathrm{ice}}} - \chi 10^{-\eta \cdot P}\right] + \chi 10^{-\eta \cdot P}, & T < T_f, \ S_r 10^{-5} \\[2mm] \chi 10^{-\eta \cdot P}, & S_r \leq 10^{-5} \end{cases}$$	k_2、χ、η、S_r、P、f_{quartz}	CoLM	经验-修正标准化 JO1975, CK2005, and FO1981
22	Chadburn 等 (2015)	CS2015	$$\lambda_{\mathrm{eff}} = K_e(\lambda_{\mathrm{sat}} - \lambda_{\mathrm{dry}}) + \lambda_{\mathrm{dry}}, \quad \lambda_s = \lambda_{\mathrm{sand}}^{f_{\mathrm{sand}}}\lambda_{\mathrm{silt}}^{f_{\mathrm{silt}}}\lambda_{\mathrm{clay}}^{f_{\mathrm{clay}}}$$ $$K_e = \begin{cases} 0.7\lg S_r + 1, & S_r > 0.05, \ 粗粒土, \ 未冻结 \\ \lg S_r + 1, & S_r > 0.1, \ 细粒土, \ 未冻结 \\ S_r, & 未冻土 \end{cases}$$ $$\lambda_{\mathrm{dry}} = \lambda_{\mathrm{dry, om}}^{1-f_{\mathrm{om}}}\lambda_{\mathrm{dry, om}}^{f_{\mathrm{om}}}$$ $$\lambda_{\mathrm{sat}} = \lambda_{\mathrm{sat, 0}}$$ $$\lambda_{\mathrm{sat, 0}} = \frac{\lambda_w^{(\theta_{\mathrm{lw}}+\theta_{\mathrm{ice}})/(\theta_{\mathrm{lw}}+\theta_{\mathrm{ice}})}\lambda_{\mathrm{ice}}^{(\theta_{\mathrm{ice}}/\theta_{\mathrm{sat}})/(\theta_{\mathrm{lw}}+\theta_{\mathrm{ice}})}}{\lambda_w^{\theta_{\mathrm{sat}}}}$$ $$\lambda_{\mathrm{sat, 0}} = \begin{cases} 0.5, & \lambda_{\mathrm{dry}} < 0.06 \\ \dfrac{1-0.0134\ln(\lambda_{\mathrm{dry}})}{-0.745-\ln(\lambda_{\mathrm{dry}})}, & 0.06 \leq \lambda_{\mathrm{dry}} \leq 0.3 \\ 2.2, & \lambda_{\mathrm{dry}} > 0.06 \end{cases}$$	λ_{dry}、f_{om}、θ_{lw}、θ_{ice}、θ_{sat}	JULES	经验-修正标准化模型（基于 DI2009）
23	McCumber 和 Pielke (1981)	MP1981	$$\lambda_{\mathrm{eff}} = \begin{cases} 418.4\exp[-pF-2.7], & pF \leq 5.1 \\ 0.1714, & pF > 5.1 \end{cases}$$	pF	ECMWF, Eta-ISS, ISBA, LEAF-NCEP, OLAM, Noah, OSU-CAPS, SVATS, UVMM, WRF	经验模型，热传导性 vs 土壤水保性（SWRC）

基于标准化概念的 STC 方案

有矩阵势函数 λ_{eff} 的 STC 方案

续表

编号	来源	缩写	表达式	参数	主要地表模型	备注
有矩阵势函数 λ_{eff} 的 STC 方案	24	Kutchment 等 (1983)	KL.1983	$\lambda_{eff} = \lambda(\theta_{lw})(1+\theta_{ice})$	$\psi,\ \theta_{lw},\ \theta_{ice}$	NCEP	扩展的 MPI981

注：①BASE 指地面交换陆面模式的最佳近似；BEST 指陆面转移的最基本要素；CABLE 指大气生物圈土地共同交换模式；CESM 指汇流区地球系统模型；CLASS 指加拿大陆面过程有模式；CESM 指地球系统模式；NCAR 陆面模式 CLM 是地球系统模式 CESM（Community Earth System Model）中的陆面过程模型；CoLM 指普通用陆面模式；COUPModel 指土壤-植物过程耦合传热传质系统模型；CAPS 指耦合大气-植物-雪耦合模型；DOS-TEM 指陆地生态系统模型；ECMWF 指欧洲中期天气预报中心；Eta-LSS 指 NCEP 中尺度埃塔模式的陆面方案；GCM 指全球气候模型/全球环流模式；HDS-SPAC 指基于土壤-植物-大气连续体模型的混合双源方案；HYDRUS 指可变饱和水分传质、热和溶质运动的软件包；ISBA 指土壤生物圈大气相互作用；ISBA-MEB 指土壤-生物圈-大气（ISBA）陆面模型和能量平衡（MEB）的联结；JULES 指联合英国陆地环境模拟器陆面模型；LEAF 指陆地生态系统-大气反馈模型；LPRM 指土地参数反演模型；LSM 指地表模型；MACRO 指大孔隙土壤中的水和溶质运移模型；MOSES 指地球系统陆面模式；PRM 指普渡陆面模式；SHAW 指水渡两面模式；SIB2 指简单生物圈模型，2.0 版本；SLI 指土壤-凋落物-Iso 模型；SOIL 指土壤水热条件模拟模型；SVATS 指土壤-植被-大气耦合模型；STEMMUS 指土壤水流水汽热耦合运移模型；SPONSOR 指地形导水文的半分布式参数化方案；ST&TP-ES 指土壤热和传输特性-专家系统；UNSAT-H 属于地下水文土壤-植被大气传输模型；UM 指统一模型；Noah 指国家环境预报中心；NCEP 指国家环境预报中心气象局地表交换方案；OSU-CAPS 指俄勒冈州立大学耦合水热流动模型；UVMM 指弗吉尼亚大学中尺度模式，WRF 指天气预报研究和预报模型。HYDRUS, SHAW, SOIL, SVAT 和 UNSAT-H 属于天气或土壤-植被-大气传输模型。

②η 指 Cote 和 Konrad（2005）计划参数；λ_{eff} 指有效土壤导热系数；λ_0 指土壤成分第 0 相导热系数 [J/(s·m·℃)]；λ_{other} 指其他成分的热导率 [J/(s·m·℃)]，对于石英大于20%，$\lambda_{other}=2.0$J/(s·m·℃)，否则 $\lambda_{other}=3$J/(s·m·℃)；λ_{quartz} 指石英的热导率 [7.7 J/(s·m·℃)]；λ_{dry} 指干土整体导热系数 [J/(s·m·℃)]；$\lambda_{dry,m}$ 指干土矿物质的热导率 [J/(s·m·℃)]；$\lambda_{dry,om}$ 指干有机质的导热系数 [J/(s·m·℃)]；λ_{sat} 指饱和土的导热率 [0.025J/(s·m·℃)]；$\lambda_{air,om}$ 指空气的导热系数 [J/(s·m·℃)]；λ_w 指水的热导率 [0.56J/(s·m·℃)]；λ_{ice} 指冰的热导率 [2.24J/(s·m·℃)]；λ_s 指土壤固体的整体热导率 [J/(s·m·℃)]；$\lambda_{s,om}$ 指有机物土壤固体的热导率 [2.5J/(s·m·℃)]；$\lambda_{s,sm}$ 指矿物土壤固体的热导率 [J/(s·m·℃)]；λ_{sli} 指土壤粒状热导率 [J/(s·m·℃)]；λ_{clay} 指黏粒的导热系数 [J/(s·m·℃)]；λ_T 指未冻结状态下土壤的导热系数 [J/(s·m·℃)]；$\lambda_{T,fi}$ 指冻结状态下土壤的导热系数 [J/(s·m·℃)]；ϕ_v 或 θ_v 指体积含水量 (cm³/cm³)；ϕ_s 指矿物土壤固体的体积分数 (cm³/cm³)；θ_{sat} 指液态水的饱和含量或当前液态水与冰的质量比；θ_{lw} 指液态水含量 (cm³/cm³)；ρ_b 指容重 (g/cm³)；ρ_s 指土壤固体密度 (g/cm³)；θ_{ice} 指体积冰含量 (cm³/cm³)；θ_{total} 指水和冰的总体积 (cm³/cm³)；a_1, a_2, a_3, a_4 指 Becker 等（1992）方程中的参数；λ_{lw} 指未冻结水的液态水的热导率 [J/(s·m·℃)]；λ_{sand} 指砂的导热系数 [0.25J/(s·m·℃)]；θ_{unf} 指土壤未冻结的初始含水量 (cm³/cm³)；h_1, h_2 指 de Vries（1975）方程中的参数；θ_v 指水和冰的液态水的饱和含量 (cm³/cm³)；ψ 指方程中的参数；χ 指 Cote 和 Konrad（2005）方程中的参数；a, b, c 指 Chung 和 Horton（1987）方程中的参数；g_k 指去极化因子（粒子形状因素）；λ_{wp} 指萎蔫点导热系数 [0.25J/(s·m·℃)]；k_2 指 Luo 等（2009b）方程 pF 指 log10(ψ) 方程中的参数；A_1, B_1, C_1, D_1, E_1 指 Cass 等（1984）方程中的参数；k_1 指 Cote 和 Konrad（2005）方程中的 k 去极化因子；f_{om} 指有机质含量（%）；f_{san} 指含砂量（%）；f_{sili} 指含淤泥含量（%）；c 指 Campbell（1985）方程中的参数；A_2, B_2, C_2, D_2, E_2 指 de Vries（1963）方程中的参数；f_{clay} 指黏土含量（%），f_{quartz} 指固体中的石英含量（%），θ_{sat} 指黏粒固体总质量（%）；ϕ_i 指土壤相体积分数 (cm³/cm³)；ϕ_{air} 指空气含量的体积分数 (cm³/cm³)；θ_{ice} 指土壤液态水结冰的体积分数 (cm³/cm³)；ρ_b 指干容重 (g/cm³)；θ_g 指重量含水量 (g/g^{-1})；θ_{ice} 指冰固相密度 (g/cm³)；k 指方程中的参数；f_{tot} 指土壤总体积 (cm³/cm³)；θ_{total} 指水和冰的总体积 (cm³/cm³)；a_1, a_2, a_3, a_4 指 Becker 等（1992）方程中的参数；k, h_1, h_2 指 de Vries（1992）方程中的参数；f_{sand} 指含砂量（%），土壤系统的 i 阶段；i 指下标，s 指下标；N 指 de Vries 方程中的参数；T 指实测温度（℃）；δT 指冰点下降点（℃）；T^* 指冻水点下降（℃）；F 指加权因子；$I_{texture}$ 指 Desborough 和 Pitman（1998）方程中的土壤质地指数；P 指土壤孔隙度；P^* 指 Desborough 和 Pitman（1998）方程中的限定的土壤孔隙度；K_e 指克尔斯滕田数；S 指饱和度；UC_2, UC_3 指单位换算因子；UC_2, UC_3 指单位换算因子；$UC_1,$

2. 土壤热容量

土壤热容量为土壤中所有物质的热容量之和：

$$C_v = (1-\theta)C_s + C_l\theta_l + C_i\theta_i \tag{5-59}$$

式中，C_v、C_s、C_l 和 C_i 分别为土壤、土壤颗粒、液态水和冰的热容量；θ、θ_l、θ_i 分别为土壤的总含水量、液态含水量和含冰量。

5.2.4 参数测定方法

土壤热特性参数采用热脉冲法测定，由线性热源及 PT100 温度传感器组成，热源输入热信息后，温度传感器在不同的冻土状态下，接收到的土壤温度变化不同。

基于热传导过程进行描述：

$$C_v \frac{\partial T}{\partial t} = \frac{1}{r}\frac{\partial}{\partial r}\left(r\lambda\frac{\partial T}{\partial r}\right) \tag{5-60}$$

式中，r 为距离热源位置；r 为热源影响范围（半径）；t 为热源结束后时间；C_v 为土壤体积热容量，为土壤热传导率。

稳定热源情况下，土壤位置与温度变化关系的解析关系可表示为

$t < t_0$ 的情况：

$$\Delta(T(r,t)) = -\frac{q}{4\pi\lambda}E_i\left(-\frac{r^2}{4\kappa t}\right) \tag{5-61}$$

$t > t_0$ 的情况：

$$\Delta(T(r,t)) = \frac{q}{4\pi\lambda}\left[E_i\left(-\frac{r^2}{4\kappa(t-t_0)}\right) - E_i\left(-\frac{r^2}{4\kappa(t)}\right)\right] \tag{5-62}$$

其中，$\kappa = \lambda/C$ 为土壤热扩散系数（m^2/s）；E_i 为指数积分函数。对加热时间、热源强度、最大温度变化以及最大温度变化对应的时间求解，得土壤热参数：

$$\kappa = -\frac{r^2}{4}\left[\frac{1}{(t_m-t_0)} - \frac{1}{t_m}\right]\bigg/\ln\left(-\frac{t_m}{t_m-t_0}\right) \tag{5-63}$$

$$C_v = \frac{q}{4\pi\kappa\Delta T_m}\left[E_i\left(\frac{-r^2}{4\kappa(t_m-t_0)}\right) - E_i\left(\frac{-r^2}{4\kappa t_m}\right)\right] \tag{5-64}$$

式中，t_0、t_m 分别为加热时间和最大温度对应的时间；q 为热源强度；ΔT_m 为最大温度的变化值。

2018 年冻结期在吉林省长春市双阳区黑顶子河流域采用热脉冲法测定了热动力学参数，实验分别在水稻田和玉米田进行。水稻田在 10cm、30cm 和 40cm 深度位置，玉米田在 10cm 和 60cm 深度位置，于冻结前埋设了点热源和 PT100 温度传感器。点热源和 PT100 温度传感器通过 CR1000 数据采集器同步控制，对发射热源后不同位置的温度变化进行连

续测量，表5-5为热脉冲探头参数率定结果。选取的加热时间10s和15s对土壤中冰的融化影响较小，因此可以不用考虑冰的融化及冻结潜热的影响。

表5-5　吉林省长春市双阳区黑顶子河热脉冲探头参数率定结果

参数	热脉冲持续10s测定结果		热脉冲持续15s测定结果	
	最小值	最大值	最小值	最大值
r/m		0.0081		
$q/(\mathrm{m^2 K})$	4.00×10^{-4}	4.50×10^{-4}	0.0021	0.0022
$k/(\mathrm{m^2/s})$	5.00×10^{-7}	7.00×10^{-7}	8.00×10^{-7}	1.2×10^{-6}

不同实验处理下热脉冲法计算得到的土壤热传导率结果如表5-6所示。未冻结土壤热传导率随着温度变化较小，这是因为对某一土层，其基本组成不变时，未冻结土壤的热传导率主要与土壤的含水量密切相关，只有水分的增加或减少会对其热传导率产生影响。而对于冻结土壤，由于冰的存在会影响土壤的导热性能，冰比水有更好的导热特性。因此，当土壤温度不断降低时，土壤含冰量的不断增加会导致土壤热传导率不断增大。

冻土热特性参数中，比热容和热传导率随温度变化的函数形式与正温条件下的函数形式一致。可采用幂函数或线性函数描述比热容、热传导率与温度之间的关系：

$$C_{\mathrm{p}} = a\,|T|^{-b} \tag{5-65}$$

$$K_{\mathrm{p}} = AT + B \tag{5-66}$$

式中，C_{p}和K_{p}分别为冻土的比热容和热传导率；a、b和A、B为拟合参数。

表5-6　吉林省长春市双阳区黑顶子河土壤热特性参数拟合结果

处理	土壤比热容		土壤热传导率	
	a	b	A	B
水稻田10cm（10s）	0.656	0.282	−0.068	0.245
水稻田40cm（10s）	0.496	0.245	−0.057	0.575
水稻田10cm（15s）	0.602	0.731	−0.049	0.239
水稻田30cm（15s）	0.440	0.169	−0.065	0.238
玉米田10cm（10s）	0.724	0.534	−0.067	0.195
玉米田60cm（10s）	0.814	0.399	−0.056	0.193
玉米田10cm（15s）	0.535	0.476	−0.057	0.142
玉米田60cm（15s）	0.564	0.498	−0.240	0.110
全部处理	0.584	0.381	−0.069	0.217

从不同处理不同深度的比热容的变化可以看出，冻结土壤的比热容随温度的变化与未冻结土壤差异明显。当土壤未冻结时，土壤不同土层的比热容基本不变，或变化很小，而

当土壤冻结后，比热容随着冻结温度的变化而呈现幂函数关系改变，并在0℃附近出现较大值。这是因为土壤比热容是土壤中各相的比热容的综合，即土壤颗粒、水、气及冰。当土壤未冻结时，土壤中各组分的变化较小，故土壤的比热容变化也较小。土壤冻结后，冰的增加及液态水的减小会造成土壤的比热容发生较为明显的变化，因为冰的比热容要小于液态水。随着温度的降低、冰的不断增加及液态水的不断减少，土壤比热容迅速减小。冻结土壤的比热容与温度有着密切联系，温度的变化会引起土壤中各相比例的变化，进而影响土壤比热容。

5.3　冻融过程中水热动态模拟边界条件

5.3.1　雪的空气动力学模型

1. 雪的质量均衡

雪迁移和升华的物理过程涉及相变、地面和空气中的动力学两相流（如悬浮）以及积雪上方大气边界层中的快速能量和质量转移等多个复杂的过程。加拿大大草原上，雪在空气中的动力学过程是其主要运输机制，雪降落地面后发生传输的通量占降雪的8%~36%，升华过程将降雪的15%~41%转化为水蒸气（Pomeroy and Gray，1997）。尽管在平原和高山地区雪在空气中的动力学过程很重要（Pomeroy et al.，1999），但在萨斯喀彻温省的北方森林环境中，雪在空气中的动力学过程则对降雪输移的影响则非常小。

雪的空气动力学模型（PBSM）最初是在1987年开发的，作为计算雪传输和升华速率质量和能量平衡（Pomeroy，1989），进一步扩展到包括二维情况下的积雪质量平衡（Pomeroy et al.，1993）和最近的版本中的三个维度（Essery et al.，1999）。雪质量平衡关系表示为

$$\frac{\mathrm{dSWE}}{\mathrm{d}t}(x) = P - p\left[\nabla F(x) + \frac{\int E_B(x)\,\mathrm{d}x}{x}\right] - E - M \tag{5-67}$$

式中，SWE为地表雪的厚度；dSWE/dt为地表雪的厚度随时间的变化速率[kg/(m²·s)]；P为降雪速率[kg/(m²·s)]；p为均衡单元内发生空气动力学输移的概率；F为顺风输送率[kg/(m·s)]；E为雪面升华率[kg/(m²·s)]；E_B为雪空气动力学升华率[kg/(m·s)]；M为融雪率[kg/(m·s)]。应用空气动力学算法求解积雪质量平衡需要计算方程式（5-67）的每一项；通量和控制体积假设如图5-7所示。

PBSM模型将SWE累积计算为降雪、雪输送和升华的残差。使用风速、气温和相对湿度，每隔一段时间（通常是每小时）计算空气动力学的雪输送和升华量，计算单元之间基

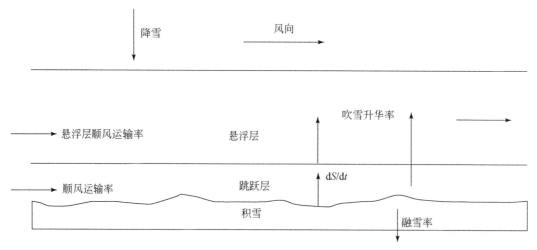

图 5-7　PBSM 计算单元控制体积的横截面

于雪运输和计算单元尺寸、路由顺序和分配因子重新分配。布线顺序为从植被高度最低的计算单元到最高计算单元。根据计算单元之间的接触长度和顺行风向的估计值确定分布因子。Essery 和 Pomeroy（2004）研究表明，基于植被高度的简单源和汇的计算单元系统可以提供与完全分布的空气动力学模型相似的流域平均 SWE。

2. 基于能量平衡的融雪模块

融雪速率与 SWE 一起控制融雪持续时间和强度，以及春季将水从雪输送到土壤和溪流的过程。研究表明，融雪速率对植被覆盖、坡度和坡向高度敏感，因为这些因素会影响入射到雪面的短波辐射。融雪涉及冰相转变为液态水，能量方程是融雪计算的物理框架，涉及将能量方程应用于雪的"控制体积"。该体积的下边界是雪地界面，上边界是雪–空气界面（图 5-8）。

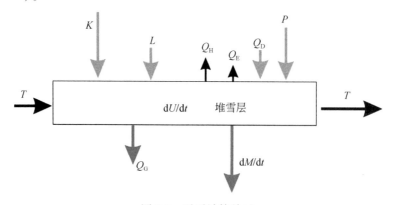

图 5-8　融雪计算单元

P 为降雪量；dM/dt 为单位时间内的雪融化量；T 是指雪量的水平转移，可能由空气动力学驱动发生，但在融化期间并不常见。箭头表示通量的方向

　　能量均衡要求用于相变的能量加上通过辐射、对流、传导和平流传递到体积的通量之和必须等于内部能量的变化，表示为

$$Q_m + Q_n + Q_H + Q_E + Q_G + Q_D = \frac{dU}{dt} \tag{5-68}$$

式中，Q_m 是可用于融雪的能量；Q_n 为净辐射；Q_H 是显热的湍流通量；Q_E 是潜能的湍流通量；Q_G 是地面热通量；Q_D 是来自外部来源的平流产生的能量，如通过下雨，大的暖空气团运动增加的能量产生的对流热量和与雪块相邻的土壤块产生的热量；dU/dt 是单位体积内（存储）能量的变化率，为单位时间单位表面积能量变化量［所有单位均为 J/（m²·d）］。指向（进入）控制单元体的能量通量被认为是正的；离开控制单元体的能量为负值。净辐射 Q_n 由净长波 L^* 和净短波 K^* 通量之和组成。融化量 M 由 Q_m 确定：

$$M = \frac{Q_m}{\rho_w B h_f} \tag{5-69}$$

式中，ρ_w 是水的密度（1000kg/m³）；B 是单位质量湿雪中冰的比例（B 通常在 0.95 ~ 0.97）；h_f 是冰的融化潜热（333.5×10³J/kg）。当 Q_m 的单位为 J/（m²·d）时，1 天中雪的融化量 M（mm/d）可近似为

$$M = 0.270 Q_m \tag{5-70}$$

　　对净辐射至关重要的是估计反射率 $A(t)$。Gray 和 Landine（1987）基于对消融期间反射短波辐射的点和面测量，将反射率的季节变化分为三个时期。

　　前期：反射率以相对恒定的速度下降，消耗率为 0.004 ~ 0.009/天，平均为 0.0061/天。

　　连续融化期：连续融化过程中反射率变化曲线的一般形状是"S"形，其中反射率快速下降的时期前后为 1 ~ 2 天，其余连续融化过程中反射率近似表示为

$$A(t) = A_i - 0.071t \tag{5-71}$$

式中，$A(t)$ 是连续第 t 天融雪后的反射率；A_i 是"活跃"融化开始时雪面的反射率。

　　后期：随着季节性积雪的消失，地表的反射率呈现相对恒定的趋势（0.17）。后期降雪的反射率下降速度约为 0.20/天。

　　对入射的直接和漫射短波辐射应用了斜率校正，计算了反射率后，即可确定 Q_n，为每日净短波辐射 Q_0、反射率和日照比的线性函数，表达为

$$Q_n = -0.53 + 0.47 Q_0 \left(0.52 + 0.52 \left(\frac{n}{N} \right) \right) (1 - A(t)) \tag{5-72}$$

　　式（5-72）的相关系数可达 0.87，估计的标准误差小于 1.55MJ/（m²·d）（Gray and Landine，1988）。一些情况下。n/N 比率是实际小时数与潜在明亮日照小时数的比率，CRHM 模型可以根据观测到的入射短波辐射估计 n/N。此外，Gray 和 Landine（1988）还提出了一种算法，用于模拟草原积雪中每天的内部能量变化，使用每日最低温度来定义最低状态，并假设 0℃时内部能量的最大值为零。在融化发生的日子里，积雪中最多可以存在 5% 的液态水。在晚上重新冻结这些水会导致积雪的内部能量含量发生很大变化。

3. 融冰融雪产流模拟

融冰融雪是寒区河流的主要补给来源，在春季受到融水的影响，寒区河流会产生春汛，因此在对寒区水循环模拟时，学者们将融雪模块加入到水文模型中，提高径流的模拟效果（Homan and Kane，2015）。融冰融雪模型可归纳为两类：一类是基于能量平衡的模型，另一类是基于气温指标的模型（李志龙，2006；Zhang et al.，2015）。基于能量平衡的模型主要从热力学能量转换的角度进行计算，如 SWM 模型、PROMET 模型和 PRMS 模型等（Crawford and Linsley，1966；孙颖娜，2008）。SWM 模型是最早基于能量平衡原理对融雪径流进行模拟的模型，该模型对大流域进行分块处理，然后将小流域进行集总式模拟，采用温度辐射模拟融雪；PROMET 模型（Taschner et al.，2001）是具有物理机制的分布式水文模型，主要考虑融雪过程的能量平衡和水量平衡关系。基于气温指标的模型主要是结合观测建立气温和融冰融雪量的经验关系式，如 SHE 模型、SRM 模型。SHE 模型（Beven and Binley，1992）是具有物理机制的分布式流域水文模型，应用较广；SRM 模型（Ferguson，1999）是预报山区流域融雪径流的水文模型，能够在资料相对缺乏的山区流域中应用，目前模型已在多个国家广泛应用，在我国西北干旱区流域也取得了较好的应用效果（马虹和程国栋，2003；刘文，2007）。

虽然融冰融雪模块的加入在一定程度上提升了春季径流的模拟效果，但是无法反映冻土对径流变化的影响，无法模拟土壤系统中入渗、蒸发以及壤中流受到的土壤冻融影响，在径流模拟效果提升上遇到了瓶颈，因此学者们考虑融冰融雪过程的同时，也开始研究基于冻土的寒区水文模型。

5.3.2 裸地条件下的能量平衡关系

裸地条件下，冻土水热模拟方程主要包括地表能量平衡过程、土壤热传输过程和土壤水热过程模式三个部分。地表能量平衡过程可表示为

$$R_{\mathrm{ns}} = H_{\mathrm{s}} + \mathrm{L_v E_s} + q_{\mathrm{h}} \tag{5-73}$$

辐射能分解为三个部分：显热 H_{s}，潜热 $\mathrm{L_v E_s}$ 和土壤热通量 q_{h}，能量平衡方程可表示为

$$q_{\mathrm{h}} = k_{\mathrm{h}} \frac{(T_s - T_1)}{\Delta z_1 / 2} + L_v q_{v,z} \tag{5-74}$$

$$\mathrm{L_v E_s} = \frac{\rho C_{\mathrm{p}}}{\gamma} \frac{(e_{\mathrm{surf}} - e_{\mathrm{a}})}{r_{\mathrm{av}}} \tag{5-75}$$

$$H_{\mathrm{s}} = \rho C_{\mathrm{p}} \frac{T_s - T_{\mathrm{a}}}{r_{\mathrm{av}}} \tag{5-76}$$

式中，ρ_{a} 为空气密度（kg/m³）；C_{p} 为空气热容量 [J/（kg·℃）]；T_s 和 T_{a} 分别为大气和土

壤表面温度（℃）；r_{av} 为空气动力学阻力；L_v 为气化潜热（J/kg）；E_s 为蒸发通量（cm²/s）；γ 为湿度计常数（hpa/K）；e_{surf} 和 e_a 分别为土壤表面和空气中的水汽压（Pa）；k_h 为热传导率（J /（d·m·℃））；T_1 为土壤 Δz_1 深度位置的温度（℃）；$q_{v,z}$ 为液态水通量（cm²/s）。

无论是积雪上边界条件，或者裸地上边界条件，水量动态和能量传输都包括了大量的计算方法。其中由 SOIL 和 SOILN 发展形成的 COUPMODEL 模型（见 https://www.coup-model.com/），可以模拟水、热传输过程，以及土壤–植被–大气传输系统中碳、氮等养分运动。COUPMODEL 的大气层、雪被层、冻土层能量和水文传输动力学参数方程，及其基于玛曲地区实验数据拟合的参数取值范围如表 5-7 所示。

5.4　土壤分层水热耦合数值模拟

5.4.1　模型分层结构和基本假定

前面章节介绍了冻土水热耦合数值模拟原理、方法、参数和边界条件，但是在实际模拟过程中，为了提高建模的操作性，既要考虑物理机制，也要基于实验对模型的一些特定条件进行概化或假设。此外，为了反演土壤冻融过程中的水热迁移、变化过程，可将土壤层划分为多层，以模拟不同深度的含水量、温度以及水热迁移过程。模拟的垂向结构见图 5-9。

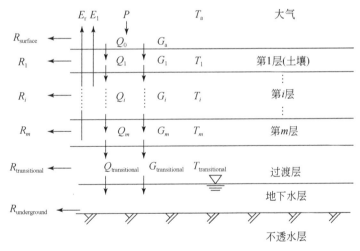

图 5-9　土壤层水热通量计算结构示意

P 为降水；E_r 和 E_1 分别为植被蒸腾和土壤蒸发；$R_{surface}$、R_i（$i=1,2,\cdots\cdots,m$）、$R_{transitional}$、$R_{underground}$ 分别为地表产流、第 i 层土壤的壤中流、过渡带的壤中流、地下水出流；Q_0 为地表下渗量，Q_i（$i=1,2,\cdots\cdots,m$）、$Q_{transitional}$ 分别为第 i 层土壤的重力排水和过渡带的重力排水；G_a 分别为大气与第 1 层土壤的热交换量，G_i（$i=1,2,\cdots\cdots,m$）、$G_{transitional}$ 分别为第 i 层土壤与下一层间的热交换量和过渡带与下一层间的热交换量；T_a、T_0、T_i（$i=1,2,\cdots\cdots,m$）和 $T_{transitional}$ 分别为气温、雪温、第 i 层土壤温度和过渡带层温度

表 5-7 COUPMODEL 的大气层、雪被层、冻土层能量和水文传输动力学参数

计算内容	计算方法	说明	参数	取值范围	中位值
计算土壤反射率	$a_{soil} = a_{dry} + e^{-k_a 10\psi\psi_1}(a_{wet} - a_{dry})$	a_{wet}和a_{dry}分别为干土和视湿图的反射率；k_a为指数；ψ_1土壤表面水势（cm）	k_a	[0.5, 1.5]	1.04
计算雪的反射率	$a_{snow} = a_{min} + a_1 e^{(a_2 s_{age} + a_3 \sum T_a)}$	a_{min}为雪的最小反射率（%）；a_1、a_2和a_3为反映密切关系的系数；$\sum T_a$为最近一次降雪后的累积温度（℃·d）	a_{min} (%)	[30, 50]	40.57
计算净长波辐射中的空气散射	$\varepsilon_{a, Konzelmann} = \left(r_{k1} + r_{k2}\dfrac{e_a}{T_a + 273.15}\right)^{1/4}(1 - n_c^3) + r_{k3} n_c^3$	r_{k1}、r_{k2}和r_{k3}为关系系数；e_a为水汽压（Pa）；n_c为云的平均覆盖比	r_{k1}	[0.15, 0.31]	0.21
表面水汽压修正	$e_{surf} = e_s^{(T_s)} e^{\left(\frac{-\psi\psi M g_{corr}}{R(T_s + 273.15)}\right)}$ $e_{corr} = 10^{(-\delta_{surf}\psi_{eg})}$	计算表面压力调整系数：M为水的摩尔质量（g/mol）；g为重力加速度（m/s²）；e_s为表面饱和水汽压（Pa）；e_{corr}为修正系数；δ_{surf}为表面水均衡差（mm）；ψ_{eg}为调整系数	ψ_{eg}	[0.5, 1.2]	1.11
地表水量均衡（基于地表最大水汽蓄量对地表水汽压进行修正）	$\delta_{surf}(t) = \max\{s_{def}, \min[s_{excess}, \delta_{surf}(t-1)] + W_{pool} + [q_{in} - E_s - q_{v, s}]\Delta t\}$	s_{def}为地表最大水分亏缺量（mm）；s_{excess}为地表最大水量（mm）；q_{in}为入渗量（mm）；W_{pool}为地表蓄水量（mm）；E_s为地表蒸发量（mm/d）；$q_{v, s}$为地表和第一层之间的水汽通量（mm/d）	s_{def} (mm) s_{excess} (mm)	[-3, -1] [0.5, 2]	-2.79 1.14
土壤蒸发限制因子	$E_s = \max(-1 \cdot e_{max, cond}, E_s) f_{bare}$	考虑土壤冻结过程所进行的修正：$e_{max, cond}$为最大冻结速率（mm/d）；f_{bare}为裸地所占的比例	$e_{max, cond}$ (mm/d)	[1, 2]	1.52
空气动力学阻力	$r_{aa} = \dfrac{1}{k^2 u}\left(\ln\left(\dfrac{z_{ref} - d}{z_{OM}}\right) - \psi_M \ln\left(\dfrac{z_{ref} - d}{L_O}\right) + \psi_M \ln\left(\dfrac{z_{OM}}{L_O}\right)\right)$ $\times \left(\ln\left(\dfrac{z_{ref} - d}{z_{OH}}\right) - \psi_H \ln\left(\dfrac{z_{ref} - d}{L_O}\right) + \psi_H \ln\left(\dfrac{z_{OH}}{L_O}\right)\right)$	u为参照高度的风速z_{ref}（m/s）；k为von Karmans常数；d为移位高度（m）；L_O为Obukhov高度（m）；ψ_M和ψ_H为动量和热的经验稳定性系数；z_{OM}（m）；z_{OM}动量粗糙度（m）；z_{OH}为热力面粗糙度（m）	z_{OM} (m) $z_{OM, snow}$ (m)	[1×10⁻⁸, 5] [0.025, 0.05]	0.008 0.038

续表

计算内容	计算方法	说明	参数	取值范围	中位值
无扰动交换	$r_{aa} = \left(\dfrac{1}{r_{aa}} + r_{a,max}^{-1}\right)^{-1}$	极端稳定条件下的空气动力学系数：$r_{a,max}^{-1}$ 为无扰动条件下的土壤交换系数	$r_{a,max}^{-1}$	$[1\times10^{-4}, 0.05]$	0.035
雪的热传导度	$k_{snow} = s_k \rho_{snow}^2$	s_k 为雪的热传导系数 $[J/(d \cdot m \cdot ℃)]$；ρ_{snow} 为雪的密度 (kg/m^3)	$s_k [J/(d \cdot m \cdot ℃)]$	$[1\times10^{-6}, 1\times10^{-5}]$	3.89×10^{-6}
冻土的热传导修正	$R_f = e^{c_f T_s} C_{md} + (1-C_{md})$	c_f 为地表冻结深度修正系数 $(℃^{-1})$；C_{md} 为最大冻结深度阻尼系数；T_s 为地表温度 $(℃)$	C_{md}	$[0.5, 0.9]$	0.69
土壤热传导度	$K_e = \theta_{sat}^{0.5(1+V_{om,s}-\alpha V_{sand,s}-V_{cf,s})}$ $$K_{dry} = \left[\left(\frac{1}{1+\exp(-\beta x_{sat})}\right)^3 - \left(\frac{1-\theta_{sat}}{2}\right)^3\right]^{1-V_{om,s}}$$ $$K_{dry} = \frac{(aK_{solid}-K_{air})\rho_b + K_{air}\rho_b}{\rho_p - (1-a)\rho_b}$$	K_e 为 Kersten 数；θ_{sat} 为饱和含水率 (m^3/m^3)；$V_{om,s}$ 为有机物的体积比；$V_{sand,s}$ 为沙的体积比；$V_{cf,s}$ 为相砂的体积比；α 和 β 为调整系数；K_{solid} 为土壤固体颗粒的热传导率 $[J/(d \cdot m \cdot ℃)]$；K_{air} 为空气的热传导率 $[W/(m \cdot ℃)]$；ρ_p 为空气密度 (kg/m^3)；ρ_b 为容重 (kg/m^3)；a 为调整系数	α、β、a	$[0.1, 0.3]$ $[10, 30]$ $[0.4, 0.6]$	0.20 20.07 0.50
土壤冻结	$q_{infreeze} = \alpha_h \Delta z \dfrac{T}{L_f}$	冻结阶段土壤有高流动区向低流动区运动的水流通量：α_h 为热传导系数 $[J/(d \cdot ℃)]$；Δz 土壤深度；L_f 为显热 (J/m^3)	$\alpha_h [W/(m \cdot ℃)]$	$[500, 5000]$	2.17e3
高流动区的水力传导度	$k_{hf} = e^{\frac{\theta_i}{c_{\theta,i}}} [k_w(\theta_{tot}) - k_w(\theta_{lf}+\theta_i)]$	$k_w(\theta_{tot})$ 为饱和水力传导度 (mm/d)；$k_w(\theta_{lf}+\theta_i)$ 土壤充满空气条件下的水力传导度 (mm/d)；$c_{\theta,i}$ 为阻尼系数 计算高流动区的水力传导度	$c_{\theta,i} (\%)$	$[0.1, 50]$	25.72
低流动区的水力传导度	$k_{wf} = 10^{c_{fi} Q} k_w$	c_{fi} 为考虑冰堵的阻抗系数；Q 为冰与总水量之比；k_w 为未冻结条件下的水力传导度 (mm/d)	c_{fi}	$[0.1, 10]$	5.05

续表

计算内容	计算方法	说明	参数	取值范围	中位值
液态水含水率	$\theta_{li} = d_1 \theta_{wilt}$	d_1为未冻结水量所占的比例系数−5℃；θ_{wilt}为土壤含水率（%）pF=4.2	d_1	[0.1，0.5]	0.29
土壤水流通量	$s_{mat} = a_{scale} a_r k_{mat} pF$	计算土壤机制和大孔隙中的水流：s_{mat}为吸附速率（mm/d）；a_{scale}为描述孔隙性状的经验系数；a_r为土壤厚度和计算区厚度比；k_{mat}为基质区土壤水力传导度（mm/d）；pF以对数形式表示的土壤基质势	a_{scale}	[0.02，0.1]	0.05
土壤水汽通量	$q_v = -d_{vapb} f_a D_0 \dfrac{\partial c_v}{\partial z}$	计算土壤中的气态水通量：d_{vapb}为水汽扩散完全率；f_a为水汽填充孔隙比；D_0为自由空气的扩散率（m²/s）；c_v为水汽密度（m³/m³）	d_{vapb}	[0.01，2]	1.04
土壤水力传导度修正	$k_w = (r_{AOT} + r_{AIT} T_s) \max(k_w^*, k_{minuc})$	对温度影响下的水力传导度进行修正：r_{AOT}和r_{AIT}为对水力传导度的线性修正系数（℃⁻¹）；k_w^*为依据Mualem方程确定的水力传导度（mm/d）；k_{minuc}为水力传导度的最小值（mm/d）	r_{AIT}（℃$^{-1}$）；k_{minuc}（mm/d）	[0.02，0.025]；[1×10^{-6}，1×10^{-5}]	0.023；4.18×10^{-6}

由图 5-9 可知，模型垂向结构分为土壤活动层、过渡层和地下水层。土壤活动层主要考虑作物和植被的生长活动，以及水热迁移和能量交换过程。过渡层是地下水位线以上和土壤活动层之间的土壤，这部分厚度可根据地下水位的高度动态设定。为了便于模拟水热迁移过程，将土壤活动层（初始可假设为 2m）细分为 m 层，考虑到表层土壤对大气变化较为敏感，将第 1 层、第 2 层每层定为 10cm，第 3 ~ 第 m 层每层定为 20cm。由于各个地区土壤厚度各不相同，土壤层数可以根据实际测定的土壤厚度确定。若最下层的土壤厚度不够 20cm，则采用实际的厚度值。

根据文献查阅和实验分析，构建冻土多层水热耦合模型时有以下 4 点假定。

一是土壤冻结状态和判定条件。模型将土壤的状态分为未冻结、完全冻结和部分冻结。未冻结状态的土壤温度 T_s 大于 0℃，此时假设土壤层内不存在含冰量；完全冻结状态的土壤温度 T_s 低于阈值温度 T_f，此时假设土壤层完全冻结，土壤内仅存在一部分残留的液态水不发生相变，根据实验测定结果，当土壤温度低于 −10℃ 时，土壤液态含水量持续在 0.09cm³/cm³，因此把土壤阈值温度设为 −10℃；部分冻结状态的土壤温度高于阈值温度 T_f 低于 0℃，此时土壤中既存在液态水又存在固态水。

二是水分相态。模型只考虑液态水（未冻水）和固态水（冰）之间的相变，即液态含水量和含冰量的变化（总含水量为液态含水量与含冰量的总和），不考虑气态水的相变，也不考虑气态水对热传导的影响。

三是土壤形态。假设土壤是刚性的，不考虑土壤在冻融过程中的形变。

四是边界条件。从能量交换和平衡的角度考虑，假定和土壤发生热交换的上边界为大气；下边界假设为一恒定的温度，下边界传入土壤层中的热量是根据底层土壤温度和下边界之间的温度差确定的。下边界的初始温度在不同纬度、不同海拔地区有所差异，但是相对稳定，可以根据实验参数预设。

5.4.2　模型模拟方法

1. 边界条件

模型假定土壤系统的上边界为大气，控制着系统能量的输入与输出。上边界能量可通过气象要素计算，包括降水、气温、风速、日照时数、相对湿度。土壤底部的下边界为过渡层或者地下水层，下边界假设一恒定的温度。

地表能量平衡方程可表示为

$$RN+Ae=lE+H+G \tag{5-77}$$

式中，RN 为净辐射量 [J/(m² · d)]；Ae 为人工热排出量 [J/(m² · d)]；lE 为潜热通量 [J/(m² · d)]；H 为显热通量 [J/(m² · d)]；G 为地中热通量 [J/(m² · d)]。地表净辐射

量的计算考虑了植被、温度及人工热排出量的影响。潜热通量由蒸散发量、融雪量及蒸发和融化的潜热计算，土壤和植被的蒸发量用 Penman 或 Penman-Monteith 公式计算。显热通量由地表能量平衡方程中的余项得到。传入地表以下的热量由地表附近的大气（约 2m）和表层土壤的温度差以及表层土壤的水热参数决定，用强迫恢复法计算。

传入地表以下的水分由降水或融雪决定，非暴雨期的入渗量用 Richards 方程进行计算，暴雨期的入渗量用 Green-Ampt 模型计算，积雪融雪过程用"度日因子法"计算。

2. 土壤热流运动

根据能量平衡原理，冻融系统中每一层土壤的能量变化都用于系统内的土壤温变和水分相变，温度势是水分相变的驱动力，而大气与表层土壤的温差则是热传导的原动力。假设土壤各向均质同性，并忽略土壤中的水汽迁移，土壤中一维垂直流动的热流运动基本方程可变形为

$$\frac{\partial}{\partial z}\left[\lambda_s \frac{\partial T_s}{\partial z}\right] = C_v \frac{\partial T_s}{\partial t} - L_i \rho_i \frac{\partial \theta_i}{\partial t} \qquad (5\text{-}78)$$

式中，z 为每一层土壤层的深度（m）；λ_s 为土壤的热导率 [W/(m·℃)]；T_s 为土壤的温度（℃）；C_v 为土壤体积热容 [J/(m³·℃)]；t 为时间（s）；ρ_i 为土壤中冰的密度（920kg/m³）；L_i 为融化潜热（3.35×10⁶J/kg）；θ_i 为含冰量。该方程左边代表不同土壤层间的温差引起的热量传导，右边代表土壤温度和土壤水分相态变化导致的热量变化，计算中忽略了土壤孔隙中水气密度的变化。

土壤体积热容量考虑固体颗粒、固态水、液态水的占比，计算公式如下：

$$C_v = (1 - \theta_s) \times C_s + \theta_l \times C_l + \theta_i \times C_i \qquad (5\text{-}79)$$

式中，θ_s 为土壤饱和体积含水量，可以看作土壤的孔隙度；θ_l 为液态含水量；C_s、C_l、C_i 分别为土壤固相、水、冰的体积热容量，在 0℃ 时其值分别为 1.926×10³J/(m³·℃)、4.213×10³J/(m³·℃)、1.94×10³J/(m³·℃)。

土壤导热系数比较复杂，它不仅与各组分的比例有关，还与各组分的结构、形状等因素有关。Coup 模型和其他模型计算导热传导系数时根据土壤冻结状态采用了不同的公式，然而这些公式计算都对参数的获取提出了更高的要求。考虑到土壤数据采集的困难，模型中的土壤层导热系数（λ_s）参考了 IBIS 模型计算公式：

$$\lambda_s = \lambda_{st} \times (56^{\theta_l} + 224^{\theta_i}) \qquad (5\text{-}80)$$

$$\lambda_{st} = 0.300 \times \omega_{sand} + 0.265 \times \omega_{silt} + 0.250 \times \omega_{clay} \qquad (5\text{-}81)$$

式中，λ_{st} 为干土壤的热导系数 [W/(m·℃)]；ω_{sand}、ω_{silt} 和 ω_{clay} 分别为土壤中砂粒、粉粒和黏粒的体积分数。

3. 土壤温度计算

土壤温度是一个重要的指示指标，不仅与水分相态变化有关，在实际应用过程中，还

可为农业耕作、施工等提供环境参考。能量通量驱动着土壤温度变化和土壤相态变化，而不同土壤层间的土壤温度差异影响着土壤层间的感热通量。表层土壤的温度用强迫恢复法计算，对于其他的土壤层，用土壤层中间部分的温度代表土壤层的平均温度。土壤温度和相邻土壤层的热通量可以用式（5-82）和式（5-83）计算：

$$H_{i,i+1} = \left(\frac{\lambda_{s,i}z_i + \lambda_{s,i+1}z_{i+1}}{2} \right) \frac{T_{s,i} - T_{s,i+1}}{0.5z_i + 0.5z_{i+1}} \ , (i \geqslant 1) \tag{5-82}$$

$$T_{s,j} = \frac{H_{j-1,j} - H_{j,i+1}}{C_{s,j}\rho_{s,j}Z_j} \ (j \geqslant 2) \tag{5-83}$$

式中，$H_{i,i+1}$ 代表相邻的土壤层 i 和 $i+1$ 层间的感热通量。每一层土壤的初始土壤温度是模型的输入数据，土壤温度和土壤含水量用数值迭代求解。

4. 土壤水运移方程

土壤冻融时只有液态水发生运移，土壤水分的运移主要受重力势、基质势和温度势的影响，土壤中一维垂直水分流方程可以写成

$$\frac{\partial \theta_l}{\partial t} = \frac{\partial}{\partial z} \left[D(\theta_l) \frac{\partial \theta_l}{\partial z} \right] - \frac{\partial K(\theta_l)}{\partial z} - \frac{\rho_i}{\rho_1} \frac{\partial \theta_i}{\partial t} \tag{5-84}$$

式中，$D(\theta_l)$ 表示土壤液态含水量为 θ_l 时的土壤扩散率；$K(\theta_l)$ 为土壤液态含水量在 θ_l 时的导水率（cm/s）；ρ_1 为液态水的密度（kg/m³）。$K(\theta_l)$ 需要通过饱和导水率 K_s 计算，而 K_s 需要经过温度修正，计算公式如下：

$$K(\theta_l) = \begin{cases} K_s, \theta_l = \theta_s \\ K_s \left(\dfrac{\theta_l - \theta_r}{\theta_s - \theta_r} \right)^n, \theta_l \neq \theta_s \end{cases} \tag{5-85}$$

$$K_s = \begin{cases} K_0, T_s > 0 \\ K_0(0.54 + 0.023T_s), T_f \leqslant T_s \leqslant 0 \\ 0, T_s < T_f \end{cases} \tag{5-86}$$

式中，θ_r 为残留含水量；n 为 Mualem 公式常数；K_s 为经土壤温度校正以后的饱和导水率（cm/s）；K_0 为原始输入的饱和导水率（cm/s）。

5.4.3 模型验证

1. 研究区

为了验证冻土多层水热耦合模型的模拟效果，将模型模拟结果与前郭灌区实验站（124°30′30″E，45°14′00″N）的实验结果以及中国气象数据网上编号为 54266 的气象站

（125°37′59″E，42°31′59″N）的实测结果进行比对，监测站点位置见图 5-10。

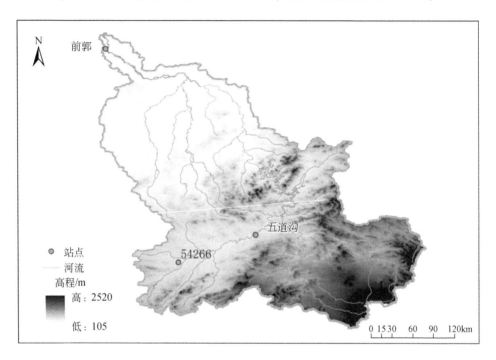

图 5-10　土壤冻融过程监测站点位置示意

前郭灌区实验站位于我国松花江流域季节冻土区，笔者于 2011 年 10 月 9 日 ~2012 年 5 月 16 日在此进行了田间观测实验，实验测定了土壤温度和液态含水量的变化，包含了一个完整的土壤冻结和融化周期，可对土壤温湿度的模拟效果进行验证。为了进一步验证模型对冻土冻融过程的模拟，同时采用 54266 气象站长系列的逐日冻土深度观测数据进行验证。

前郭灌区所在区域属寒温带大陆性半干旱季风气候区，年均气温在 4.7℃左右，年均降水量为 447.07mm。灌区内主要土壤类型为潜育土、黑钙土、草甸土和盐土，实验区的土壤物理性质和渗透系数见表 5-8。为了测定土壤温湿度的变化情况，土壤冻结前，在土壤 0~140cm 不同深度内布设 TDR 水分传感器，在 0~120cm 布设 PT100 温度传感器，监测土壤不同深度的液态含水量和土壤温度变化。土壤的总含水量采集土样在实验室内测定，土壤温度逐日连续监测。实验观测结果表明，2011 年 11 上旬日平均气温和地表温度降低，开始形成冻土层，并在 2 月中下旬达到最大冻结深度（152cm），此后随着气温的回升，冻土开始融化，到 5 月融通。模型输入的气象参数包括气温、风速、日照时数、相对湿度和降水，数据来自中国气象数据网（http://data.cma.cn），冻土深度数据来自寒区旱区科学数据中心（http://bdc.casnw.net）。模型的土壤水分特征曲线应用 van Genuchten 模型，模型的土壤水力学参数由试验测定，主要热力学参数可根据实测的土壤物理性质计算。

表 5-8　实验区土壤物理和水动力参数

土壤类型	深度/cm	黏粒含量/%		粉粒含量/%		砂粒含量/%		容重/(g/cm³)	水力传导度/(cm/s)
		均值±标准差	最大值/最小值	均值±标准差	最大值/最小值	均值±标准差	最大值/最小值	最大值/最小值	最大值/最小值
黑钙土	0~20	28.4±4.3	29.3/20.6	53.6±2.3	55.4/51.0	21.7±4.6	24.6/16.4	1.26/1.32	$1.11\times10^{-4}/2.28\times10^{-4}$
	20~50	28.9±9.6	36.4/18.1	48.0±8.7	57.9/41.4	23.1±0.9	24.0/22.0	1.30/1.42	$1.10\times10^{-4}/3.00\times10^{-4}$
	50~120	26.9±11.1	37.4/15.3	54.8±10.8	66.7/45.6	18.3±1.5	20.0/17.2	1.35/1.51	$9.40\times10^{-5}/3.43\times10^{-4}$
草甸土	0~16	20.4±7.7	27.8/13.4	52.3±4.1	56.3/47.2	27.3±3.9	31.0/23.0	1.22/1.28	$3.18\times10^{-4}/7.11\times10^{-4}$
	16~28	21.8±8.3	29.4/14.3	50.4±3.6	53.9/45.6	27.8±5.6	33.8/21.5	1.32/1.38	$1.89\times10^{-4}/7.00\times10^{-4}$
	28~120	24.5±6.1	32.6/19.4	51.6±7.0	61.6/46.0	23.9±5.4	29.0/19.0	1.40/1.45	$1.06\times10^{-4}/1.68\times10^{-4}$
潜育土	0~10	14.2±4.6	18.3/9.8	67.3±14.6	79.8/46.7	13.0±2.2	14.5/10.4	1.24/1.31	$2.07\times10^{-4}/5.44\times10^{-4}$
	10~37	21.4±4.5	25.3/15.1	63.9±4.0	68.6/61.1	15.9±2.2	18.0/13.6	1.28/1.42	$1.27\times10^{-4}/2.56\times10^{-4}$
	37~120	23.1±3.9	28.2/19.2	62.6±1.5	64.0/61.0	15.9±1.8	18.0/14.8	1.34/1.44	$8.81\times10^{-5}/1.63\times10^{-4}$
盐土	0~20	7.2	9.0/5.4	69.7	77.0/62.4	23.1	32.0/14.0	1.26/1.32	$6.62\times10^{-4}/8.98\times10^{-4}$
	20~53	12.0	14.2/9.8	65.7	75.1/56.3	22.4	29.5/15.2	1.38/1.41	$3.22\times10^{-4}/4.99\times10^{-4}$
	53~120	14.7	15.3/14.1	61.8	70.9/52.7	23.5	32.0/15.0	1.40/1.44	$2.28\times10^{-4}/2.80\times10^{-4}$

2. 评价方法

采用均方根误差（root mean square error，RMSE）、Nash-Sutcliffe 效率系数（NSE）及相对误差（relative error，RE）评价模型模拟效果。RMSE、NSE 和 RE 的计算公式如下：

$$RMSE = \sqrt{\frac{1}{n}\sum_{i=1}^{n}\left[(O_i - S_i)^2\right]} \qquad (5\text{-}87)$$

$$NSE = 1 - \frac{\sum_{i=1}^{n}(O_i - S_i)^2}{\sum_{i=1}^{n}(O_i - \bar{O})^2} \qquad (5\text{-}88)$$

$$RE = \frac{\sum_{i=1}^{n}S_i - \sum_{i=1}^{n}O_i}{\sum_{i=1}^{n}O_i}100\% \qquad (5\text{-}89)$$

式中，n 为观测样本数；O_i 为观测值；$\bar{O}$ 为观测值的平均数；S_i 为模拟值。对于 RMSE，越小说明模拟与实测的差值越小，模拟效果越好。对于 NSE，数值越接近 1 模拟效果越好，NSE>0.65 时模拟效果很好，NSE>0.54 时模拟效果可以接受，NSE 为负数说明模型不适用。RE<0 表示模拟值小于实测值，RE 在 15~25 时模拟效果令人满意，RE 在 10~15 时模拟效果较好，当 RE<10 时模拟效果非常好。

3. 土壤温度模拟分析

　　土壤温度控制着土壤水分的相变和迁移。图 5-11 为前郭实验站 0~120cm 不同深度土壤温度模拟值与实测值的比较情况，其他深度因为缺少实测数据未列出。由图 5-11 可以看出，模拟数值基本位于实测数据的两侧，上层土壤温度，即 0~20cm 的土壤温度变化波动较大，土壤层的温度和变化幅度随着土壤深度的增加而减小，这个规律和其他学者的研究结果一致。上部土壤层温度的模拟效果和实测结果拟合程度较好，但是中部和下部土壤层温度的模拟结果有些偏低尤其是在土壤融化期。造成误差的原因可能是土壤导水率及热力学参数的同一性，下层的土壤用的参数假设为同一值。此外，还可能是因为模拟的最低土壤温度低于实测结果。因为初始值偏低，这种前期冻结期的误差可能造成融化期的误差。此外融化期土壤温度模拟值偏低也可能是因为实际土壤导热参数大于模拟所用参数，所以在融化期模拟的土壤温度升温速度小于实测值。表 5-9 为不同土壤温度模拟结果相对于实测结果的 NSE 和 RMSE 值。各土壤层温度的模拟结果平均 NSE 为 0.92，平均 RMSE

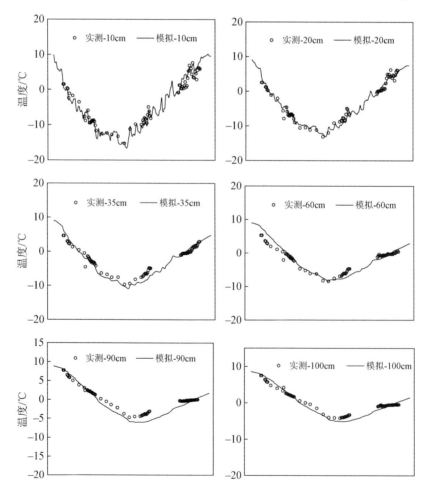

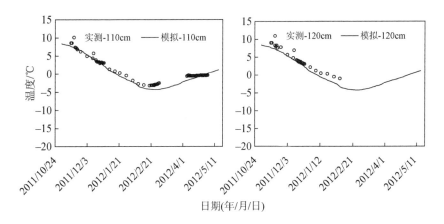

图 5-11　不同深度土壤层的温度模拟与实测结果对比

为 1. 21℃。总体来看，无论是不同深度的土壤温度，还是土壤温度在冻融期间的变化趋势，模拟值与实测值均有较好的一致性，可以体现土壤温度随时间的变化情况。

表 5-9　土壤温度模拟结果的统计计算

指标	深度/cm							
	10	20	35	60	90	100	110	120
NSE	0.95	0.97	0.90	0.86	0.91	0.92	0.90	0.98
RMSE/℃	1.47	0.94	1.17	1.23	1.14	1.27	1.48	1.04

4. 土壤含水量模拟分析

图 5-12 为 2011～2012 年冻融期间不同时段不同深度土壤的液态含水量与总含水量的模拟值与实测值的比较结果。由图 5-12 可知，11 月 2 日总含水量和液态含水量曲线重合，

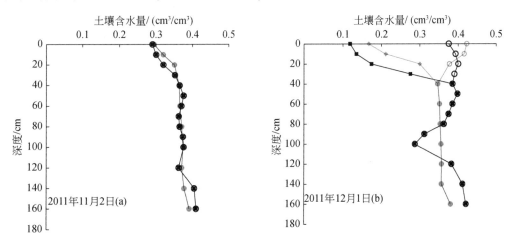

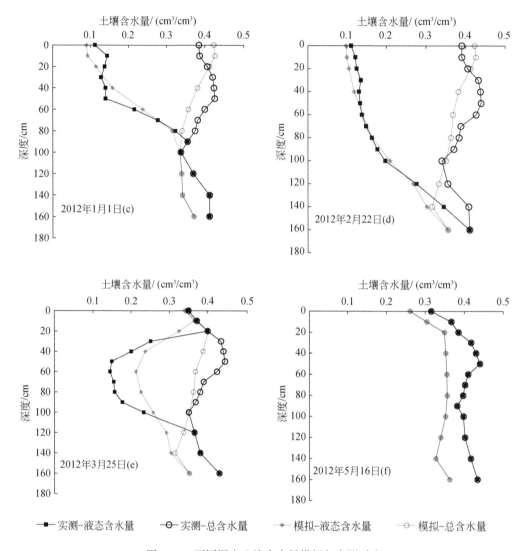

图 5-12　不同深度土壤含水量模拟与实测对比

土壤处于非冻结期。随着气温的降低，土壤自上而下冻结。在土壤冻结的早期，固态水出现在上层土壤层中。因为液态水由未冻结土壤向冻结土壤迁移，所以上层土壤的液态含水量减少，但是总含水量增加。

　　由图 5-12（b）和图 5-12（c）可知，土壤已进入冻结期，液态含水量减少，冻结的土壤总含水量有所增加，且在冻结峰附近出现极值点，实测和模拟的水分分布呈"Y"形，说明土壤从上向下冻结，并且在冻结后期，下层液态水会继续向上层冻结程度大的土层进行少量迁移，模拟结果的图形较实测值"窄""深"，偏"深"可能是由于土壤模拟温度偏低，冻结深度较深，偏"窄"可能是由于蒸发量偏大，有外部水源或者气象条件展布的日平均气温弱化了日内冻融过程，使得总含水量模拟偏小。2012 年 2 月 22 日实测和模拟的底层土壤液态含水量均有所减少，但是上层液态含水量的模拟值有所增加，土壤总含水量进行重新分布，实测和模拟的水分分布呈"V"形，说明土壤已冻结近最大深度。

图 5-12（e）可以看出，水分分布呈现"O"形，说明土壤已开始进行上层和底部的双向融化。然而模拟的融化率低于实测值，即融化深度小于实测值。中部土壤层的热通量高于实测，所以中部土壤层的液态含水量高于实测值。图 5-12（f）可以看出，总含水量又同液态含水量相等，说明土壤融化过程结束，冻土已融通，实测和模拟的水分分布均呈现从上到下先减少后增加再减少的变化趋势，模拟值偏低可能是由于未考虑到外部环境的变化，或者土壤分层设定的水力学参数量不准确。虽然总含水量模拟值总体低于实测值，但基本反映了土壤含水量的分布和变化情况。表 5-10 为土壤含水量模拟评价统计变量值，多层土壤的液态含水量和总含水量的平均 RMSE 分别为 $0.035\text{cm}^3/\text{cm}^3$ 和 $0.034\text{cm}^3/\text{cm}^3$。

表 5-10　土壤含水量模拟值统计计算　　　　　　　（单位：cm^3/cm^3）

指标	深度/cm								
	0~10	10~20	20~40	40~60	60~80	80~100	100~120	120~140	140~160
液态含水量	0.030	0.048	0.031	0.029	0.028	0.024	0.016	0.041	0.069
总含水量	0.031	0.025	0.027	0.048	0.026	0.017	0.014	0.043	0.076

5. 土壤冻结深度模拟分析

图 5-13 为 2011~2012 年冻融期间土壤冻结深度的模拟情况。随着气温的降低，11 月中旬左右土壤开始冻结，到 3 月初达到最大冻结深度。此后随着气温的回升，大气传入土壤的热量大于维持底层冻结状态所需的能量，土壤开始从表层和底层发生双向融化，在 4 月 25 日左右融通。由图 5-13 可以看出，模拟的冻融变化规律与实测值基本一致，在冻结期模拟的土壤冻结深度与实测值基本相同，但是模拟的土壤冻结深度在融化期偏大。模拟的最大冻土深度比实测值深 8cm，模拟的土壤冻融周期比实测值少 10 天。实测深度监测时段冻结深度模拟的平均 RMSE 为 17.68cm。

寒区土壤冻结深度影响着垂向和横向水流，因此土壤冻结深度的模拟效果对寒区水循环的模拟十分重要。54266 气象站多年的冻结深度观测资料被用于进一步评价模型的冻结深度模拟效果。图 5-14 为 1971~1995 年冻结深度模拟结果与实测结果的对比。由图 5-14 可知，模拟的土壤冻结深度和观测数据的变化规律一致。模型率定期的 NSE 和 RMSE 分别为 0.95 和 11.3cm，验证期的 NSE 和 RMSE 分别为 0.92 和 13.2cm。

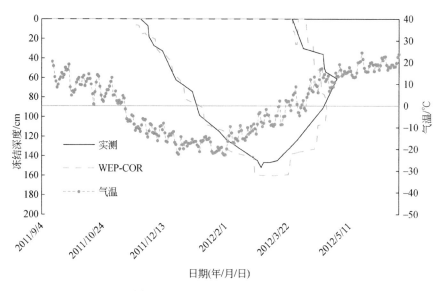

图 5-13 前郭站土壤冻融期冻结深度的模拟与实测对比

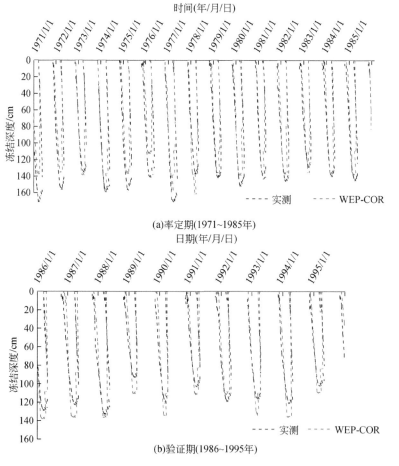

(a)率定期(1971~1985年)

(b)验证期(1986~1995年)

图 5-14 54266 站点日冻结深度模拟与实测对比

5.5 多层介质冻土水热耦合模拟

5.5.1 模型概化

青藏高原是典型的高原寒区，在其不断隆起的过程中，内部地壳运动活跃，一系列不同源的和不同演化历史的褶皱带与陆块相间排列，形成了广泛分布的破碎岩层和砂砾石层。加之该地区的草本植被在强烈的冻融作用条件下，腐殖质积累非常缓慢，腐殖化程度低，矿物分解与淋溶作用弱，土壤发育缓慢，土层较薄。在研究该地区的土壤冻融与水循环过程时，较薄土壤下的砂砾石层对水热迁移的影响不容忽视。此外，雪被对热量传导的阻隔作用，也会影响土壤及砂砾石层间的水热迁移。所以在水热耦合研究过程中，土壤分层水热耦合模拟模型中单一介质结构不能满足模拟精度，要把土壤和砂砾石层以及雪被作为一个复杂的、相互作用的联合体来统一考虑。

根据青藏高原的下垫面特征，在土壤分层水热耦合模拟模型基础上，将原结构扩展为三层介质结构（图 5-15）。其中最上层为积雪层，中间为土壤层，最下层为砂砾石层，土壤层和砂砾石层的厚度由山脚至山顶随海拔升高不断减少。

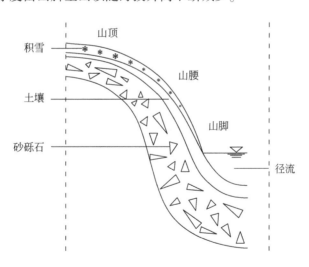

图 5-15 高原寒区水热模拟垂直结构

模拟计算时，根据青藏高原的气候特点，对每一个等高带单元区分冻融期和非冻融期。在冻融期，考虑"积雪–土壤–砂砾石"水热耦合结构（图 5-16）。其中，第 0 层为积雪，厚度由雪水当量及雪密度决定；$1 \sim i$ 层为土壤层，其厚度由模型根据等高带厚度决定；$i+1 \sim m$ 层为砂砾石层。

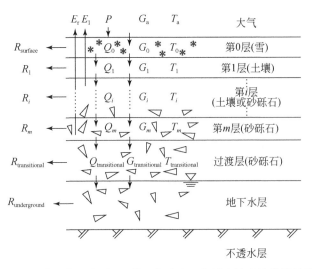

图 5-16 冻融期"积雪–土壤–砂砾石"多层连续系统模拟结构

P 为降水；E_r 和 E_1 分别为植被蒸腾和土壤蒸发；$R_{surface}$、R_i（$i=1，2，\cdots\cdots，m$）、$R_{transitional}$、$R_{underground}$ 分别为地表产流、第 i 层土壤的壤中流、过渡层内的壤中流、地下水出流；Q_0 为地表下渗量，Q_i（$i=1，2，\cdots\cdots，m$）和 $Q_{transitional}$ 分别为第 i 层土壤的重力排水和过渡带的重力排水；G_a、G_0 分别为大气与积雪的热交换量、积雪与第 1 层土壤的热交换量；G_i（$i=1，2，\cdots\cdots，m$）、$G_{transitional}$ 分别为第 i 层土壤与下一层间的热交换量、过渡带与下一层间的热交换量；T_a、T_0、T_i（$i=1，2，\cdots\cdots，m$）和 $T_{transitional}$ 分别为气温、雪温、第 i 层土壤温度和过渡层温度

在非冻融期，所有的水都处于液态，热传导对水分迁移过程的影响较小。因此，为了提高模拟效率，在此期间只进行了水分运移模拟，着重考虑下层砂砾石层对土壤水分入渗的影响，不考虑积雪层，也不考虑土壤、砂砾石各层间的热量交换（图 5-17）。

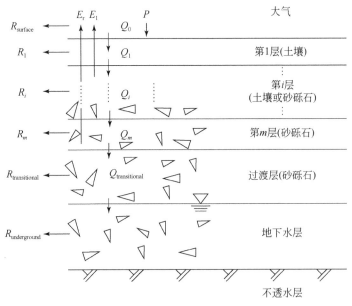

图 5-17 非冻融期"土壤–砂砾石"二元模拟结构

符号符义同图 5-16

5.5.2　模拟方法

1. 活动性区域水分运移过程模拟

假设冻融过程中只有液态水发生运移，由于土壤–砾石结构特性，流动更主要地表现出局部流动特性，即在整个流场内，仅部分区域（发生在土壤活动性区域）发生流动，这种情况下，土壤水流方程可以写成

$$C(S_a) \frac{\partial h}{\partial t} = \frac{\partial}{\partial z} \left[K(S_a) \left(\frac{\partial h}{\partial z} - 1 \right) \right] \qquad (5\text{-}90)$$

式中，C 为比水容量；h 为土壤深度；K 为土壤导水率；S_a 为活动性流场液态水饱和度（液态含水量与饱和含水量之比）；t 和 z 分别为时间、空间坐标（垂直向下为正），活动性流场饱和度 S_a 与整个流场平均饱和度 S_e 关系可用区域比 f_a 表示。

常规土壤条件下，活动性流场区域比 f_a 随平均含水量的增加而表现出非线性增大的趋势。土壤冻结和融化过程中，活动区域仍然表示为液态含水量的函数：

$$f_a = S_e^\gamma \qquad (5\text{-}91)$$

式中，γ 为反映活动性区在流场中所占的比例，根据下垫面实测资料确定。活动性流场内的基质势 h 和非饱和水力传导曲线 K 的函数分别为

$$S_a = S_e / f_a \qquad (5\text{-}92)$$

$$h = f_p(S_e / f_a) \qquad (5\text{-}93)$$

$$K = f_K(S_e / f_a) \qquad (5\text{-}94)$$

式（5-90）将体积平均法（模拟区域内的平均变化）与"过滤"方法（模拟时将碎石非活动性流场区域过滤）项结合［式（5-92）］，来描述土壤–碎石介质局部流动特性。冻融条件下，活动性流场区域内水流运动方程可表示为

$$C(S_a) \frac{\partial H}{\partial t} = \frac{\partial}{\partial z} \left[K_f(S_a) \left(\frac{\partial H}{\partial z} - 1 \right) \right] + K_T \frac{\partial h_T}{\partial z} - \frac{\rho_i}{\rho_l} \frac{\partial \theta_i}{\partial t} \qquad (5\text{-}95)$$

式中，θ_i 为含冰量；ρ_l 和 ρ_i 分别为液态水和冰的密度；K_T 为受温度势影响的水力传导度，用于描述由温度梯度造成的水分通量；K_f 为受水势影响的水力传导度；H 为土壤基质势 h 和温度势 h_T 之和，平衡状态下，土壤温度势表示为温度的函数（Watanabe and Flury，2008）：

$$h_T = \frac{L_f}{g} \ln \frac{T_m - T}{T_m} \qquad (5\text{-}96)$$

式中，L_f 为土壤孔隙中水由液态转变为固态所释放出的潜热（0.34×10^5 J/kg）；T_m 为纯水的冻结温度（273.15K）；g 为重力加速度（9.8m/s^2）。

温度对水力传导度的影响可表示为（Watanabe et al.，2008）：

$$K_f(S_a) = 10^{-\Omega\theta_i/\phi} K(S_a) \tag{5-97}$$

式中，ϕ 为土壤孔隙率；Ω 为反映土壤中冰体存在导致流动长度增加对非饱和水流通量响应的阻抗系数。

温度水力传导度（K_T）可表示为

$$K_T = K_f\left(h_T G \frac{1}{\eta_0} \frac{\mathrm{d}\eta}{\mathrm{d}T}\right) \tag{5-98}$$

式中，G 为修正因子；η 和η_0 分别为温度 T 和参考温度（25℃）下的表面张力（71.89g/s^2），η 表示为温度的函数：

$$\eta = 75.6 - 0.1425T - 2.38 \times 10^{-4} T^2 \tag{5-99}$$

2. 活动性和非活动性区域热量传输过程模拟

在冻融期间，除了考虑砂砾石对水热运移的影响外，还考虑了雪对短波太阳辐射的较高反射率及其对隔热的贡献。模型假设系统的上边界为大气，大气控制系统能量的输入和输出。当地表有雪时，大气首先与雪层交换能量，然后雪层与土壤交换能量，积雪厚度由雪水当量及雪密度根据式（5-100）确定：

$$d_{\text{snow}} = S/\rho_s \tag{5-100}$$

式中，d_{snow} 为积雪厚度（m）；S 为雪水当量（m）；ρ_s 为雪密度（kg/m^3）。

另外，在青藏高原地区，海拔较高的山顶处温度更低，且降水较多，因此积雪的累积量也更大，此地区海拔高差以及坡度等因素对积雪的再分布影响大于风吹雪的影响。因此在对积雪的累积过程进行模拟时还需考虑积雪在等高带间超阈值滑动，雪量平衡方程可由式（5-101）表示：

$$S = S_p - S_d - S_m \tag{5-101}$$

式中，S 为雪水当量（m）；S_p 为降水产生的雪水当量（m/d），当 $T_a < 2$℃时，S_p 等于日降水量，否则 $S_p = 0$；S_d 为积雪在相邻计算单元间滑动引起的雪水当量变化（m/d），当相邻计算单元间的雪层厚度差值超过阈值后（阈值根据经验取 1.5m），积雪由上一计算单元滑至下一计算单元，至两单元间雪层厚相同；S_m 为积雪的日消融量（m/d）。

考虑到青藏高原地区属于典型的缺资料地区，采用需要参数和数据较少且应用广泛的温度指数法［式（5-102）］对融雪过程进行计算。

$$S_m = d_f(T_a - T_S) \tag{5-102}$$

式中，d_f 为度日因子（m/［℃·d］），即单位正积温产生的消融水当量；T_a 为大气温度（℃）；T_S 为积雪融化的临界温度（℃），该值一般介于 $-3 \sim 0$℃，根据经验取值为 -1℃，假设当 $T_a > T_S$ 时积雪开始消融。积雪的度日因子受高程与下垫面影响，其值一般在（1～7）$\times 10^{-3}$m/（℃·d），在模型中通常通过参数进行调整。每个计算单元的积雪度日因子根据不同下垫面积雪度日因子（表5-11）及其面积占比加权平均求得。

表 5-11　不同下垫面 d_f 取值　　　　　　　〔单位：mm/（℃·d）〕

下垫面	林地	草地	耕地	裸地	不透水域	其他
d_f	1	2	2	3	5	4

无雪时，大气与土壤直接交换能量，上边界能量可由气象要素计算。底部的下边界为过渡层或地下水层，假设其保持恒定温度。地表能量平衡方程可以用式（5-103）表示：

$$\mathrm{RN=LE}+H+G \tag{5-103}$$

式中，RN 为地表净辐射通量 〔$10^6\,\mathrm{J/（m^2 \cdot d）}$〕；LE 为潜热通量 〔$10^6\,\mathrm{J/（m^2 \cdot d）}$〕，由雪层的融化和蒸发，以及土壤层水分的冻结、解冻和蒸散计算得出；H 为显热通量 〔$10^6\,\mathrm{J/}$（$\mathrm{m^2 \cdot d}$）〕；G 为传导进入到积雪和土壤–砂砾石层中的热通量 〔$10^6\,\mathrm{J/（m^2 \cdot d）}$〕，由土壤或积雪温度与近地表附近大气温度间温差通过强迫恢复法（Pitman et al.，1991；Douville et al.，1995）求得。

$$G=\frac{c_\mathrm{s}d_\mathrm{s}(T_2-T_1)}{\Delta t} \tag{5-104}$$

$$d_\mathrm{s}=\sqrt{2\,\frac{k_\mathrm{h}}{c_\mathrm{h}}\omega} \tag{5-105}$$

$$\omega=\frac{2\pi}{86\,400} \tag{5-106}$$

式中，k_h 为土壤或积雪的热传导系数 〔$\mathrm{W/（m \cdot K）}$〕；c_h 为土壤或积雪的热容量系数 〔MJ/（$\mathrm{m^3 \cdot K}$）〕；T_1 为地表温度（K）；T_2 为模拟当日平均气温（K）。

对于土壤和砾石层，平均温度由层中温度代表。大气与地表间温差是热量传导的来源。根据能量平衡原理，每层土壤的能量变化都用于系统内的介质温变和水分相变。在非活动流场区，能量影响介质的温度变化。而在活动性流场，则同时影响流动水体的相变和介质的温度变化。假设各介质内各向均质同性，并忽略水汽迁移。

活动流场区的土壤热动力学方程可表示为

$$C_\mathrm{v}\frac{\partial T_\mathrm{act}}{\partial t}-L_\mathrm{f}\rho_\mathrm{i}\frac{\partial \theta_\mathrm{i}}{\partial t}=\frac{\partial}{\partial z}\left(\lambda\,\frac{\partial T_\mathrm{act}}{\partial z}\right)+C_\mathrm{w}\frac{\partial q_1 T_\mathrm{act}}{\partial z}-S_\mathrm{T} \tag{5-107}$$

非活动性流场，土壤热动力学方程可表示为

$$C_\mathrm{v}\frac{\partial T_\mathrm{inact}}{\partial t}-L_\mathrm{f}\rho_\mathrm{i}\frac{\partial \theta_\mathrm{i}}{\partial t}=\frac{\partial}{\partial z}\left(\lambda\,\frac{\partial T_\mathrm{inact}}{\partial z}\right)+S_\mathrm{T} \tag{5-108}$$

式中，T_act 和 T_inact 分别为活动、非活动区介质温度；q_1 为液态水通量；C_v 为土壤砂砾石层体积热容量；λ 为土壤砂砾石层热传导率；C_w 为液态水热容量；S_T 为活动性流场区和非活动性流场区的热通量。等号左侧为活动性流场区内由于温度变化，以及水分相态变化发生的热量变化量，右侧分别为活动性流场区由温度梯度造成的热传导通量、活动性流场和非活动性流场之间由于温度差异形成的热量交换量，活动性流场区和非活动性流场区没有水流交换，所传输的热通量主要是温度差下的热量传递。

活动性流场区和非活动性流场区的热通量为

$$S_T = \lambda \frac{T_{act} - T_{inact}}{\delta} \tag{5-109}$$

式中，δ 为平均传输距离。

3. 积雪、土壤、砂砾石层水热参数

对于为改进模型而添加的雪层，主要的水热参数包括导热系数、体积热容和雪密度。各参数的计算公式如下。

积雪密度（Hedstrom and Pomeroy，1998）：

$$\rho_s = \begin{cases} 67.9 + 51.3 e^{T_a/2.6}, & T_a \leq 0 \\ 119.2 + 20 T_a, & T_a > 0 \end{cases} \tag{5-110}$$

积雪的导热系数、体积热容量（Goodrich，1982；Ling and Zhang，2006）：

$$\lambda_s = \begin{cases} 0.138 - \dfrac{1.01 \rho_s}{1000} + 3.233 \left(\dfrac{\rho_s}{1000}\right)^2, & 156 < \rho_s \leq 600 \\ 0.023 + \dfrac{0.234 \rho_s}{1000}, & \rho_s \leq 156 \end{cases} \tag{5-111}$$

$$C_{Vs} = 2.09 \rho_s \times 10^3 \tag{5-112}$$

式中，ρ_s 代表雪密度（kg/m³）；T_a 代表气温（℃）；λ_s 代表积雪的导热系数 [W/(m·℃)]；C_{Vs} 代表积雪的体积热容量 [J/(m³·℃)]。

与单一的土壤介质不同，砾石的存在对砂砾石层的水热运移参数有很大影响。土壤-砂砾石层热力学参数主要包括体积热容、热导率，各参数的计算公式如下。

体积热容（Chen et al.，2008a，2008b）：

$$C_V = (1 - \theta_s) \times C_s + \theta_l \times C_l + \theta_i \times C_I \tag{5-113}$$

式中，θ_s、θ_l 和 θ_i 含义同前；C_s、C_l 和 C_I 分别表征土壤或砂砾石层、水和冰的体积热容 [J/(m³·℃)]；在0℃时，土壤的体积热容为 1.93×10^3 J/(m³·℃)，砂砾石层的体积热容为 3.1×10^3 J/(m³·℃)；水的体积热容为 4.213×10^3 J/(m³·℃)；冰的体积热容为 1.94×10^3 J/(m³·℃)。

导热系数计算参考 IBIS 模型，如式（5-114）和式（5-115）所示（Foley et al.，1996）：

$$\lambda = \lambda_{st} \times (56^{\theta_l} + 224^{\theta_i}) \tag{5-114}$$

$$\lambda_{st} = \omega_{gravel} \times 1.5 + \omega_{sand} \times 0.3 + \omega_{sily} \times 0.265 + \omega_{clay} \times 0.25 \tag{5-115}$$

式中，λ 和 λ_{st} 分别为土壤或砂砾石层的实际导热系数和干燥状态下的导热系数 [W/(m·℃)]；ω_{gravel}、ω_{sand}、ω_{sily} 和 ω_{clay} 分别为砾石、砂土、粉土和黏土的体积占比（%）。

5.5.3 模拟验证

在雅鲁藏布江第四大支流尼洋河流域选取一试验点，2016～2017 年对土壤水热过程进行监测，作为模型验证数据。实验点位于尼洋河流域下游色季拉山，经度 94°21′45″E，纬度 29°27′12″N，海拔 4607m。现场实验开展前，采用核磁共振方法对高原土壤季节性冻融条件下的水、热运移监测仪器设备进行了率定。于实验处开挖一长、宽、深分别为 1.0m、1.0m 和 2.0m 的工作区。将自动测定传感器在地面以下垂直方向上每隔 0.1m 深进行安装。对下垫面土壤冻结和融化过程中的水热迁移过程进行自动监测。其中液态含水量由 TDR 传感器测定，土壤温度由 PT100 传感器测定，基质势由 TensionMark 传感器测定。仪器安装完成后对现场进行原状土回填。同时，考虑到传感器长期在野外进行连续过程监测，在试验区砌了一个仪器室，保障仪器安全，传感器全部接入仪器室后，进行全自动数据采集。同时于开始降雪后每间隔 1～2 周，根据实际降雪情况，对积雪厚度通过卷尺进行实地测量。

实验点土壤冻结融化期间的气温、模拟积雪厚度、实测积雪厚度变化过程如图 5-18 所示。

图 5-18 实验点冻融期间温度及积雪厚度

实验期间实验点平均气温−3.39℃，日均最高气温 6.3℃，最低气温−11.7℃。2016 年 12 月 3 日开始，实验点开始积雪，至 2017 年 4 月 1 日积雪融化完全，其间雪厚最大至 12.4cm。模型模拟的积雪厚变化过程与实测值变化相一致，可用于后续"积雪−土壤−砂砾石"多层连续系统的水热耦合模拟。

1. 土壤–砂砾石温度模拟

为了分析模型改进前后的模拟精度提升效果，对比分析了土壤分层水热耦合模拟模型中土壤水热运移模拟方法（简称土壤模型）与"积雪–土壤–砂砾石"多层水热耦合模拟方法（简称砂砾石模型）对实验点温度模拟的结果，见图5-19。

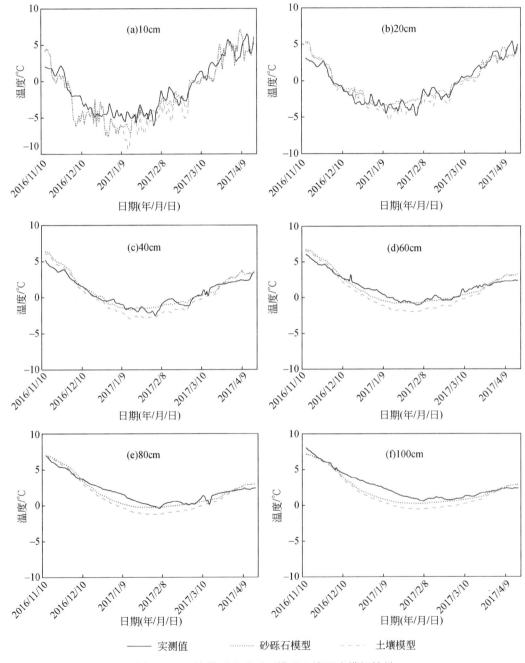

图 5-19　土壤模型和砂砾石模型土壤温度模拟结果

实验点土壤厚度在 40cm 左右，对 10cm 层，砂砾石模型与土壤模型模拟参数相同，因此除积雪覆盖期（雪厚大于 5cm 的时段，即 2016 年 12 月 27 日～2017 年 3 月 20 日）外，温度模拟结果一致。在积雪覆盖期，由于积雪的保温作用，减小了热传递，减缓了积雪覆盖期的表层土壤温度波动，砂砾石模型的模拟结果优于土壤，更接近实测。积雪期间，10cm 土层中砂砾石模型的 RE 为 11.1%，远低于土壤模型的 46.0%。20cm 土层两模型模拟结果相差不大。对比 40cm 和 60cm 的模拟结果可以看出，在冻融期初期由于土壤模型 60cm 层为土壤，相较于砂砾石模型的砂砾石层含水量高，加之水的热容较大，缩小了土壤与砂砾石层之间在热量传输上的差异（砾石的热容与导热系数均大于干土），此阶段两模型温度模拟差异较小。但随着温度降低，土壤中水分转化为热容更小的冰，砂砾石与土壤间热力学性质差异逐渐增大，温度模拟差异也逐渐增大，在此期间，两模型之间的模拟差异最大达到 1.41℃（40cm 层，2017 年 1 月 26 日）。此后随温度回升，土壤含水量增大，温度模拟差异再逐步减小。对于 60cm 以下的温度模拟，由于温度高于 40～60cm 层中的温度，砂砾石模型中砾石的热力学性质和土壤模型中土壤的热力学性质不会因水相变化而显著不同，非积雪覆盖期的温度模拟差异没有 40～60cm 土层的差异大。总的来说，积雪的覆盖减小了积雪覆盖期的土壤热传递及温度波动，提升了表层土壤温度的模拟准确性，另外由于忽略了砂砾石层特殊的水力及热力学参数，土壤模型对土壤温度的估计偏低，土壤模型的平均 RE 为 -3.60%，砂砾石模型为 0.08%。砂砾石模型模拟结果更接近实测，可以反映冻融期间各层的温度变化。

2. 土壤–砂砾石含水量模拟

砂砾石模型和土壤模型冻融期土壤–砂砾石液态含水量模拟结果如图 5-20 所示。

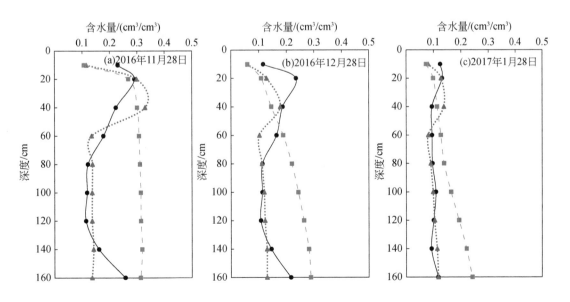

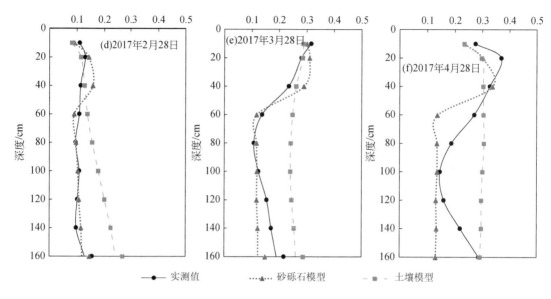

图 5-20　砂砾石模型和土壤模型液态含水量模拟结果

　　由图 5-20 可以发现，冻结期内（12 月至次年 3 月），上层土壤液态含水量随气温降低首先变小。下层砂砾石层的液态含水量减小滞后于表层，并在 1～2 月由于冻结降至最低。3 月后随气温回升，上层土壤最先开始融化，液态含水量逐渐增加，底部冻结土壤融化滞后于表层土壤。在融化期结束后，因积雪消融而产生的水量下渗，土壤–砂砾石层上部的含水量比下部大，同时也比冻结前大。在整个冻融期，10cm 土层受下部砂砾石层影响小，砂砾石模型与土壤模型含水量模拟结果相差不大。20～40cm 土层为土壤层，而下部为砂砾石层，土壤吸力大于砂砾石层，因此砂砾石模型相较于土壤模型水分更容易留在土壤中，含水量更高，在土壤开始冻结与积雪融化时更接近实测。60cm 以下由于土壤模型没有考虑到砂砾石层的影响，含水量是连续变化的，且在整个冻融期均高于实测值。另外，需要指出的是，由于土壤结构的不确定性较大，土壤–砾石层的不稳定持水能力并非像模型概化时界限分明，这也导致砂砾石模型模拟值与测量值之间存在一定差异。在 160cm 处可能存在土壤夹层，实测的液态含水量介于砂砾石模型和土壤模型的模拟值之间。就含水量模拟而言，土壤模型的平均 RE 为 33.74%，而砂砾石模型的平均 RE 为–12.11%，砂砾石模型能够反映砂砾石对水分垂直运移的影响。

| 第 6 章 | 寒区流域分布式水文模型研究

本章基于冻土水热耦合原理，在流域分布式二元水循环模型（WEP-L）基础上，结合东北地区特点，研究构建了寒区流域分布式水文模型（WEP-COR）。为了进一步提高模型在高海拔寒区的适用性，又结合青藏高原特点，构建了青藏高原分布式水文模型（WEP-QTP）。

6.1 研究进展

水文模型的模拟重点是描述以水分运动为核心的一系列水循环过程，寒区由于其独特的气候条件，水分要素的时空分布及运动规律不同于其他区域，其主要特点是在春冬甚至全年存在水分的固-液相变过程。水分的固-液相变不仅与大气温度、太阳辐射等能量条件密切相关，而且还涉及水分运动的水动力学问题，同时还受到下垫面条件等诸多因素的影响（李保琦等，2018），这些因素紧密地交织在一起，任何过程受到干扰都会在短时间内影响到其他水文过程。这就使得寒区水文模型的研究相较于其他地区更为复杂。其研究对象除最为关键的冻土水文外还包括积雪水文、冰川水文等一系列水文科学和冰冻圈科学的交叉问题（丁永建等，2020）。

寒区冻土水文研究初期，学者们开展了大量的室外室内实验，研究土壤冻融过程中的水热迁移机制，由于冻土水分和热量运动的复杂性，仅采用实验方法很难解决实际问题。随着计算机技术的发展，实验观测和数值模拟相结合的方法逐渐成为研究寒区冻土水文的主要手段。在过去的几十年，很多模拟冻土水分迁移和热量传导的模型被开发出来。国外学者对冻融期土壤水热耦合数值模拟的研究较早，可追溯到 20 世纪 60 年代（Kung and Steenhuis，1986）。Harlan（1973）建立了第一个冻土水热耦合运移模型，引发了不同冻土水热模型的发展。Taylor 和 Luthin（1978）建立了研究土壤内部水热分布规律的模型，但不涉及土壤外部的水流。Flerchinger 和 Saxton（1989）建立了研究大气-植被-土壤系统水热变化规律的模型，涉及外部降水和融雪过程。我国关于土壤水热运动的研究开始于 20 世纪 80 年代，学者们引用国外水热公式研究冻土水热迁移问题，模拟土壤冻融过程，此后通过室内或现场实验研究理论和规律，建立了冻土水热耦合方程（胡和平等，1992；尚松浩等，1997）。雷志栋等（1998）对内蒙古河套灌区地下水浅埋条件下整个土壤冻融过程进行了模拟，分析了越冬期土壤水热迁移规律。樊贵盛等（2000）基于季节性冻土地区冻融期间自然冻融土壤的大田入渗实验，分析了田间耕作土壤的冻融特点与冻融土壤的减渗特性，探讨了冻融土壤的减渗机理。

在冻土水热运动研究的基础上，学者们开始对冻融过程进行多元研究，即从水热力、水热盐、外部环境对冻融过程的影响、冻融过程对水文过程的影响等方面进行研究（Flerchinger et al.，1994；何平等，2000；Zheng et al.，2009）。美国农业部北方区域研究中心（NRRC）建立了一维冻土水热模型 SHAW 来模拟土壤冻融过程中的水热运动，且考虑大气、地表条件和底部条件（Nassar et al.，2000）。Kane 等（1991）用一个考虑相变的热传导模型来说明气候变暖对活动层温度和融化深度的影响。Jansson 和 Moon（2001）构建了 COUP 模型，模拟水热传输过程和土壤–植被–大气传输系统中碳氮等养分运动。胡锦华等（2021）基于寒区土壤水文物理过程和计算流体力学方法，构建了高分辨率、适用于完全饱和状态下的寒区土壤水热耦合模型。然而这些模型只能模拟一维的水流，仅考虑了垂向水分迁移而没有考虑横向的水流，所以这些模型不能计算寒区的产汇流过程（Takata，2002）。

考虑到以上问题，一些学者将冻土模块耦合到陆面模型中，如 VIC 模型（Liang et al.，1994；Cherkauer and Lettenmaier，2003）、CLM 模型（Wang et al.，2014）。Kuchment 等（2000）开发了多年冻土区基于物理过程的分布式产流模型，模型在考虑基本水文过程的基础上又考虑了冻土冻融对水循环的影响。Warrach 等（2001）将陆面过程的水文模型与大气模式耦合，应用一些经验方程对土壤的冻融过程进行模拟，模拟的土壤温度以及土壤含水量精度较高。我国学者自主研发的时变增益分布式水文模型 DTVGM（夏军等，2003）和流域分布式水文模型 WEP-Heihe（贾仰文等，2006a，2006b）都在黑河流域得到了较好的应用效果，但是这些模型对冻土的模拟多是经验式的，用温度修正导水系数或产流参数以表征冻土对水分迁移的影响，没有从机理角度揭示土壤的冻融过程。Chen 等（2008a，2008b）将 Coup 模型和水文模型 SWAT 耦合，构建了基于物理机制的内陆河高寒山区流域分布式水热耦合模型——DWHC 模型，该模型将土壤水热变化、入渗、蒸散发和产汇流过程融合成一个整体，解决了水文模型中缺少冻土水文过程的问题。但是 DWHC 模型一些水热参数的计算依靠于前期参数计算结果，这种参数之间的相关性增加了模型的不确定性。CRHM 模型是加拿大气候气象委员会推出的一个具有物理机制的半分布式水文模型。其主要用于模拟寒冷气候地区中小流域的水文循环过程（Pomeroy et al.，2007）。CRHM 模型能够模拟寒冷地区与多年冻土相关的各种重要过程，包括雪的过程（例如，植被对雪的拦截、升华、融雪和融雪渗透进入未冻土和冻土中）、实际蒸发和蒸散、辐射交换和土壤水分平衡等。尽管 CRHM 模型包括了很多关于水文循环过程的模块，但是该模型不能模拟不同深度土壤的温度和含水量，而且没有考虑土地利用类型。Wang 等（2010）将 SIB2 模型嵌入到分布式水文模型 GBHM 中，构建了基于能量和水量平衡的分布式水文模型 WEB-DHM，并在国内多个流域进行了应用（Sellers et al.，1996；Wang et al.，2010）。对于土壤冻结融化下的地表、地下水的交换过程，WaSiM（water balance simulation model）模型的模拟则更为精细。模型除了可以对积雪、融雪过程进行模拟外，还可以动态模拟土壤的冻结过程及水分的相变过程（Bui et al.，2019）。WaSiM 模型使用基于物理的传热模型来模拟计算土壤冻融过程中的热通量及土壤温度（Schulla，2012），但是模型的输入数据较多，流域内每个网格单元的参数都需要准确输入，限制了其在数据稀缺的寒冷地区的使用。GEOtop 模型结合了地表模型和洪水预测模型的优点，模型对能量过程的模拟更为精细，不仅对能量平衡过程进行了模拟（如蒸散和热传递），还考虑了能量平衡计算过程中地形对辐射的影响。其中积融雪过程通过积雪的多层离散化来模拟（Zanotti et al.，2004）。此外，模型还包含一个吹雪模块，用于计算风吹雪造成的积雪再分布。模型也可以对土壤水分、温度及冻结状态进行模拟，在众多模拟土壤水热迁移过程的模型中，GEOtop 模型对各层结构间的能量和水分传输过程描述最为详细且具有明确的物理机制。Li 等（2019）将多层冻土模块与流域二元水循环模型 WEP-L 紧密耦合，构建了寒区水文模型 WEP-COR，用于模拟寒区大尺度流域的土壤水热迁移和水循环过程。田富强等（2020）为开展河川径流的水源解析，构建过程描述和本构参数两方面均有较强物理性的分布式水文模型。周祖昊等（2021）、刘扬李等（2021）、王鹏翔（2021）、Wang 等（2023）根据青藏高原土壤层较薄且层下分布较厚砂砾石层的下垫面特点，在野外冻土水热耦合实验的基础上，构建了基于"积雪–土壤–砂砾石层"连续体水热耦合的青藏高原分布式水循环（The Water and Energy transfer Processes in the Qinghai-Tibet Plateau，WEP-QTP）模型。

6.2 流域分布式二元水文模型

本章所介绍的寒区流域分布式水文模型均是基于流域分布式水循环模型 WEP-L 开发构建，首先介绍 WEP-L 模型的原理（贾仰文等，2005）。

6.2.1 模型概述

贾仰文于 1998 年开发完成了流域水与能量传输模拟模型（water and energy transfer processes，WEP），这是一个基于栅格划分的分布式水文模型，能够有效模拟流域水和能量的迁移转化过程，先后在日本、韩国、中国等多个流域进行应用验证，模型效果良好。2002 年起，基于二元水循环理论，将 WEP 模型改造成子流域嵌套等高带的大尺度流域分布式二元水循环模型 WEP-L。该模型除了可以对降雨、地表和冠层截留、洼地储流、蒸散发、入渗、地表径流、壤中径流和地下水等天然水循环过程进行模拟外，还可以对取水、输水、蓄水、用水和排水等人工侧支水循环过程进行模拟，即对"自然–社会"二元水循环过程耦合模拟。二元水循环耦合关系示意见图 6-1。蓄水、取水、输水、用水和排水等人工侧支水循环过程，与降雨、地表与冠层截留、蒸发蒸腾、入渗、地表径流、壤中径流和地下径流等天然水循环要素过程密切关联、相互作用，形成"自然–人工"双驱动力作用下的流域水循环二元演化结构。因此，在建立流域水循环模型时必须耦合流域自然水循环和社会水循环过程，才能反映二元水循环所产生的功能效应。

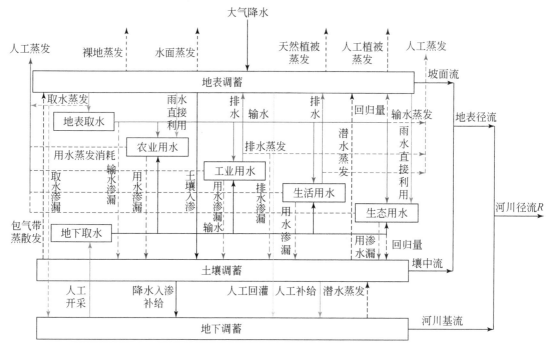

图 6-1　二元水循环耦合关系示意

资料来源：王浩等，2010

6.2.2　模型结构

WEP-L 模型的平面结构如图 6-2 所示。WEP-L 模型中以子流域嵌套等高带作为模拟计算的基本单元，这种计算单元划分方法可以避免较小网格单元划分导致的计算灾难，节省模型运行时间。此外，等高带主要体现高程对水循环的影响，基于海拔高程划分的等高带计算单元，可充分反映流域内水循环各相关要素的空间分布规律。其中，子流域由河网水系划分提取得到，各子流域内仅有一条河道流经。当子流域位于山区时，基于海拔高程将子流域划分为不同等高带。当子流域位于在平原区时，由于高差较小，不进行等高带划分，位于平原的子流域等效为一个等高带单元。

WEP-L 模型各计算单元的垂直方向结构如图 6-3 所示。从上到下包括截留层（植被或建筑物）、地表洼地储留层、土壤表层、土壤中层、土壤底层、过渡带层、浅层（无压）

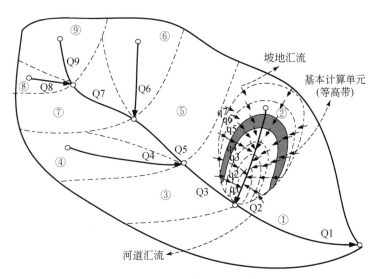

图 6-2　WEP-L 模型的平面结构

①~⑨为子流域编码；Q1~Q9 为流经子流域的河道流量

资料来源：贾仰文等，2005

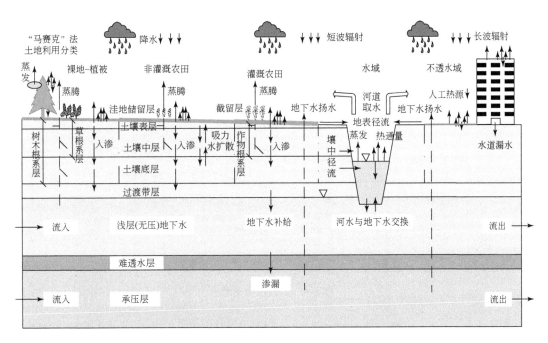

图 6-3　WEP-L 模型的铅直方向结构（基本计算单元内）

资料来源：贾仰文等，2005

地下水层和承压层等。状态变量包括植被截留量、洼地储留量、土壤含水量、地表温度、过渡带层储水量、地下水位及河道水位等。主要参数包括植被最大截留深、土壤渗透系数、土壤水分吸力特征曲线参数、地下水透水系数和产水系数、河床的透水系数和坡面、河道的糙率等。为考虑计算单元内土地利用的不均匀性，采用了"马赛克"法，即把计算单元内的土地归成数类，分别计算各类土地类型的地表面水热通量，取其面积平均值为计算单元的地表面水热通量。土地利用首先分为裸地-植被域、灌溉农田域、非灌溉农田域、水域和不透水域五大类。裸地-植被域又分为裸地、草地和林地三类，不透水域分为城市地面与都市建筑物两类。另外，为反映透水区域根系活动层的土壤含水量随深度的变化和便于描述土壤蒸发、草或作物根系吸水和树木根系吸水，将根系活动层分为四层。

6.2.3 模型原理

分别采用 Penman 公式与 Penman-Monteith 公式计算水体、土壤的蒸发和植被蒸腾过程。对土壤水分运动，在非暴雨期采用 Richards 方程逐日进行模拟，在暴雨期采用多层非稳定 Green-Ampt 入渗模型逐小时进行模拟。

模型将产流过程按照径流来源划分为地表径流、壤中流及地下径流三种类型进行模拟（图6-4）。地表径流为降水经地表直接进入河道的部分；壤中流为地下水位以上，包气带内自由水横向移动产生的径流；地下径流为地下水补给河道产生的径流。

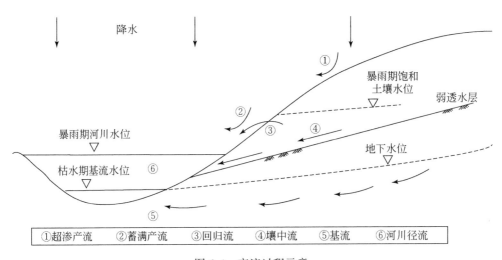

图 6-4　产流过程示意

地表径流：WEP-L 模型中按照降雨强度将地表产流划分为暴雨期产流和非暴雨期产流两种情况。

暴雨期忽略土壤水分的水平运动，假设水分以垂直下渗运动为主，使用超渗产流公式计算地表产流：

$$H_2 - H_1 = P - E - F - R_{surf} \tag{6-1}$$

$$R_{suff} = \begin{cases} 0 & , H_2 \leqslant H_{max} \\ H_2 - H_{max} & , H_2 > H_{max} \end{cases} \tag{6-2}$$

式中，R_{surf}为暴雨期地表径流深（m）；H_1、H_2、H_{max}分别为时段初与时段末的洼地储留深（m）、最大洼地储留深（m）；F为累积入渗量（m）；P为降水（m）；E为蒸散发（m）。

非暴雨期，考虑各层土壤水分的垂向与水平向运动，根据水量平衡原理使用蓄满产流公式计算：

$$H_2-H_1=P\cdot(1-Veg_1-Veg_2)+Veg_1\cdot Rr_1+Veg_2\cdot Rr_2-E_0-Q_0-R_{surf} \qquad (6-3)$$

$$R_{surf}=\begin{cases} 0 & ,H_2\leqslant H_{max} \\ H_2-H_{max} & ,H_2>H_{max} \end{cases} \qquad (6-4)$$

式中，R_{surf}为非暴雨期地表径流深（m）；Veg_1、Veg_2分别为高植被（林地）和低植被（草地、作物）的植被覆盖度；Rr_1、Rr_2分别为高植被和低植被流经叶面至地表面的水量（m）；Q_0为地表入渗量（m）；E_0为洼地储留蒸发量（m）。

壤中流：指土壤中超出田间持水量的水分在重力作用下，沿水平方向运动流入河道产生的径流。一般情况下，重力作用下的水分垂向运动速率大于水平向。因此，壤中流一般以地下水位为产流界面，多发生在靠近河道的区域。因此模型中仅对存在河道的等高带单元进行壤中流模拟计算，计算方法如下：

$$R_{sub}=2\cdot k(\theta)\cdot\sin(slope)\cdot d\cdot L/A \qquad (6-5)$$

式中，R_{sub}为壤中流径流深（m）；$k(\theta)$为含水量θ下的土壤导水率（m/d）；slope为坡度；L为单元内河道长（m）；d为不饱和土层厚（m）；A为计算单元面积（m^2）。

地下水河道交换量：根据河道与地下水位间高低关系，地下水河道交换量分两种情况进行计算，地下水位高于河道时，地下水对河道进行补给；低于河道时，河道补给地下水，计算公式为

$$RG=\begin{cases} k_bA_b(h_u-H_r)/d_b & ,h_u\geqslant H_r \\ -k_bA_b & ,h_u<H_r \end{cases} \qquad (6-6)$$

式中，k_b为河床土壤导水系数（m/d）；A_b为计算单元的河床浸润面积（m^2）；d_b为河床的土壤厚度（m）；h_u为地下水位高程（m）；H_r为河道水位高程（m）。

汇流过程主要包括坡面汇流和河道汇流。其中坡面汇流按等高带从最高等高带向下逐计算单元进行模拟。坡面汇流将等高带概化为一个矩形，以等高带的宽为汇流路径，最终汇入河道。在河道内进行河道汇流模拟。WEP-L模型采用一维运动波方程进行坡面、河道汇流模拟，计算方法如下：

$$\frac{\partial A}{\partial t}+\frac{\partial Q}{\partial x}=q_L \qquad (6-7)$$

$$S_f=S_0 \qquad (6-8)$$

$$Q=\frac{A}{n}R^{2/3}S_0^{1/2} \qquad (6-9)$$

式中，A为河道断面面积（m^2）；Q为河道流量（m^3/s）；q_L为单宽流量（$m^3/s/m$）；S_f指

摩擦坡降（$S_f = \tan(\alpha)$，α 为坡面坡度）；S_0 为平均坡降（比例系数）；R 为断面水力半径（m）；n 为Manning糙率系数。

6.3 寒区流域分布式水文模型

寒区流域分布式水文模型（water and energy transfer processes in cold regions，WEP-COR）是在WEP-L模型基础上，改进构建的适用于寒区的分布式水文模型（Li et al.，2019）。

6.3.1 模型原理

1. 模型改进与模型结构

WEP-L模型原理已在6.2节介绍。针对寒区特点，WEP-COR模型在WEP-L模型基础上的改进主要有以下4个方面：一是模型结构的改进，将土壤层垂向结构改为11层（可调整）；二是冻土模块的紧密耦合，在含土壤系统的下垫面模块中加入土壤冻融过程的计算，包括土壤温度、液态水、固态水（冰）的计算；三是模型数值求解方式改进，原模型进行求解时，仅进行土壤含水量的迭代求解，改进后模型加入了热量计算，并采用嵌套式的双层迭代结构求解；四是地下水模块改进，在地下水位变化计算时考虑固态水的影响，考虑含冰量对土壤水分亏缺率的计算影响。

WEP-COR的模型结构整体上与WEP-L模型相同，在水平方向和垂向上对模型都进行了结构划分。水平结构将计算单元划分为子流域套等高带，下垫面分为五类（水域、不透水域、裸地植被域、灌溉农田域、非灌溉农田域），其中水域和不透水域的垂向结构分为两层，即冠层截留层和洼地储流层，裸地植被域、灌溉农田域、非灌溉农田域的垂向结构从上到下分为5层，即冠层截留层、洼地储流层、土壤层、过渡层和地下水层。只是WEP-COR模型在裸地植被域、灌溉农田域、非灌溉农田域这三类下垫面的土壤层中加入了冻土水热计算过程，垂向上将土壤层进一步细化，改进后的WEP-COR模型垂向结构见图6-5。

2. 冻土水热耦合模拟

不同土壤层之间的热通量能够改变土壤水分相态和土壤温度，而不同土壤层的含水量和温度的差异也决定着层间热通量。因此在进行模型模拟计算时，首先需要根据能量平衡原理计算不同深度的土壤温度和土壤含冰量。尽管WEP-L模型能够计算土壤表层温度和地中热通量，但是由于土壤表层、土壤中层和土壤底层厚度较大，模型模拟结果不能精确反映土壤层间的热量传导。在保留WEP-L模型关于地表面与大气间的能量交换计算的基

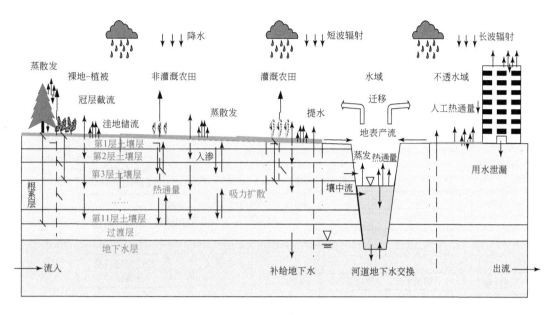

图 6-5　WEP-COR 模型的垂向结构

础上，WEP-COR 模型添加了 11 层冻土的水热流和相关水热参数计算式，可以实现活动土壤层内温度和含水量分布情况的模拟。冻土模块添加了土壤层间的热量传递计算，也添加了水分相变计算以及土壤温湿度计算，这已在前面章节的冻土水热模型中介绍。此外在地下水计算部分，考虑了固态水对地下水量计算和地下水位抬升的影响。图 6-6 为 WEP-COR 模型计算模块示意，列明了冻土模块与流域水文过程进行耦合的模块以及模型运算过程。模型计算的时间步长为日，在模型中进行"逐年—逐月—逐日—逐子流域—逐等高带"循环计算。先进行不同下垫面地表、土壤水分运动计算，然后进行地下水位变化和基流模拟，再进行坡面和河道汇流计算，全部循环结束后统计输出结果。

在 WEP-COR 模型中，对土壤水分的垂向和横向通量，以及土壤热通量均进行了计算。WEP-COR 模型采用有限差分格式迭代计算土壤温度和土壤水通量，且采用嵌套式的双层迭代计算，首先进行的是冻土水热方程的迭代计算，已在冻土水热模拟章节中进行了介绍，后续是液态水分迁移过程的迭代计算。模型之所以选择嵌套式的双层迭代结构，是为了保证模型计算的稳定性以及节省计算时间。若仅在最后进行一次迭代计算，那么无论是热量分配引起的不收敛还是液态水分迁移引起的不收敛都将引起模型进行下一次计算，这就可能增加模型的运算时间，因此选择土壤水分相变状态稳定后，再进行水分迁移的迭代计算。

模拟开始时，先设置初始的土壤温度、土壤含冰量、土壤液态含水量，利用初始值计算不同深度土壤的水势、导水系数、热传导系数、热容量，然后根据这个参数进行热通量的计算，再用热通量修正土壤温湿度；当土壤温度和相变计算收敛后，记录此时的土壤液

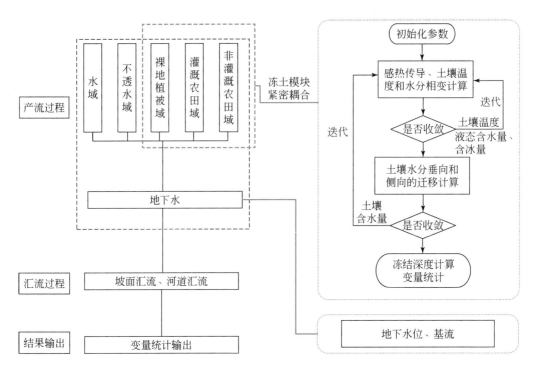

图 6-6　WEP-COR 模型计算模块示意

态含水量并用于后续的水分迁移计算。在此之后，先进行蒸发计算，然后是入渗、重力排水、壤中流以及水势不同引起的不同土壤层间的水分迁移量；当水分迭代计算收敛后，修正不同深度的土壤液态含水量，并统计存储当日的土壤温度、土壤含冰量、重力排水、壤中流以及水势引起的水分迁移量，并将当日的土壤温湿度作为后一日的初始值进行后续计算。模型在每日模拟计算时，从第一个子流域一直计算到最后一个子流域，统计存储相关变量后进行后一日所有子流域的产汇流计算。模型模拟结束后可根据需要进行变量的统计输出，土壤冻结深度根据含冰量计算。

6.3.2　研究区与数据

1. 研究区概况

东北地区是我国主要的寒区之一，该区域广泛分布着季节性冻土和雪被，最北部的部分区域还存在永久冻土。随着冬季气温的降低，东北地区会出现土壤冻结和积雪现象，改变区域产流过程。当春季温度升高时，又伴随着冻土和积雪融化，形成融雪径流和壤中流，补给河川径流量，所以东北地区流域的产汇流机制具有寒区的产汇流特征。松花江是我国七大河流之一，是东北地区主要的河流，考虑到研究区的代表性，选取松花江流域为研究区。

1）地理位置

图 6-7 为松花江流域的地理位置。松花江流域面积约 55.7 万 km² （119°52′E ～ 132°31′E，41°42′N ～ 51°38′N），涵盖黑龙江、吉林、辽宁、内蒙古四个省（自治区）。松花江有南北两源，北源为嫩江，是松花江最大的支流，发源于大兴安岭支脉伊勒呼里山中段南侧；南源为西流松花江，发源于长白山天池。这两条主要支流在三岔河汇流后称为松花江干流（松干区）。

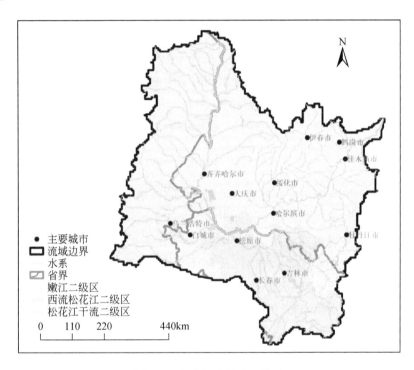

图 6-7 松花江流域地理位置

2）地形地貌

松花江流域南北两侧为山地，海拔高，中部地区为平原，海拔低。松花江流域北部以大小兴安岭为界，南部以张广才岭、老爷岭、完达山脉和长白山等为界，松嫩平原、三江平原位于区内的中南部、东部。嫩江流域的地势基本呈现由西北向东南降低的趋势，在齐齐哈尔以下逐渐进入松嫩平原，区域内分布着不同面积的湖泊和沼泽。西流松花江流域的地势基本呈现由东南向西北降低的趋势，上游区域处于长白山山脉，到丰满水库以下逐渐进入松嫩平原。从嫩江和西流松花江的汇合口到松花江干流哈尔滨以上为松嫩平原地带，河床滩地宽阔。哈尔滨以下河流穿过不同山麓，地形多为高平原和丘陵，待进入到佳木斯附近后，地势降低，河道变宽，也有洼地和湿地分布。

3）气候水文

松花江流域属于大陆性季风气候，夏热冬冷，四季分明。根据 1956～2010 年资料统计，松花江流域的多年平均降水约为 530.54mm，多年平均气温约为 2.71℃。由于纬度跨度较大，流域内气候、水文条件差异明显。降水空间分布不均，总体上来说是东南部大、西北部小，山区大、平原小。气温空间分布也不均，大体上呈现由北向南递增的规律，在流域东南部受到地形的影响，温度有所下降。流域内广泛分布着季节性冻土，但是最大冻土深度和冻融时间存在差异，通常流域冻土的冻融期为 11 月至次年 5 月，但是嫩江流域冻土冻融期在部分年份可持续在 10 月至次年 6 月，冻融时间长于南部区域。

根据水资源公报 1960～2010 年资料统计，松花江流域多年平均总水资源量为 921.21 亿 m³，地表水资源量为 776.61 亿 m³，地下水资源量为 288.15 亿 m³。松花江流域的径流以降水补给为主，辅助积雪融水和冻土融化期的壤中流，径流量的年内分配具有明显的季节性，年内会有春汛和夏汛出现。每年的 3～4 月，积雪融化、冻土快速消融，地表和壤中流补给河川径流，形成春汛。6～9 月，受大量降水的影响，形成夏汛，径流量占年径流量的 60%～80%。

4）土壤植被

松花江流域的土壤类型主要有黑土、黑钙土、暗棕壤、草甸土、沼泽土等。图 6-8 为松花江流域土壤类型分布。草甸土主要分布在松花江干流；沼泽土主要分布在平原区的低洼地带；黑土和黑钙土腐殖质含量丰富，主要分布在大兴安岭的中南段附近、流域平原区；暗棕壤主要分布在流域南部长白山以及北部的大小兴安岭等地，因为表层土壤有机质丰富，腐殖质积累较多，是较为肥沃的森林土壤。

松花江流域的植被受地形和气候影响呈明显的地带性分布。图 6-9 为松花江流域土地利用。丘陵地带以森林植被为主，北部嫩江的源头大兴安岭是国家重要的林业产区，南部西流松花江源头长白山地区主要为针叶林带的原始森林，也是国家重点的林区。嫩江和西流松花江的中下游地区多为草地和农田，分布着大片的草地和农作物，是我国主要的商品粮生产基地。松嫩平原的草本植被包含草甸植被和草原植被。

5）社会经济特征

据统计，2010 年松花江流域总人口达 6252 万人，流域内有松嫩平原和三江平原两个人口密集带，GDP 约 1.8 万亿元，城镇化率达为 49.8%。松花江流域拥有我国面积最大的森林区，木材总量高达 10 亿 m³。此外，松花江流域还是我国重要的商品粮生产基地，形成了以松嫩平原、三江平原为中心的国家级粮食生产基地。松花江流域工业基础雄厚，地位突出。随着交通基础设施的发展，形成了以哈尔滨、长春和大庆为核心的松嫩平原经济圈。

2. 数据收集与处理

根据用途和类别将所需的数据分为三类：第一类是用于识别土壤冻融过程和特征的实

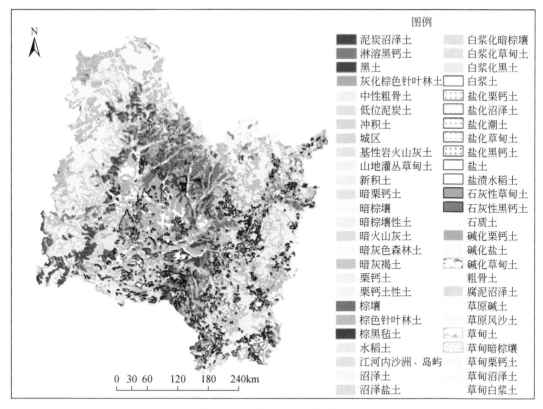

图例

■ 泥炭沼泽土		▨ 白浆化暗棕壤	
■ 淋溶黑钙土		□ 白浆化草甸土	
■ 黑土		▨ 白浆化黑土	
■ 灰化棕色针叶林土		□ 白浆土	
□ 中性粗骨土		▦ 盐化栗钙土	
□ 低位泥炭土		▦ 盐化沼泽土	
□ 冲积土		▦ 盐化潮土	
■ 城区		▦ 盐化草甸土	
■ 基性岩火山灰土		▦ 盐化黑钙土	
■ 山地灌丛草甸土		□ 盐土	
■ 新积土		□ 盐渍水稻土	
■ 暗栗钙土		▨ 石灰性草甸土	
■ 暗棕壤		■ 石灰性黑钙土	
■ 暗棕壤性土		□ 石质土	
■ 暗火山灰土		▨ 碱化栗钙土	
■ 暗灰色森林土		□ 碱化盐土	
■ 暗灰褐土		▨ 碱化草甸土	
■ 栗钙土		■ 粗骨土	
■ 栗钙土性土		▨ 腐泥沼泽土	
■ 棕壤		□ 草原碱土	
■ 棕色针叶林土		□ 草原风沙土	
■ 棕黑毡土		▨ 草甸土	
■ 水稻土		▨ 草甸暗棕壤	
■ 江河内沙洲、岛屿		□ 草甸栗钙土	
■ 沼泽土		□ 草甸沼泽土	
■ 沼泽盐土		□ 草甸白浆土	

N

0 30 60   120   180   240km

图 6-8 松花江流域土壤类型

验数据；第二类是用于模型输入的资料数据，包括地形（数字高程）、气象、土壤类型、土地利用类型、植被信息、水文地质参数等数据；第三类是用于模型率定和验证的数据，包括土壤冻结深度、流量、水资源量等长系列数据，由国家气象、水文站点监测得到或来源于水利部门统计资料。

实验数据有两部分：第一部分是土壤水热迁移过程观测实验数据，主要包括在冻融过程中不同深度的土壤温度、含水量、含冰量数据，用来反映冻融作用下水分和热量的迁移规律；第二部分是现场测定的土壤水、热动力学参数，为水热方程求解所需的参数。

模型输入的资料数据包括：

1）地形数据

地形数据主要是数字高程（digital elevation model，DEM）数据，采用的高程数据为 SRTM90（Shuttle Radar Topography Mission），由美国国家航空航天局（National Aeronautics and Space Administration，NASA）和国家图像与测绘局（The National Imagery and Mapping Agency，NIMA）联合测量，精度为 90m。高程信息是模型进行流域划分和水系生成的基础，在模型计算前，会根据 DEM 和河网实际观测信息进行子流域的划分。基于 ArcGIS 软件，提取流向、河长、坡度等信息，生成河网，确定集水面积，划分子流域。根据 DEM

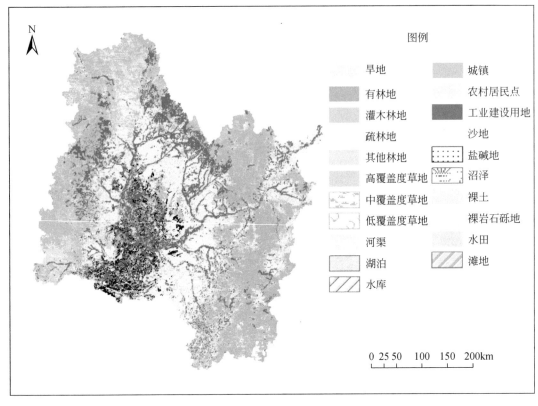

图 6-9　松花江流域土地利用

和河流观测信息将松花江流域划分为 9829 个子流域，每一个子流域都根据 Pfafstetter 规则进行编码。

2）气象数据

模型用到的气象数据包括降水、气温、相对湿度、日照时数和风速，数据来源于中国气象数据网（http://data.cma.cn）。气象数据包括松花江流域及周边的 69 个气象站的日平均值，时间序列为 1956～2010 年。在进行模型气象数据输入前，先将气象数据通过反距离加权（inverse distance weighting，IDW）方法展布到每个子流域上，作为子流域的气象数据。在进行松花江流域或者分区的气象因子演变规律分析时，各统计区的数值采用子流域统计值和面积加权求得的平均值。具体公式如下：

$$P_i = \sum_{j=1}^{n} w_j p_j \tag{6-10}$$

$$w_j = \frac{r_j^{-2}}{\sum_{j=1}^{n} r_j^{-2}} \tag{6-11}$$

$$A = \sum_{i=1}^{m} a_i P_i \tag{6-12}$$

式中，P_i 为经过展布后子流域 i 的气象数据或冻土数据；p_j 为附近气象站 j 的观测数据；w_j 为气象站 j 的权重；r_j 为气象站 j 到子流域 i 的距离；n 为子流域附近气象站个数；m 为统计区域子流域个数；A 为统计区获得的变量平均值；a_i 为子流域 i 的面积。

3）土壤类型

土壤类型是土壤水分和热量传递计算的重要参数。土壤类型数据来源于全国第二次土壤普查和《中国土种志》，土壤类型分布图的比例尺为 1∶100 万。模型结合国际土壤质地分类标准，按照土壤的机械组成将土壤类型分为砂土、壤土、黏壤土和黏土四类。

4）土地利用类型

土地利用类型数据采用的是 1990 年、2000 年和 2005 年三期的全国土地覆盖数据，数据空间分辨率为 30m。将水域、林地、草地、耕地、城镇居民用地等数据基于 ArcGIS 软件统计到各计算单元用于模型输入和计算。

5）植被信息

植被信息包含叶面积指数、植被覆盖度和植被指数，数据来源为 NOAA/AVHRR 影像，地表分辨率为 8km。时间序列为 1980～2010 年逐旬数据，模型输入的是通过统计处理的月尺度数据。月植被信息用于计算蒸发和截留过程。

6）主要水文地质参数

模型输入的主要水文地质参数包括土壤含水量、给水度、渗透系数和地下水埋深，数据来源于松花江和辽河流域水资源综合规划。岩性分区和含水层厚度采用《中国水文地质图》的参考值。数据作为特征参数或初始值用于水循环过程计算。表 6-1 为松花江流域松散岩类给水度及渗透系数取值范围。

表 6-1　松花江流域松散岩层给水度及渗透系数取值范围

岩性	给水度	渗透系数/（m/d）	岩性	给水度	渗透系数/（m/d）
黏土	0.02～0.035	0.001～0.05	细砂	0.08～0.12	5～10
黄土状亚黏土	0.02～0.05	0.01～0.1	中砂	0.09～0.13	10～25
黄土状亚砂土	0.04～0.06	0.05～0.25	中粗砂	0.10～0.15	15～30
亚黏土	0.03～0.045	0.02～0.5	粗砂	0.11～0.16	20～50
亚砂土	0.035～0.07	0.2～1.0	砂砾石	0.15～0.20	50～150
粉细砂	0.06～0.10	1.0～5.0	卵砾石	0.20～0.25	80～400

模型率定和验证的数据包括：

1）冻土深度

冻土水热模拟结果的验证数据除了在上述提到的实验数据外，还有松花江流域内冻土监测气象站点观测的日土壤冻结深度数据，数据系列为 1960～2004 年，数据来源于寒区旱区科学数据中心（http://westdc.westgis.ac.cn）。这些站点均匀分布在松花江流域内，

且数据相对完整，可以检验模型在松花江流域的适用性。冻土气象站点分布如图6-10
所示。

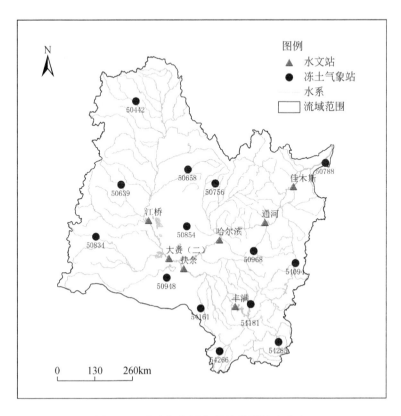

图6-10 冻土气象站与径流监测站点分布

50442（加格达奇）；50639（扎兰屯）；50658（克山）；50854（安达）；50756（海伦）；50788
（富锦）；50834（索伦）；50948（乾安）；50968（尚志）；54094（牡丹江）；54161（长春）；
54181（蛟河）；54266（梅河口）；54285（二道）

2）流量

受到人类经济社会发展的影响，松花江流域建设了很多水利工程，这些河道外的引
水、提水、耗水、排水改变了河川径流量，水文站的实测流量不能代表自然水循环形成的
天然流量。采用天然流量验证流量模拟结果，数据来源于水利部松辽水利委员会提供的松
花江和辽河流域水资源及其开发利用现状评价报告，报告对流域的农业灌溉、包含蒸发和
入渗消耗的工业用水和生活用水耗损量、水库蓄变量、跨流域引水、跨流域输水、河道分
洪决口水量等要素进行了分项调查还原，并将还原后的结果在地区、干支流、上下游进行
了综合平衡分析。主要水文站的天然月流量数据时间序列为1956～2000年，站点如
图6-10所示。

6.3.3 模型模拟与验证

1. 流域土壤冻结深度模拟

土壤冻融过程影响土壤水分迁移以及产流过程，土壤冻结深度的模拟率定是径流模拟率定的前提。根据收集数据的情况，选取松花江流域的 14 个冻土气象监测站的实测数据对模型的土壤冻结深度结果进行模拟验证。

图 6-11 为 1960～2004 年不同监测站点模拟结果与实测数据的对比情况。从图 6-11 可以看出，模拟结果与实测数据的变化规律基本一致，无论是土壤最大冻结深度还是冻融时间都在实测结果的附近，除了加格达奇站点和蛟河站点模拟差别较大外，其他站点的最大冻深模拟结果的拟合度误差在 30cm。由图 6-11 可知，蛟河站点和二道站点的实测最大冻深在 2002 年、2003 年变深，但是根据分析发现，气温是增加的，所以最大冻结深度应该变浅，这也是误差增加的原因。此外，受模型模拟的最小单元面积比监测点的尺度大等原因影响，也会造成一定的误差。模型在进行调参时，根据水系分布将流域分为 37 个参数分区，每个分区的参数相同，而每个分区内可能有不止一个站点，调参时考虑了各站点综合的效果，使得平均误差尽可能小，这也可能造成一些站点的模拟效果不佳。

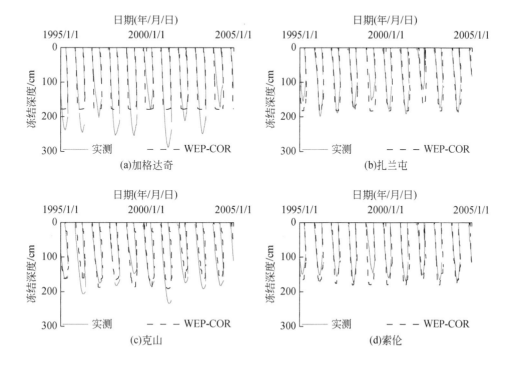

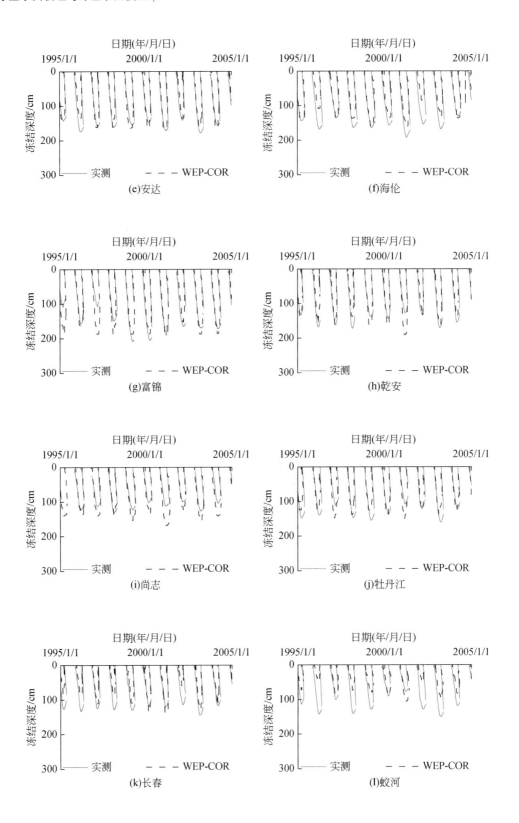

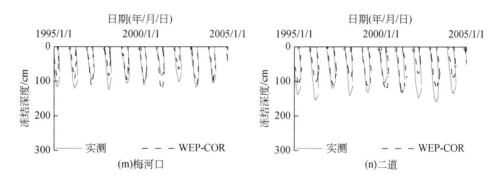

图 6-11　松花江流域模拟与实测冻结深度对比

　　总体来说，14 个站点最大冻结深度的模拟误差最大为 45.6cm，最小为 9.8cm，平均误差为 24.8cm。冻融时间段整体误差在 28 天内，各站点起始和结束时段的误差不同，综上土壤冻融过程和冻融时间的模拟结果在可接受范围内，结果可作为后续机制研究的参考。

2. 流域径流量模拟

　　松花江流域有三个水资源二级区，分别是嫩江、西流松花江（简称西松）和松花江干流（简称松干），选取 7 个水文站的还原天然流量对模型进行模拟验证，其中嫩江选取了干流上的江桥站和大赉站，西松选取了干流上的丰满站和扶余站，松干选取了干流上的哈尔滨站、通河站和佳木斯站，其中大赉、扶余、佳木斯位于三个水资源二级区的出口附近。以 1956 ~ 1980 年为模型率定期，1981 ~ 2000 年为验证期。图 6-12 为 1956 ~ 2000 年水文站月天然流量实测与模拟结果。从图 6-12 可以看出，模拟结果与天然流量变化规律基本一致，模型对于松花江流域径流有较好的模拟效果。表 6-2 为月天然流量模拟的统计评价值，模拟结果的相对误差（RE）在 10% 以内，纳什效率系数（NSE）在 0.75 以上。

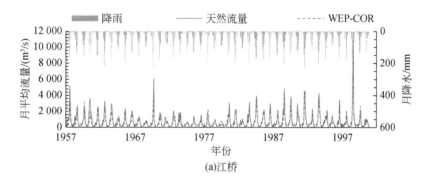

(a)江桥

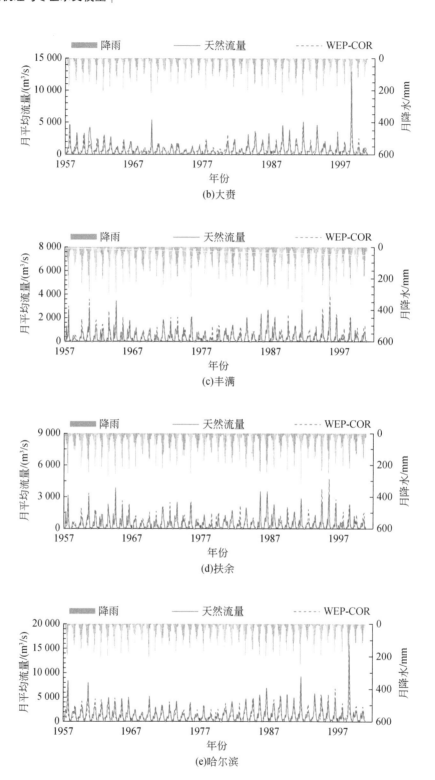

(b)大赉

(c)丰满

(d)扶余

(e)哈尔滨

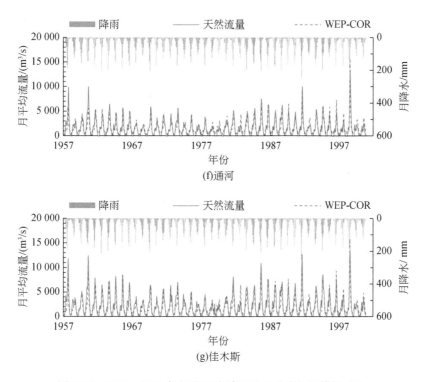

图 6-12　1956～2000 年松花江流域逐月天然流量与模拟对比

表 6-2　1956～2000 年松花江流域逐月天然流量模拟评价

评价指标	江桥	大赉	丰满	扶余	哈尔滨	通河	佳木斯
NSE	0.82	0.76	0.78	0.78	0.79	0.79	0.81
RE/%	−4.2	9.0	6.8	5.0	0.2	0.9	−9.7

3. 模型改进效果分析

为了进一步对比模型改进前后的模拟效果，分析冻土水热模块的作用，利用流域内五道沟水文站模拟与实测的日径流数据进行分析。

1）日径流模拟结果对比

图 6-13 为 WEP-L 模型、WEP-COR 模型模拟的逐日流量和实测结果的比较，表 6-3 为日流量模拟统计检验结果，可以看出，模拟结果的变化规律同实测数据一致。但是没有包含冻土模块的 WEP-L 模型流量的模拟结果偏小，率定期日流量模拟的 NSE 和 RE 分别为 0.38 和 −53.69%。WEP-L 模型在验证期的日流量模拟结果优于率定期，NSE 和 RE 分别为 0.64 和 −41.62%。因为冻土对土壤层的储水能力影响很大，所以在寒区进行水循环模拟时必须考虑土壤冻融过程，仅通过调参无法显著改进模拟效果，只有加入冻土模块模型

模拟效果才能显著提升。WEP-COR 模型在率定期的日流量模拟 NSE 和 RE 分别为 0.42 和 −0.97%。在验证期，日流量模拟的 NSE 和 WEP-L 相近，但是 RE 绝对值降低了 35.04%。由图 6-13 可以看出，2～5 月，模拟的日流量低于观测值，但是当汛期的水量较大时，模拟与实测结果较一致。推测径流模拟结果的高误差主要是由融化期的模拟量偏低引起的。总体上来说，WEP-COR 模型在验证期的 NSE>0.6，RE<10%，模拟效果是可以接受的，模拟的结果能用于后期的研究应用。

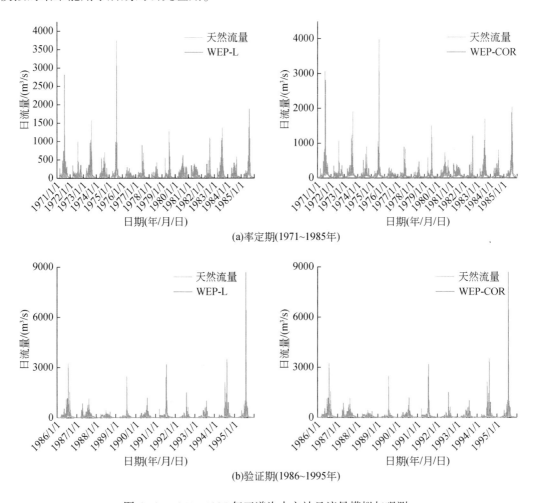

图 6-13　1971～1995 年五道沟水文站日流量模拟与观测

表 6-3　1971～1995 年日流量模拟结果统计评价

模型	率定期 （NSE/RE）	验证期 （NSE/RE）
WEP-L	0.38/−53.69%	0.64/−41.62%
WEP-COR	0.42/−0.97%	0.64/6.58%

2）径流组分分析

分析发现，WEP-COR 模型模拟效果的提升主要是因为 2～5 月模拟效果的改进。为了进一步研究模型模拟效果提升的原因，对验证期 2～5 月日流量模拟的结果与实测值进行对比（图 6-14）。考虑到日尺度统计值个数多、变化小，不易于分析差异，对径流组分进行了月平均值的统计。从图 6-14 可以看出，WEP-L 模型的日流量模拟结果低于观测值，而 WEP-COR 模型相对而言与观测值的变化规律更为一致。WEP-L 模型在此时期模拟结果的 NSE 为 –0.06，RE 为 –73.33%，而 WEP-COR 模型的 NSE 为 0.33，RE 为 –6.26%。尽管两个模型在模拟日流量时都低于实测值，但是可以看到 WEP-COR 相对于 WEP-L 模型模拟效果有明显的提升。

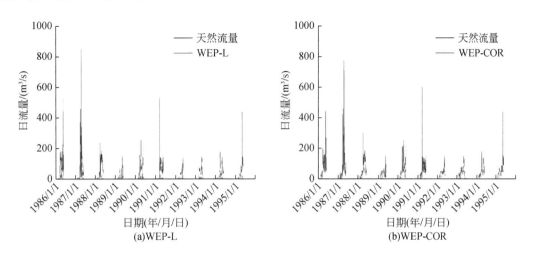

图 6-14　1986～1995 年 2～5 月日流量模拟及实测

图 6-15 为验证期 2～5 月径流组分的月平均统计结果。径流组分为河川径流的来源，包括地表径流（融雪产流和降水径流）、壤中流和基流（地下水出流）。由图 6-15（a）可以看出，随着气温的上升，融雪产流主要发生在 3 月和 4 月，但是融雪产流量较小，所以两个模型的模拟量没有明显的差别。从图 6-15（b）和图 6-15（c）可以看出，2 月存在冻土和积雪，所以降水产流和入渗量很少，虽然在 2 月之后，随着气温的升高，两个模型结果都显示出降水产流量有所增加，但是 WEP-L 模型的降水产流量要小于 WEP-COR 模型，这也说明冻土降低了土壤入渗能力。两个模型间的融雪产流、降水产流和入渗量的差值不大，这几个变量的绝对值也比较小，引起两个模型流量模拟结果差异大的主要因素是地下水出流量以及地下水补给量的差异。地下水出流量代表地下水含水层进入河道中的水流通量，地下水补给量指的是土壤层进入地下水含水层的水流通量。由于冻土的不透水性，冻土层以上的土壤水不能进一步迁移到更深的土壤层，从而在冻土层以上形成了一层饱和含水层，而 WEP-COR 模型在统计变量时把冻土层以上的地下水出流也划分到基流中，

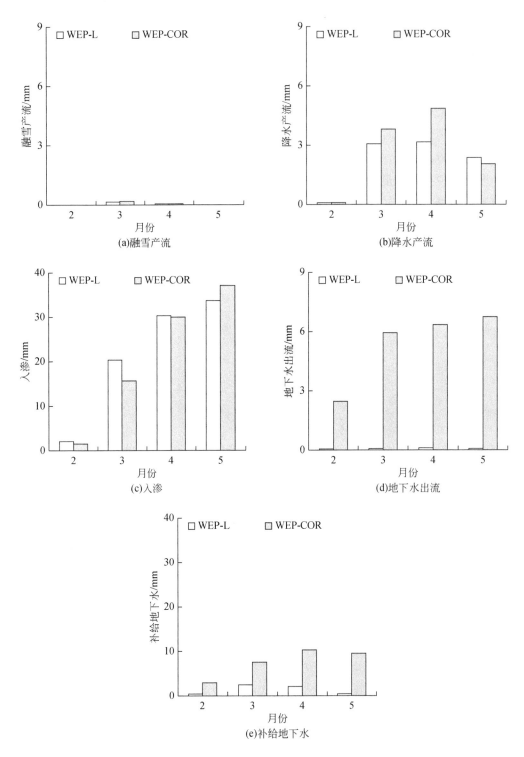

图 6-15　1986～1995 年 2～5 月径流组分分析

因此在计算时地下水位较高，侧向出流量较大，而不包含冻土模块的 WEP-L 模型忽略冻土层的存在，水流能进一步向下迁移到更深层的土壤中，这样地下水位就较低，侧向出流也就较少。这就是 WEP-COR 模拟效果提升的主要原因。

6.4　青藏高原分布式水文模型

6.4.1　模型特点

青藏高原的水循环与一般寒区相比虽然具有类似的性质，但由于气候、地形、地质等因素的差异，该地区的径流组分、土壤冻融过程、积融雪过程等与一般寒区相比又存在显著差别。冰期下垫面土壤水热耦合作用机制及模拟方法、冰川对径流过程的影响机制和模拟方法是青藏高原分布式水文模型构建中需要注意的两个重要方面。

1. 冰期下垫面冻融过程对流域水文过程的影响机制

与高纬度寒区冻土不同，由于气候、植被差异以及冰川覆盖影响，青藏高原地区永久冻土通常含冰量较小，高原上的冰层分离、地面隆起和沉降以及相关的冰缘地貌不如高纬度永久冻土地区普遍（Yang et al.，2010）。因此，青藏高原冻土变化对水循环过程的影响异于北极地区（Hinzman et al.，2005）和其他高纬度寒区（Frauenfeld and Zhang，2011）。

更为特殊的是，在青藏高原地质构造过程中，亚欧板块与印度板块不断发生碰撞，高原地壳运动活跃，土壤形成缓慢，碎石和岩石碎屑在土壤中普遍存在（Arocena et al.，2012；Deng et al.，2019）。与细粒土壤相比，砾石具有不同的水力和热学性质，差异大小受砂砾石含量影响（Zhang et al.，2011）。有研究表明，当含量较小时，砂砾石会改变土壤结构，增加土壤水分运动路程，土壤的饱和导水率随砂砾石含量增加而减小（Mehuys et al.，1975；Childs and Flint，1990），但当砂砾石含量超过一定程度后土壤的渗透率和饱和导水率又会随砂砾石含量增加（Zhou et al.，2009）。对于土壤的热特性，很大程度上取决于其孔隙率和饱和度。组成土壤的水、空气、冰和土壤矿物成分的热导率和热容量的差异显著，其中液态水的热导率大约是空气的 20 倍，热容量大约是空气的 3500 倍（Farouki，1981）。此外，冰的热导率约为水的 4 倍，热容量约为水的一半。因此土壤的热特性还取决于孔隙内水的相态（或土壤温度），随着温度的变化，这些关系变得更加复杂。砂砾石的存在影响了青藏高原土壤的结构及组分，与其他区域土壤相比，孔隙率和饱和度相差较大。同时在青藏高原，土壤的矿物成分对土壤导热率和热容量的影响也是不容忽视的（周祖昊等，2021）。砂砾石相较于干土壤具有更大的导热率与热容量，也会影响土壤与大气的热交换量（Yi et al.，2013）。

由上可知，冻土在寒区水文过程和气候变化中起着重要作用，而冻土的水热运移过程是一个受诸多因素影响的、相对复杂的过程（Watanabe and Kugisaki，2017），依赖于各组分占比及其对应的热导率、热容量及热扩散率等综合影响（Franzluebbers，2002；Lundberg et al.，2016；Dai et al.，2019）。而青藏高原下垫面条件又极为特殊，其冻土水热耦合运移机制以及冻土水热运移过程对土壤的深层渗漏及流域径流的影响仍有待进一步研究。

2. 冰川对径流过程的影响机制

我国的冰川主要分布于西部高海拔地区和北部高纬度地区，其中位于西部高海拔地区的青藏高原是我国冰川的集中分布区域，同时还是亚洲主要河流，包括长江、黄河、澜沧江、雅鲁藏布江、怒江、塔里木河、伊犁河等重要河流的源头。这些河流为大约 20 亿人的生存提供淡水保障（Li et al.，2019）。青藏高原是全球气候变化最为敏感的地区之一（Nicholson and Selato，2000，Yao et al.，2012b），该地区的变暖过程被认为是全球变暖的预警信号（Liu et al.，2009）。随着全球变暖，青藏高原大部分冰川自 20 世纪 70 年代至 21 世纪初，面积已经退缩了 10.1% 左右，且近年来这一情况还在加剧。然而，青藏高原冰川动力学与降水相互作用，关系复杂，并非该地区所有的冰川都显示出萎缩的趋势。

自 1970 年以来，青藏高原西部冰川锋面保持相对稳定甚至前进状态，而南部和东南部冰川锋面则呈现出严重的退缩状态（Scherler et al.，2011；Yao et al.，2012）。冰川面积的变化也与此类似，如位于青藏高原西北部的西昆仑山脉冰川 1970~2001 年面积变化不大，仅减少了 0.4%（Shangguan et al.，2007）。而不丹山脉 1980~2010 年冰川面积减少了 23.3%（Bajracharya et al.，2014），喜马拉雅山南麓 1962~2000 年冰川面积减少了 19.0%（Racoviteanu et al.，2015），帕隆藏布区域 1960~2000 年冰川面积减少了 23.0%（Zhou et al.，2018）。其中西北部部分冰川的发展可能是由于降水量的增加（Scherler and Strecker，2012）。但从长远来看，随着人类活动造成的水资源流失加剧和全球气候的升温趋势，冰川的退缩速度将进一步加快（Huss and Hock，2015）。据测算，到 2100 年冰川面积和体积的退缩可能达到 30%~67%（Zhang et al.，2012a）。冰川的减少还会在短时期内对降水造成负面影响（Zhang et al.，2012b），这样就形成一个恶性循环：冰川退缩—降水减少—冰川进一步退缩。

冰川的退缩致使青藏高原的水文过程发生了显著变化，在气候变化背景下，准确模拟冰川的动态消融过程对我国水资源和水电能源合理开发利用来说至关重要。冰川模拟的常见方法分为基于温度的统计模型和基于能量平衡的物理机制模型（卿文武等，2008），基于温度的统计模型主要有冰川平衡线法和温度指数法（度日因子法）两种。冰川平衡线法假设在特定高度上冰川的年累积量等于年消融量，以此高度处温度计算融化量（Ahlmann，1924）。度日因子法采用日正积温模拟冰川或积雪的消融量（Braithwaite and Olesen，

1985）。基于温度的统计模型所需参数较少且计算相对简单，因此被广泛应用于缺少观测资料地区。Kayastha 等（2000）、Matsuda（2003）分析了度日因子在喜马拉雅山脉随高程、经纬度变化的空间差异。高鑫等（2010）利用度日因子法对我国塔里木河、河西走廊、青藏高原等冰川区进行冰川径流的估算，并进行未来气候情景下的冰川径流预估，取得了一系列的重要成果。能量平衡模型把冰川表面的气象资料作为输入，基于能量平衡原理，考虑能量收支得冰雪融化耗热，从而计算融化量（Hay and Fitzharris，1988；Braithwaite and Olesen，1985）。Arnold 等（1995）对影响冰川能量平衡模型的因素，以位于瑞士的一冰川山谷流域为研究区，分析了地形对能量平衡方程中净短波辐射以及反射率的影响。康尔泗等（2002）基于常规气象观测要素，构建了一个参数化冰川能量平衡模型，模拟了位于乌鲁木齐河源的冰川消融过程，并基于此对消融期冰川表面辐射平衡和能量平衡进行了讨论。

目前利用水文模型研究冰川消融对流域径流过程影响的主要方法是将上述冰川消融模型嵌入已有水文模型中，以弥补一般水文模型对冰川径流模拟的不足。青藏高原地区自然环境和气候条件恶劣，观测资料严重不足，由于以日正积温为自变量计算冰川消融量的温度指数法由于所需参数较少，计算方法简单，因此被广泛应用并耦合入水文模型。

6.4.2 模型原理

1. 模型设定

针对青藏高原的下垫面及气候特点，基于 WEP-COR 模型进行改进，形成适用于青藏高原的具有物理机制的分布式水文模型——WEP-QTP 模型（周祖昊等，2021；刘扬李等，2021；王鹏翔，2021；Wang et al.，2023）。模型改进主要分为以下两部分：

（1）针对青藏高原特有的土壤层较薄，且层下分布较厚砂砾石层的下垫面特征，将青藏高原"积雪–土壤–砂砾石"水热迁移模拟方法与水文模型相耦合，从结构及机理上反映青藏高原水循环过程中的下垫面特征。

（2）针对流域内广泛分布的冰川，在原 WEP-COR 模型基础上增加"积雪–冰川"耦合模块，对冰川融雪产流进行模拟。

2. 模型结构

模型的水平结构。在 WEP-COR 模型中，对每一个等高带，按土地利用类型将下垫面划分为植被–裸地域、灌溉农田域、非灌溉农田域、水域、不透水域五种。考虑青藏高原广泛分布的冰川，在此基础上从水域下垫面中细分出冰川域，对冰川的融化产流过程进行模拟计算。

模型的垂直结构。对原 WEP-COR 模型中的土壤水热耦合模拟结构进行改进，根据青藏高原下垫面特点划分为土壤层与砂砾石层两类介质，同时加入一层积雪层于土壤层上方。改进后的模型垂向结构如图 6-16 所示。

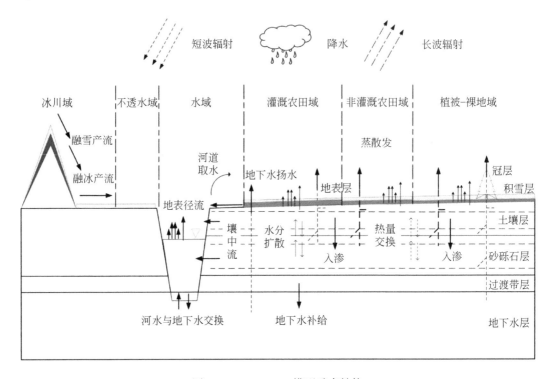

图 6-16　WEP-QTP 模型垂直结构

从上到下主要分为积雪层、冠层、地表层、土壤层、砂砾石层、过渡带层以及地下水层。除冰川域、水域和不透水域以外，不同下垫面的垂向结构相同。其中土壤–砂砾石共划分为 11 层，土壤层的厚度由模型中等高带的位置决定，假设从山脚到山顶，土壤层的厚度逐渐减小。土壤–砂砾石层数由含水层厚度确定，当含水层厚度较小时，则根据实际厚度确定土壤–砂砾石层模拟计算层数；当含水层总厚度大于 11 层土壤–砂砾石厚度时，超出部分计入过渡层。

先针对每个等高带内的 6 类下垫面分别进行产流计算，再用马赛克法汇总到等高带。冰川区的模拟与非冰川区不同，冰川覆盖区域忽略土壤水分的水热运移过程。设定冰川层位于积雪层的下方，在计算过程中，首先考虑冰川层上的降雪累积，然后进行积雪消融产流和冰川消融产流模拟，其中位于积雪层下的冰川消融开始于积雪完全消融后，产流量直接计入对应水文计算单元。等高带的产流计算完成后，针对子流域内的等高带，按照从上到下的次序进行汇流计算，最终汇入河道。子流域之间进行河道汇流计算，从流域最上游子流域开始依次向下直到流域出口。

3. "积雪–土壤–砂砾石"水热耦合方法

青藏高原的土壤融化过程对水文过程影响显著,尽管 WEP-COR 模型可以模拟土壤层间的热量及水分传导过程,但由于未考虑到青藏高原的下垫面及气候特征,在土壤温度及水分模拟过程中均存在一定偏差,从而影响了模型模拟精度。采用改进后的水热迁移模拟方法可以模拟青藏高原积雪、土壤和砂砾石不同介质间水分及热量的传导过程,下垫面中植被–裸地、灌溉农田和非灌溉农田的土壤水热迁移过程均由"积雪–土壤–砂砾石"水热耦合模块计算。

4. "积雪–冰川"耦合模拟方法

将模拟对象概化为"积雪–冰川"两层结构(图 6-17)。对冰川覆盖区域,忽略土壤水分的水热运移过程。设定冰川层位于积雪层的下方,在计算的过程中,首先考虑冰川层上的降雪累积与消融,积雪完全消融后进行冰川融水产流。

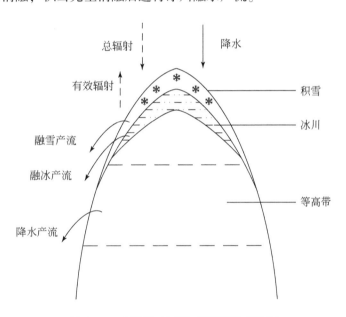

图 6-17 "积雪–冰川"模型结构概化图

冰川模拟的常见方法分为基于温度的统计模型和基于能量平衡的物理机制模型,其中温度指数模型因所需参数较少,计算简单,在缺少实测资料地区被广泛应用。

$$G_m = d_f(T_a - T_G) \tag{6-13}$$

式中,G_m 为冰川的日消融量(m/d);d_f 为冰川消融度日因子 [m/(℃·d)],即单位正积温产生的消融水当量;T_a 为大气温度(℃);T_G 为冰川融化的临界温度(℃),该值一般介于 $-3 \sim 0$℃,根据经验取值为 -0.5℃,假设当 $T_a > T_G$ 时冰川开始消融。

其中，冰川消融度日因子是影响冰川储量及融水产流模拟效果的关键。研究表明，度日因子受辐射等因素影响，随纬度及海拔变化呈一定的空间变化规律（刘金平和张万昌，2018），从而导致冰川度日因子取固定值的温度指数模型在青藏高原模拟效果欠佳。因此，从辐射能量的空间分布特征出发，采用经辐射项修正的温度指数模型进行冰川消融模拟，通过增加的辐射修正项，提高冰川融水模拟的精度（Pellicciotti et al.，2005）：

$$G_{\mathrm{m}} = \begin{cases} d_{\mathrm{f}}(T_{\mathrm{a}} - T_{\mathrm{G}}) + d_{\mathrm{r}}(1-\alpha)\mathrm{RQ}, & T_{\mathrm{a}} > T_{\mathrm{G}} \\ 0, & T_{\mathrm{a}} < T_{\mathrm{G}} \end{cases} \tag{6-14}$$

式中，d_{r} 为冰川短波辐射消融因子 $[\mathrm{m} \cdot \mathrm{m}^2 / (\mathrm{d} \cdot \mathrm{W})]$；$\alpha$ 为冰川对太阳短波辐射反射率；RQ 为太阳总辐射 $(\mathrm{W/m}^2)$。

6.4.3　研究区与数据

1. 流域概况

尼洋河流域位于青藏高原东南林芝地区雅鲁藏布江中下游左岸，29°29′~30°39′N，92°09′~94°35′E，是雅鲁藏布江的一级支流。流域东西长约230km，南北宽约110km，跨林芝市巴宜区、工布江达县和山南市加查三县，流域面积 17 535km²，在雅鲁藏布江支流中排行第四（图6-18）。其源头位于海拔约5000m的错木梁拉，于林芝市巴宜区汇入雅鲁藏布江，区间海拔落差2080m，平均坡降为0.73%。流域位于青藏高原东西与南北向山脉交汇处，流域内山脉纵横交错，海拔高差较大，地形复杂。干流河谷海拔在 3000~4000m，两侧山峰海拔多在5000m左右，最高达6878m，气温降水等气象要素受海拔高差影响较大。

流域气候主要受印度洋暖流与北方寒流影响，以湿润、半湿润气候带为主，属高原温带季风区。自西向东，由半湿润区逐渐过渡为湿润区。受印度洋热带海洋季风与西太平洋副热带季风影响，流域内降水主要集中在 5~10 月。在印度低压的驱使作用下，大量来自孟加拉湾的湿暖空气随西南季风被运至尼洋河流域，为流域内带来大量水汽。在地形与水汽运动的共同作用下，形成了流域内降水量大、雨强小，且随海拔垂直变化大的特点。除 5~10 月外，其余时间流域内气候主要受西风带控制。偏南季风对流域内气候的影响随西太平洋副高南退而逐渐减弱。加之北方寒流南下，整个流域内水汽减少，此时段气候呈现出少雨、低温的特征。

流域年均降水量1400mm，年均气温8℃，气温随海拔升高变化明显，由西向东呈逐渐减小趋势。尼洋河径流量在雅鲁藏布江所有支流中位居第二，仅次于帕隆藏布。6~9 月为汛期，受冰川、积雪融化等影响，汛期径流量可占年径流量90%以上。

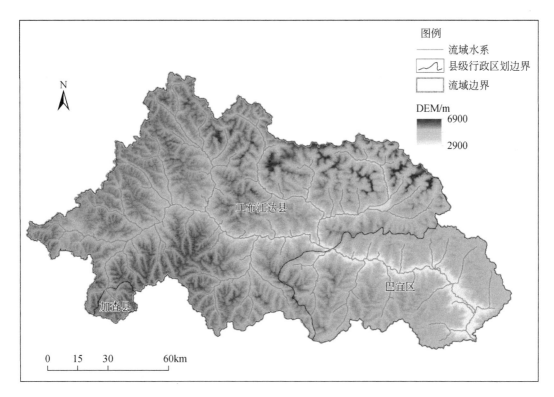

图 6-18 研究区概况

2. 数据收集与处理

研究中所需数据可分为两类：一类为地形地质、气象、土壤、土地利用、植被指数和冰川等模型构建需要的数据，另一类为模型构建及验证需要的实验数据与历史水文数据。

（1）地形地质数据：采用的 DEM 为 SRTM30，由 NIMA 和 NASA 联合测定，精度为 30m。土壤类型数据来自于《中国土种志》与全国第二次土壤普查。

（2）气象数据：包括逐日的气温、降水、日照时数、相对湿度和风速，其中气温、日照时数、相对湿度和风速数据来自流域内的林芝气象站与流域外嘉黎气象站，时间序列为 1961~2018 年，数据来源于中国气象数据网（http://data.cma.cn）；降水数据除林芝、嘉黎两个气象站外还包括流域内工布江达、更张、巴河桥、泥曲、克拉曲、增巴在内的 6 个雨量站数据（2013~2015 年），以及《西藏水资源公报》中年降水等值线图（2012~2017 年），气象站雨量站分布见图 6-19。

（3）土地利用：土地利用类型数据来源于中国科学院遥感与数字地球研究所提供的 1980 年、2005 年和 2014 年共三期的全国土地覆盖数据，数据分辨率为 30m。

（4）植被指数：植被信息包含叶面积指数和植被覆盖度，数据源为 2000~2018 年的

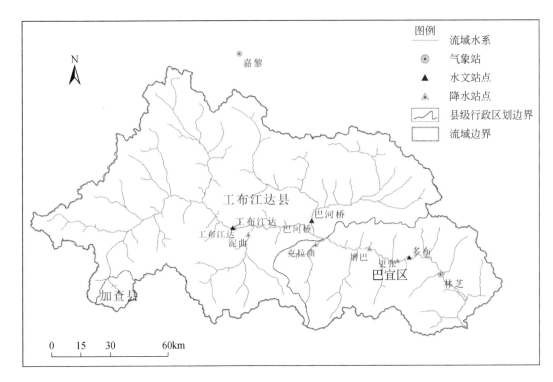

图6-19　尼洋河流域站点分布

MODIS 数据产品，其中叶面积指数精度为 500m，NDVI 精度为 250m，主要用于计算蒸发和植被截流过程。

（5）冰川：冰川提取所涉及的数据包括中国第二次冰川编目数据集（http://www.ncdc.ac.cn/portal/metadata）（1∶10 万）以及 Landsat TM/ETM+/OLI 卫星遥感数据。

Landsat 数据来自于美国地质勘探局（United States Geological Survey，USGS）的数据共享平台（http://glovis.usgs.gov/），产品已经过系统辐射校正等预处理。其中 ETM+数据比 TM 多了个全色波段，其他波段相同，不影响计算。而 Landsat8 OLI 的波段发生了变化，具体波段对应关系见表6-4。

表6-4　OLI 陆地成像仪与 ETM+波段表

OLI 陆地成像仪			ETM+		
序号	波段/μm	空间分辨率/m	序号	波段/μm	空间分辨率/m
1	0.433 ~ 0.453	30			
2	0.450 ~ 0.515	30	1	0.450 ~ 0.515	30
3	0.525 ~ 0.600	30	2	0.525 ~ 0.605	30
4	0.630 ~ 0.680	30	3	0.630 ~ 0.69	30
5	0.845 ~ 0.885	30	4	0.775 ~ 0.900	30

OLI 陆地成像仪			ETM+		
6	1.560~1.660	30	5	1.550~1.750	30
7	2.100~2.300	30	7	2.090~2.350	30
8	0.500~0.680	15	8	0.520~0.900	15
9	1.360~1.390	30			

（6）模型验证数据：包括数据系列较为完整的工布江达水文站2013~2016年的逐日流量实测数据、巴和桥水文站2013~2014年的逐日流量实测数据、多布2013~2018年的逐日流量实测数据。流域内水文站位置见图6-19。

根据汇流累积数阈值法（设定河网提取阈值为50km²）对尼洋河流域提取模拟河网（刘佳嘉，2013）。由提取的模拟河网，使用干支拓扑码对尼洋河流域进行计算单元划分。尼洋河流域总共划分子流域217个，子流域平均面积为80.8km²（图6-20）。各子流域根据高程划分等高带，子流域内最多划分10个等高带，流域共分为867个等高带，平均面积为20.2km²（图6-21）。模型输入数据基于所划分的基本计算单元（等高带）进行展布，可充分考虑流域内植被、土壤、气温、降水等因素随高程的垂向变化。

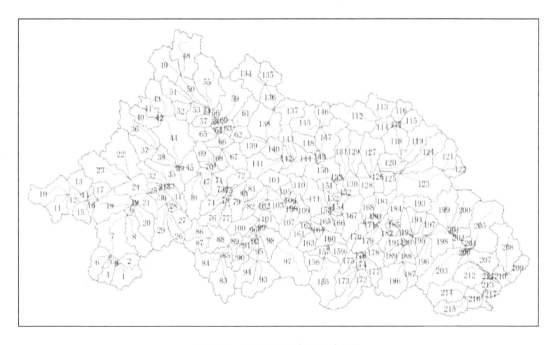

图6-20　尼洋河流域子流域划分

数字为子流域编号

模型输入数据按所划分的基本计算单元（子流域套等高带）对进行空间展布，从而获

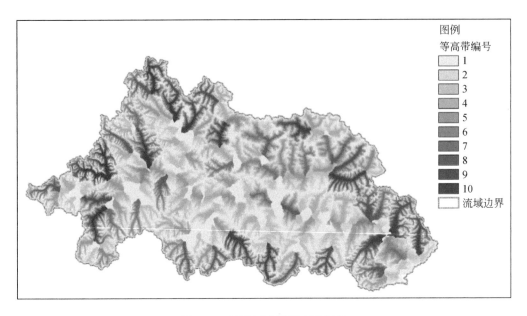

图 6-21　尼洋河流域等高带划分

取了每个计算单元内各类型输入数据。

1）地形地质数据

基于 DEM 数据，计算各基本计算单元的面积、平均坡度、子流域上下游拓扑关系等基本参数信息。尼洋河流域位于青藏高原，土壤占比最多的为暗棕壤及寒冻土（图 6-22），模型将土壤类型重新分类为 4 种类型：砂土类、壤土类、黏壤土类及黏土类，进行参数赋值。

2）气象数据

模型需要展布的气象数据包括降水、气温、相对湿度、日照时数和风速，其中相对湿度、日照时数和风速采用距离平方反比（reversed distance squared，RDS）法对其进行展布。将林芝、嘉黎气象站的气象数据展布到基本计算单元。

$$D = \sum_{i=1}^{m} \lambda_i D_i \qquad (6\text{-}15)$$

$$\lambda_i = \frac{d_i^{-n}}{\sum\limits_{i=1}^{m} d_i^{-n}} \qquad (6\text{-}16)$$

式中，D 代表插值点插值；D_i 代表第 i 个参照点数据；m 代表参照点个数；λ_i 代表第 i 个参照点权重；d_i 代表第 i 个参照点与待插值点间距离；n 代表权重指数，$n=2$ 时即为 RDS 法。

对于气温，由于尼洋河流域内地形复杂，大小山脉纵横交错，海拔高差较大。因此为保证数据展布的准确性，气温数据先由 RDS 法进行平面插值，将气温数据插值到子流域形心，

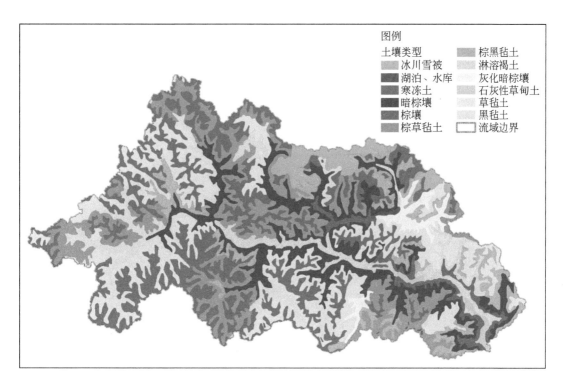

图 6-22　尼洋河流域土壤类型

再根据等高带与参考气象站间海拔高程差进行插值，确定等高带气温［式（6-17）］。

$$T_{i,j} = T_i - (H_{\text{基本站}} - H_{i,j}) \times \text{TI} \tag{6-17}$$

式中，$T_{i,j}$ 为第 i 个子流域第 j 个等高带插值气温（℃）；T_i 为第 i 个子流域形心气温（℃）；$H_{\text{基本站}}$ 为气温进行平面插值时的参考气象站海拔（m）；$H_{i,j}$ 为第 i 个子流域第 j 个等高带海拔（m）；TI 为气温直减率（℃/m），根据经验取值 0.006℃/m。气温插值结果见图 6-23。

　　降水是流域水文模拟中的重要气候强迫因素，其空间分布对于研究流域水文过程的空间变异至关重要。常见的降水空间插值方法包括广泛使用的泰森（Thiessen）多边形法、反距离加权方法、角距离加权（ADW）和克里金插值法等。这些方法的一个共同特点就是待插值点数据均是由基础站点的加权平均获得。但是青藏高原地形起伏较大，降水常受地形变化影响（Lloyd，2005）。加之在此地区，记录降水数据的气象站、点雨量站点比其他地区都要稀少。如尼洋河流域，所参考的基本气象站流域内只有林芝站与流域外的嘉黎站。除气象站外，雨量站虽然还有 6 处，但均分布在山谷处，海拔较低（表6-5），平均海拔 3215m。而河谷两侧山峰海拔约 5000m，最高山峰海拔达 6870m。基于低海拔台站的降水所插值得到高海拔位置处降水数据通常不具有代表性，由这些站点进行简单插值而得的降水空间分布数据准确性欠佳。虽然卫星和雷达观测的降水数据可以在一定程度上弥补当前青藏高原降水数据在空间展布上所遇到的问题。但这些数据一方面要经由地面站台数据

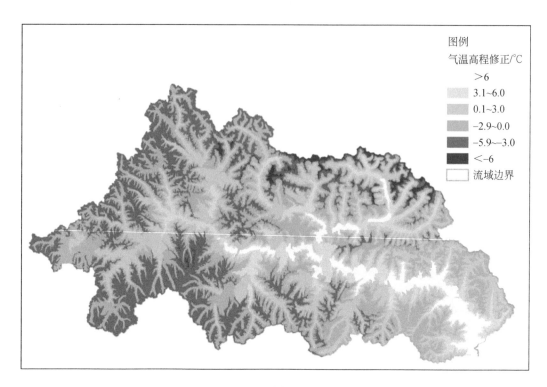

图 6-23　尼洋河流域年均气温高程修正

的校准，另一方面受空间分辨率与时间序列长短影响，在水文模拟中的准确性及适用性还有待进一步提高（Wang et al.，2016）。

表 6-5　尼洋河流域雨量站地理分布

站点	东经	北纬	海拔
巴河桥	29°51′	93°39′	3226m
增巴	29°47′	93°55′	3116m
工布江达	29°53′	93°14′	3419m
泥曲	29°51′	93°19′	3430m
克拉曲	29°45′	93°29′	3271m
更张	29°43′	94°05′	2829m

　　尼洋河流域属高原温带季风气候区，多年平均降水受印度洋热带海洋季风影响。在印度低压的驱使作用下，大量来自孟加拉湾的湿暖空气随西南季风被运至尼洋河流域，为流域内带来大量水汽。在两侧山峰及水汽运动的共同作用下，流域内降水量大、雨强小，且随海拔垂直变化大。由《西藏水资源公报》中年降水等值线图可知，尼洋河流域降水的高值区位于河谷两侧高海拔地区，其次为流域下游区域。这正是由于水汽在由东南方向沿雅

鲁藏布江河谷向流域上游运移过程中受地形起伏影响造成的。该流域降水受季风、水汽运移及地形影响，空间分布极为不均。来自印度洋的大量水汽首先降落在流域下游区域，在继续上移过程中遇到流域两侧山峰形成大量山前降水，直至流域上游后，虽然海拔仍然较高，但降水量相较中游河谷两侧山峰有所减少。

因此，考虑到流域内降水的空间分布，结合尼洋河流域年降水等值线图对流域内降水进行了分区降水高程插值。按照尼洋河流域年降水等值线图中降水的高值区与低值区，结合流域内雨量站布设情况，将流域划分为 5 个分区（图 6-24），每个分区内降水垂直梯度不同。通过这样的处理，反映了山区的降水–海拔关系和地形效应，特别是山地对水汽运移的阻滞效应。

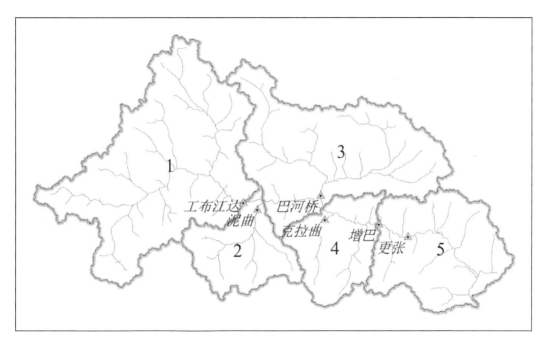

图 6-24　降水按海拔插值的分区

数字为降水海拔分区编码

降水数据先由 RDS 法进行平面插值，将雨量站降水数据由站点插值到子流域形心，再根据子流域与参考雨量站间海拔高程差进行插值，由式（6-18）确定子流域实际降水数据。

$$P_{i,j} = P'_{i,j} + (H_{基本站} - H_{i,j}) \times PI_j \tag{6-18}$$

式中，$P_{i,j}$ 为位于第 j 个分区内第 i 个子流域插值降水（mm）；$P'_{i,j}$ 为第 j 个分区内第 i 个子流域形心降水（mm）；$H_{基本站}$ 为降水进行平面插值时的参考雨量站海拔（m）；$H_{i,j}$ 为第 j 个分区内第 i 个子流域海拔高程（m）；PI_j 为第 j 个分区内降水垂直梯度（mm/m），各分区内降水垂直梯度见表 6-6。

表 6-6   降水分区海拔插值垂直梯度　　　　　　　　　　（单位：mm/m）

区间编号	降水海拔插值区间	年降水垂直梯度
1	工布江达以上	0.3
2	工布江达—泥曲	0.5
3	泥曲—巴河桥	1
4	巴河桥—更张	1
5	更张—流域出口	0.4

　　降水插值结果如图 6-25 所示。所得降水高值区主要位于流域南北两侧高海拔区域，年降水量在 1800～2500mm；其次为流域下游，年降水量在 900～1500mm。对比可以发现，降水高程分区插值后的尼洋河流域降水空间分布与《西藏水资源公报》中降水空间分布基本一致，可用于后续水文模拟计算。

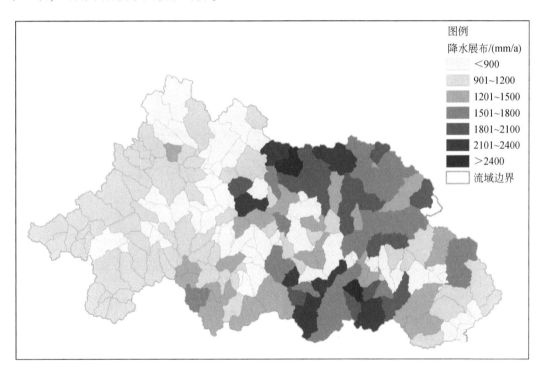

图 6-25   尼洋河流域年均降水按海拔分区插值结果

3）下垫面数据

　　模型使用的分期土地利用年份为 1980 年、2005 年和 2014 年三期，其他年份的土地利用数据采用年际之间线性插值方法推求获取（1980 年以前采用 1980 年数据替代）。图 6-26 为 2015 年尼洋河流域土地利用。

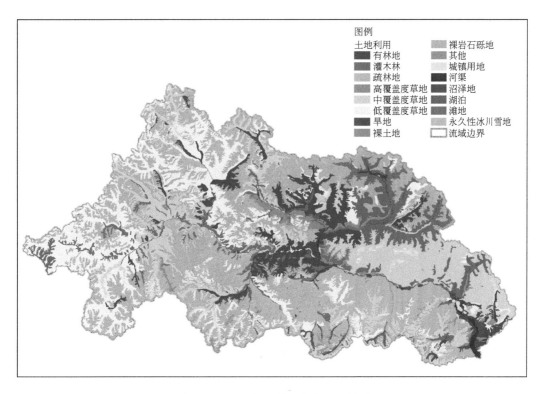

图 6-26　2015 年尼洋河流域土地利用

4）冰川面积提取

目前冰川的提取方法主要有人工目视解译、监督与非监督分类、波段比值阈值法等（高永鹏等，2019）。其中，波段比值阈值法所需要的人工干预少、提取效率和精度均较高，因此被广泛应用于大尺度冰川识别和提取工作（Andreassen et al.，2008）。为避免不同时期造成的冰川提取误差以及积雪对冰川边界提取的影响，选取 1994～2018 年秋季、云层较少且冰川轮廓清晰的 1994 年、2003 年、2009 年、2015 年共四期遥感影像进行提取分析。

应用 Landsat TM/ETM+/OLI 卫星遥感数据，利用 ENVI 软件通过比值阈值法设定冰川提取的合理阈值，对位于青藏高原的尼洋河流域冰川边界进行提取，并通过多源数据对比，对提取结果进行检验与校正。主要步骤包括坐标定义、辐射定标、大气校正、几何校正、数据裁剪和融合等，采用比值阈值法（TM/ETM+：TM3/TM5，OLI：B4/B6）设定阈值（本次阈值设为 2），提取冰川边界。其中将冰川结果转化为二值图，经过滤波处理后，利用 ArcGIS 进行后处理。与较高分辨率的 Google Earth 影像对比，参考中国第二次冰川编目数据分条规则，结合研究区流域划分和山脊线提取结果划分冰川条目，统计面积。具体步骤见图 6-27。

1994 年、2003 年、2009 年、2015 年四期冰川提取结果见图 6-28。

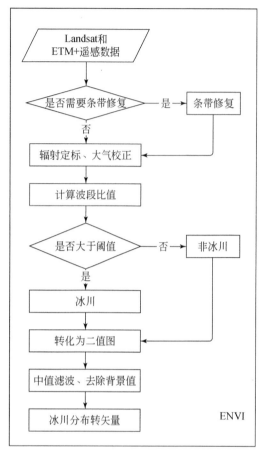

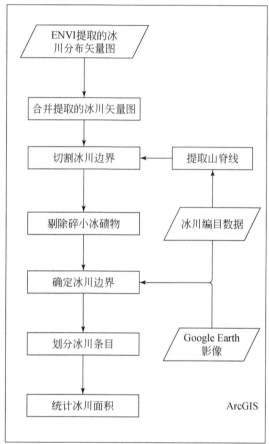

图 6-27　比值阈值法提取冰川边界

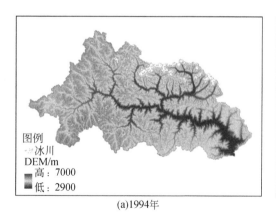

(a)1994年

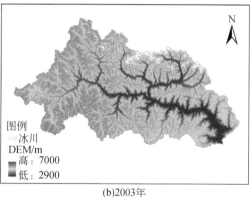

(b)2003年

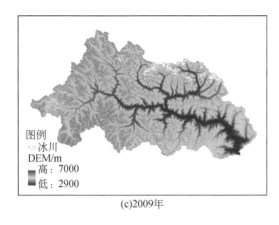
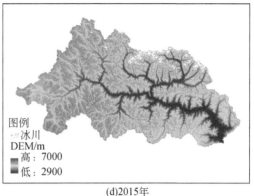

(c)2009年   (d)2015年

图 6-28　尼洋河冰川分布

尼洋河流域冰川主要分布在流域北侧，在西南季风将暖湿空气从孟加拉湾沿雅鲁藏布江河谷推送的过程中，经由位于西藏南北向与东西向山脉交汇处的尼洋河流域时，由于山脉阻隔，大量水汽在此形成降水，并在低温作用下不断累积转化为冰川，其余冰川则零散分布在流域内其他高海拔区域。流域内冰川主要分布在海拔 5000m 以上，其中海拔 5500m 处的冰川分布最为广泛。

冰川边界提取后，储量的计算方法参照冰川编目中的推荐算法，由冰川体积和冰川面积的经验公式确定：

$$V = 0.0365 A^{1.375} \tag{6-19}$$

$$V = 0.0433 A^{1.290} \tag{6-20}$$

式中，V 为冰川的储量（亿 m^3）；A 为冰川的面积（km^2）。

根据上述经验公式，对划分后的冰川条目进行储量计算，各冰川条目的体积取上述两方法计算结果的平均值。

6.4.4　模型率定与验证

1. 模型率定

模型参数分为下垫面、植被、土壤和含水层参数四类。各类参数均具有明确物理意义，可以根据实测的实验数据或遥感数据进行估计。上述四类参数按敏感度（Jia et al.，2006），可分为高、中、低三个级别，其中高度敏感的参数包括土壤厚度、土壤饱和导水率和河床材质渗透系数。根据实测径流过程对模型中的高敏感参数进行了率定，各关键参数取值如下：土层饱和导水率为 0.648m/d，砾石层饱和导水率为 4.32m/d，河床导水率约为 5.184m/d。山顶、山腰和山脚的土层厚度分别为 0.4m、0.6m 和 1.0m。

2. 冰川变化模拟验证

由冰川面积遥感提取结果可知,从第一次冰川编目(1970 年)到 2015 年,尼洋河流域冰川面积与储量呈不断减少趋势(图 6-29)。

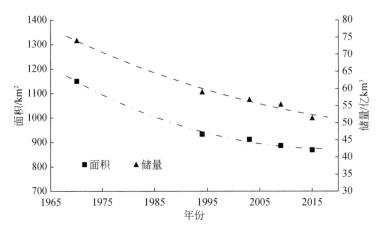

图 6-29　冰川面积储量逐年变化趋势

冰川面积的平均退减率为 – 6. 25km²/a,其中 1970 ~ 1994 年的退减率最大,为 – 9. 05km²/a,此后 1994 ~ 2003 年速度有所放缓,2003 年之后退减速度又有所增加。冰川储量平均退减率为 0. 5 亿 km³/a。冰川储量变化规律与冰川面积类似,1994 年前与 2009 年后退减速度较大,中间退减速度较小。其中 1970 ~ 1994 年的退减率为 0. 63 亿 km³/a,此后到 2009 年退减速度有所放缓,但 2009 年之后冰川储量的退减速度增大,达到 0. 66 亿 km³/a。1970 ~ 2015 年,该流域内的冰川面积已经退化了 24. 4%,冰川储量减少了 30%。冰川储量的退减程度大于冰川面积的退减速度,这可能与不同规模的冰川退化程度不一有关。

以第一次冰川编目(1970 年)以及遥感所得 1994 年、2003 年、2009 年、2015 年的冰川面积进行线性插值得到 1956 ~ 2018 年全系列的冰川分布情况。参考第二次冰川编目中冰川条目划分规则,以山脊线对所提取的冰川边界进行条目划分,从而获得研究区内冰川条目的面积分布,对划分的冰川按照条目进行储量计算。对流域内冰川地区进行"积雪–冰川"耦合模拟,模拟冰川储量的动态变化过程。其中冰川储量模拟的初始值由 1970 年第一次冰川编目获得。模型储量模拟结果见图 6-30。

通过比较 1994 年、2003 年、2009 年、2015 年模型模拟的 4 期冰川储量值与遥感反演所得的冰川储量值,可以发现,冰川储量统计值与模型模拟值较为接近,模拟值在 2009 年前相较遥感计算值偏大,2009 年后偏小。由于冰川规模不同,冰川储量随面积减小的退减速率不同。当减少相同面积时,大规模的冰川储量减少更多,这也是造成冰川储量在

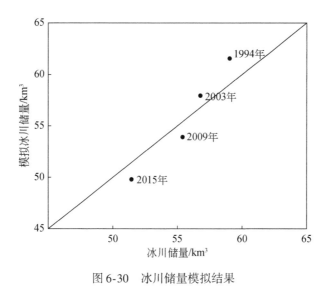

图 6-30　冰川储量模拟结果

2009 年后模拟值偏小的主要原因。但总体来看，模拟的相对误差为 -0.227%，模拟结果可以反映流域内冰川储量的变化情况，所提出的"积雪-冰川"耦合模拟方法适用于该地区的冰川模拟计算。

3. 径流模拟验证

为了研究模型改进前后对水循环过程及流量模拟的影响，对比分析了 WEP-COR 模型与 WEP-QTP 模型的模拟结果。分别对流域上游的工布江达站、流域最大支流上的巴河桥站和流域下游多布站的日流量过程进行了校准和验证。其中，将数据较为齐全的多布站的数据分为两部分：2013~2015 年的数据用于校准，2016~2018 年的数据用于验证。将工布江达站和巴河桥站 2013~2018 年的不连续实测流量数据用于模型验证。图 6-31 为 WEP-QTP 和 WEP-COR 模型模拟的三个流量站点的日流量过程与实测值对比。

表 6-7 为两模型在工布江达站、巴河桥站与多布站的日流量过程的率定和验证期结果。

由表 6-7 和图 6-31 可以发现，率定期两模型模拟的 NSE 相差不大，WEP-QTP 模型略优于 WEP-COR 模型，但是在验证期两模型的模拟表现相差较大，WEP-COR 模型三站模拟的平均 NSE 为 0.47，其中工布江达站模拟的 NSE 较高，但 RE 较大，模拟流量偏低。巴河桥站与多布站的 NSE 次之。WEP-QTP 模型在验证期的表现要优于 WEP-COR 模型，WEP-QTP 模型三站流量模拟的 NSE 均大于 0.75，平均 NSE 为 0.78，RE 的绝对值均小于 10%。其中 NSE 最大的为工布江达站，RE 最小的为多布站。WEP-QTP 模型三站的评价指标均优于 WEP-COR 模型。

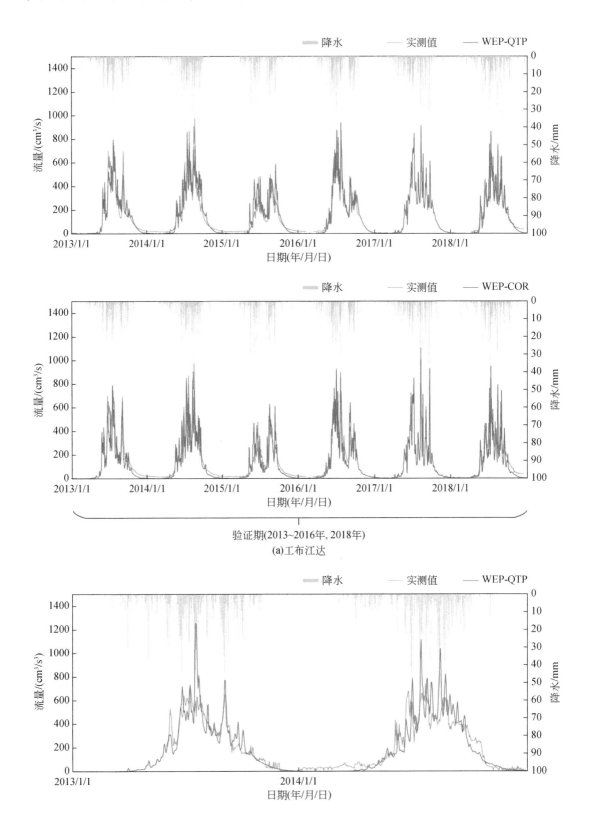

验证期(2013~2016年, 2018年)

(a)工布江达

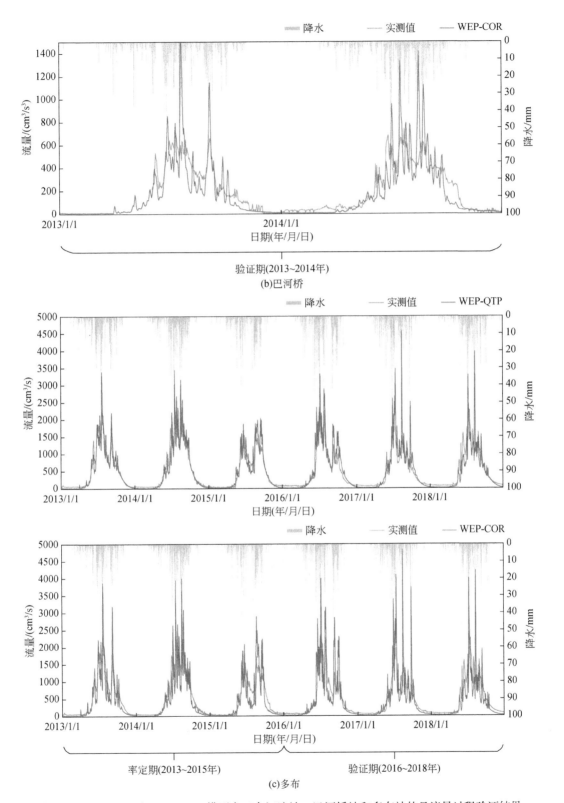

图 6-31　WEP-QTP 和 WEP-COR 模型在工布江达站、巴河桥站和多布站的日流量过程验证结果

表 6-7　WEP-COR 模型与 WEP-QTP 模型率定结果

模型	多布				工布江达		巴河桥	
	率定期		验证期		验证期		验证期	
	NSE	RE	NSE	RE	NSE	RE	NSE	RE
WEP-QTP	0.88	−8.4%	0.77	2.7%	0.79	−8.7%	0.77	−6.4%
WEP-COR	0.71	−11.7%	0.33	−6.2%	0.62	−12.5%	0.45	7.2%

对比两个模型在各站的表现效果可以发现，在对上游工布江达站的日流量过程进行模拟时，两模型 NSE 相差不大，但在最大支流站与下游站的日流量过程模拟时 WEP-QTP 模型的 NSE 相较于 WEP-COR 模型提升明显。这是由于巴河桥站的控制流域为流域降水的高值区，该区域的流量过程受下垫面影响更大，WEP-QTP 模型由于考虑了青藏高原的特殊下垫面与环境条件，在该站模拟效果明显优于 WEP-COR 模型，且作为尼洋河最大的支流，该流域内的径流过程模拟好坏直接影响下游多布站的流量拟合效果。总的来说，WEP-QTP 模型在尼洋河流域模拟效果较好，在验证期内 NSE 大于 0.75，RE 的绝对值小于 10%。模拟流量可用于进一步分析。

|第7章| 寒区流域水循环演变规律研究

本章采用第6章开发的寒区分布式水文模型,定量评估了气候变化对松花江流域冻土水文过程的影响,对雅鲁藏布江支流尼洋河流域径流组分演变进行了归因分析。

7.1 研究进展

7.1.1 寒区水循环演变规律

在地球历史中,全球气候经历了冷暖交替的自然过程,近百年来全球气候正在经历一场以变暖为主要特征的显著变化(秦大河等,2007;秦大河,2014)。寒区气温与蒸发整体呈增加的趋势,降水趋势随区域变化存在不同(New et al., 2001;Hemp, 2005;Spence et al., 2011;Bozkurt et al., 2017;Otte et al., 2017)。寒区作为全球水循环的一个重要环节,对气候变化敏感,且在全球变化的研究中备受关注(杨针娘,2000;陈仁升和丁永建,2017)。

冰川变化是气候变化的产物,气候变暖影响下,全球几乎所有冰川、格陵兰冰盖和南极冰盖的冰量都在损失。气候变化引起冰川积累量和消融量的变化导致雪线和冰川高度的升降以及运动速度快慢等一系列复杂的变化,最终使冰川面积增减、末端前进或退缩(秦大河等,2005)。世界各地冰川变化观测和研究表明,小冰期结束以来,全球范围内冰川退缩成为主导趋势。同时,多年冻土也在逐渐退化(杨建平等,2013;秦大河,2014),呈现从边缘向中心萎缩的趋势,且随着气候持续变暖,多年冻土将进一步退化(金会军等,2000),表现为多年冻土面积的锐减(Lawrence and Slater, 2012;Koven et al., 2013)、活动层厚度的加深(Zhao et al., 2010)、多年冻土温度升高(Zhao et al., 2010)。

气候变化通过影响寒区的蒸散发、积雪、冰川及冻土等进而影响寒区的径流演变过程。由于径流对气候变化的敏感性不同,寒区各地增减情况有所不同(杨针娘,2000;陈仁升和丁永建,2017)。在冰川径流主导的流域,冰川径流将呈现先增加后减小的变化趋势(杨针娘,2000;陈仁升和丁永建,2017)。在融雪径流主导的流域,由于积雪减少、春季消融提前和秋季积雪消融增加,将导致全年融雪径流量减少、春季径流提前和秋季径流量增加（陈仁升和丁永建，2017）。在冻土主导的流域，多年冻土的退化导致其作为"隔水层"的功能逐渐丧失，更多的地表水补给地下水，致使地表径流减少（陈仁升和丁永建，2017）。多年冻土区永久冻土层退化导致活动层深度增加，活动层深度低于临界深度会导致流域流量增加（Wang et al.，2009），高于临界深度会导致流量减少（Wang et al.，2009；郭阳等，2018）。在降水主导的区域，受降水影响，部分寒区径流随降水的增多而增加，如俄罗斯大部分地区与中国西北部阿尔泰南坡（Li et al.，2012；Tang and Oki，2016）；部分寒区径流随降水的减少而减少，如南非乞力马扎罗山、南美洲的安第斯山脉和阿尔泰山的南坡、松花江流域（Thompson et al.，2009；Li et al.，2012；Qiu et al.，2016；Otte et al.，2017；Rakhimova et al.，2020；Yang et al.，2020；Liu et al.，2022）。

7.1.2　基于水文模型的寒区水循环演变规律

水文模型是研究寒区水循环演变的重要手段之一。Bliss 等（2014）基于与高度相关的冰川质量平衡模型分析了全球冰川径流对气候变化的响应，结果显示，尽管所有区域的冰川净质量持续下降，但各区域的冰川年径流变化趋势差异很大，这取决于该区域冰川储量的减少速度。尽管大多数地区的径流呈显著的负趋势，但一些地区的径流稳步增加（加拿大和俄罗斯北极地区），或先增加后减少（斯瓦尔巴和冰岛）。赖祖铭等（1990）、叶佰生等（1997）、段克勤等（2012）分别基于水量平衡模型、冰川动力学模型、二维的Stokes 方程与物质平衡模型分析了天山北坡乌鲁木齐河源 1 号冰川对气候变化的响应，结果显示，目前的冰川融水量处在冰川退缩阶段的高值期，未来全球气候变暖，将会导致我国西北高寒山区以冰川融水补给为主的河川径流量逐渐减少；2040 年以前冰川末端退缩比较缓慢，2040 年以后冰川末端退缩加剧，最终于 2070 年左右退缩为冰斗。张小咏（2006）基于冰川消融时空模型发现，在全球气候变暖背景下天山的冰川发生大规模的萎缩，由冰川融水形成的径流占中亚内陆水资源的比例增大。

王建等（2001）基于融雪径流模型 SRM 和卫星遥感数据模拟气温上升、降水平稳框架下中国西北地区的融雪径流变化情势，结果表明，融雪期在时间尺度上的扩大导致融雪径流呈慢增加趋势且受径流周期变化控制，融雪径流峰值在时间上前移。王晓杰等（2012）基于 SRM 融雪径流模型分析了温度和降水变化对玛纳斯河径流量的影响。结果显示，以雪冰融水为主要补给的玛纳斯河，随着温度和降水的增加，径流量也会增加，并会使融雪径流提前。康尔泗等（1999）基于 HBV 模型分析了气候变化影响下黑河流域径流演变规律，结果显示，气温升高同时降水不变，尽管 5 月与 10 月积雪融雪增加导致河流径流增加，但是 7 月与 8 月蒸发量增大，致使年径流减少4%；气温不变同时降水增加会导致径流增加；气温和降水同时增加，径流增加率仅为 1.62%。Kalyuzhnyi 和 Lavrov

（2017）采用基于经验公式的水文模型分析了维亚特卡河流域的土壤冻结深度对冬季径流形成的影响，结果显示，土壤冻结深度调节了融化和冻结土层之间储存的土壤水分的重新分布。在气候变化影响下，土壤冻结深度降低，会导致冬季径流增加，融雪径流损失更大。虽然以上模型可以模拟气候变化影响下寒区冰川、冻土、径流的演变规律，但是无法从机理上揭示寒区流域水循环演变的机制。

7.1.3　基于分布式水文模型的寒区水循环演变规律

许多学者基于寒区分布式水文模型分析了寒区水循环过程。Motovilov 和 Gelfan（2013）基于分布式水文模型 ECOMAG 分析了北极地区径流对气候变化的敏感性，结果显示，年气温升高 1℃，模拟年径流减少 5% ~ 7%，主要是由于蒸发量增加；降水量增加 10% 导致模拟年径流增加 15% ~ 17%。李洪源等（2019）基于包含冰雪消融模块分布式水文模型 SPHY 模拟了疏勒河上游近 45 年的径流组成以及径流和各组分的变化，结果显示 1971 ~ 2015 年径流增加了 69.6%，冰川融水对流域径流增加的贡献率达到 48%，非冰川区降水增加的贡献率达到 52%。SWAT 模型是寒区水循环分析使用较多的分布式水文模型。张正勇（2018）将冰川物质平衡模型嵌入 SWAT 模型，分析了玛纳斯河流域的水循环过程，结果显示，降水增加时径流明显增加，气温升高会减少地表径流深度，但加速了冰川消融进而填补了由于蒸发而损失的部分径流量，未来气候情景下玛纳斯河流域径流量保持持续增加。魏潇娜等（2022）基于嵌入冰川模块的 SWAT 模型分析可知，气候变化背景下，玉龙喀什河流域冰川径流量呈显著增加趋势，而冰川径流对出山径流的贡献率呈显著下降趋势，喀拉喀什河流域冰川径流量与冰川径流贡献率均呈不显著增加趋势。Wang 等（2020）基于考虑冻融循环的 SWAT 模型模拟了密西西比河上游流域的水循环过程，结果显示，基流减少是密西西比河径流减少的主要组分。以上分布式水文模型虽然可以用于分析寒区的水循环过程，但是未考虑土壤的水热耦合过程。

一些学者采用基于水热耦合的分布式水文模型对寒区的水循环过程进行了分析。Kunstmann 等（2004）基于分布式水文模型 WaSiM- ETH 分析了气候变化对高寒山区 Ammer 河流域径流频率的影响，结果显示，气温升高，冬季降雨增多，降雪减少，导致冬季径流增加，夏季蒸发增加，导致径流减少。Zhang 等（2017）基于分布式水文模型 SHAWDHM 分析了气温升高对黑河流域水循环的影响，结果显示，气温升高导致蒸发增大，同时活动层深度增大，导致地表径流减少；气温升高导致永久冻土面积减少，但是由于蒸发增加，地下水补给量反而呈减少的趋势。Chen 等（2017）基于分布式水文模型 CBHM 分析了黑河流域上游冰川、融雪对径流的影响，结果显示，1960 ~ 2013 年，气温升高（2.9℃/54a）和降水量增加（69.2mm/54a），冰川和融雪径流分别增加了 9.8% 和 12.1%。Liu 等（2018）基于分布式水文模型 WEB- DHM- S 研究了气候变化对黄河流域上游径流的影响，结果显示，气温每升高 1℃，融雪径流与径流总量的比例下降 7%～9%。基于分布式水文模型 VIC-CAS，通过数值模拟结果结合观测数据，赵求东等（2020）定量解析了天山南坡冰川面积覆盖率最大（48.2%）的扎提河流域气候变化对径流的影响，结果显示，气候变暖后，冰川面积将持续萎缩，冰川径流于 21 世纪 10 年代达到拐点，随后明显减少，导致河道总径流量也将明显减少。

7.2 气候变化对松花江流域冻土水文 影响的定量评估

本节在采用 WEP-COR 模型模拟得到松花江流域土壤冻融及水文演变过程的基础上，分析了历史气候变化对松花江流域冻土水文的影响机制，预测了未来气候变化条件下冻土水文的演变趋势。

7.2.1 气候变化对松花江流域冻土水文的影响机制分析

年最大冻土深度指的是一年中土壤冻结的最大深度，冻融时间指的是一个冻融期内从土壤存在一定量的固态水开始到冻土全部融通这一时间段的日数。由于这两个指标能反映土壤冻融的主要特征，因此本节以它们作为代表，先分析了松花江流域土壤冻融的变化规律及其受气温驱动的机制，然后分析了气候变化对松花江流域天然径流过程的影响机制。

1. 松花江流域最大冻土深度演变规律分析

1）分析方法
目前学者对冻土时空分布演变规律的研究多集中在冻土冻融时间变化和冻土面积变化，对季节性冻土空间分布变化的定量评估还较少。根据 WEP-COR 模型模拟结果，提出一种季节性冻土分布变化的定量描述方法。

本方法首先根据模型模拟结果，分析得到每个计算单元内土壤最大冻深和冻融时间；再使用 ArcGIS 软件，选用插值方法对松花江流域的年最大冻深和冻融时间进行插值；分别设定等值线间隔为 50cm 和 30 天，绘制年最大冻深和冻融时间的等值线图；然后将选定的等值线转为栅格，将等值线所在栅格的经纬度进行平均求得平均值，即将一条等值线赋值到一个代表点上；最后对代表点的经度和纬度的年际变化规律进行分析，从而定量分析最大冻深和冻融时间移动的方向和速率。

2）最大冻土深度空间变化分析
应用统计方法和 WEP-COR 模型对全流域各单元的土壤冻融过程进行模拟，结果表明，1956~2010 年松花江流域年均气温为 2.71℃，以 0.40℃/10a 的速率上升，年最大冻土深度为 153cm，以 −3.55cm/10a 的速率变化，年冻融时间为 180 天，以 −3.09 天/10a 的速率变化。图 7-1 为松花江流域年最大冻土深度和冻融时间的年际变化，由图可知，随着松花江流域年均气温的总体上升，年最大冻土深度和冻融时间均有减小的趋势，两者的变化基本一致。

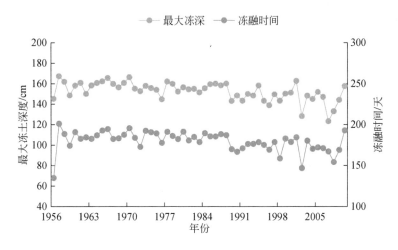

图 7-1 1956~2010 年松花江流域年最大冻土深度和冻融时间变化

借助 ArcGIS 软件，得到模拟的松花江流域年最大冻土深度分布图（图 7-2），此外，采用插值方法对松花江流域实测的年最大冻土深度数据进行插值，并设定等值线间隔为 50cm，绘制年平均最大冻土深度为 100cm、150cm 和 200cm 的等值线（图 7-2 虚线），分析最大冻土深度的等值线变化规律。由图可知，模拟的年最大冻土深度总体上呈现由南向北逐渐加深，北部深度最大，在东南部也有局部地区存在较大冻深。与实测最大冻土深度的插值结果相比，在最北部模拟的深度比实测展布的结果要浅，这可能是由于模型模拟考虑了土层厚度的修正，在北部山区土壤层厚度的输入值较浅。整体上来说，模拟结果与实测插值结果分布规律较一致。

图 7-3 为最大冻土深度等值线位置的年际变化。从空间格局上看，最大冻土深度整体上呈现由东南向西北变大的趋势，其中 100cm 等值线主要分布在中部偏西和东南部边界附近，150cm 等值线分布在流域中部以南，200cm 等值线大都分布在最北部，有少量分布在东南部高程较高地区。通过位置坐标加权平均可知 100cm、150cm 和 200cm 冻土深度等值线的位置地理坐标为 127°24′16″E 和 45°03′42″N、126°04′57″E 和 46°29′43″N 和 123°42′52″E 和 47°30′03″N。由图 7-3 可知，冻土深度大的等值线位置整体偏北、偏东。

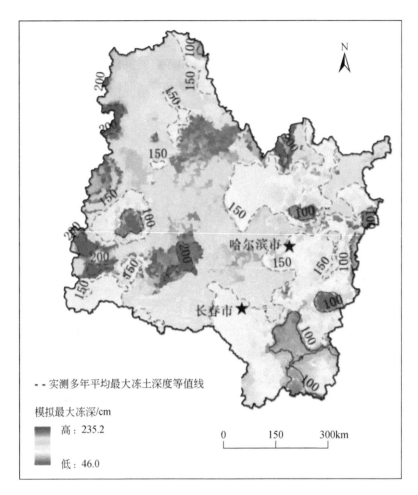

图 7-2　1956～2010 年松花江流域多年平均最大冻土深度

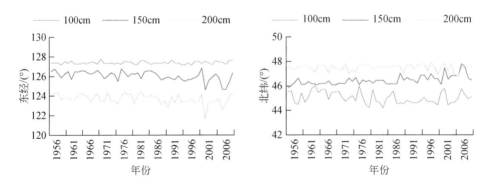

图 7-3　1956～2010 年松花江流域年最大冻土深度等值线中心位置变化

最大冻土深度等值线位移趋势性分析。对 100cm、150cm 和 200cm 最大冻土深度等值线的代表位置坐标进行逐年平均计算，然后用线性回归进行最大冻土深度等值线位移的趋势性分析，计算结果如表 7-1 所示。由表可知，100cm 等值线在经度方向呈不显著向东移动，在纬度方向上呈不显著的向南移动；150cm 等值线在经度方向和纬度方向上均有显著性变化趋势，向西向北迁移的趋势明显，这一结果主要是由东南部的等值线北移引起；200cm 等值线在经度方向上显著向西迁移，在纬度方向上呈不显著向南迁移规律。总体来说，较长的 150cm 和 200cm 等值线呈现向西的变化趋势，这说明东部冻土对温度变化比较敏感。

表 7-1　1956～2010 年松花江流域最大冻土深度等值线中心趋势性分析

变化率方向	100cm	150cm	200cm
东经/（°/10a）	0.007	-0.168**	-0.130*
北纬/（°/10a）	-0.084	0.156**	-0.008

**代表通过 0.01 显著性检验，*代表通过 0.05 显著性检验。

最大冻土深度等值线位移突变性分析。对 1956～2010 年松花江流域 100cm、150cm 和 200cm 最大冻土深度等值线的中心点经纬度序列采用滑动 t 检验法对其突变性进行检验，检验结果见图 7-4。由图可知，100cm 冻深等值线只在纬度方向迁移上发生显著性突变，其中 1970～1975 年、1978～1979 年通过了 $\alpha=0.05$ 的显著性检验；150cm 冻深等值线在经度和纬度方向上均发生了突变，经度方向上发生的突变主要在 1986～1990 年，通过 $\alpha=0.01$ 的显著性检验，150cm 冻深等值线在纬度方向上的突变发生在 1970～1974 年和 1987～1990 年，达到 $\alpha=0.01$ 的显著性检验；200cm 冻深等值线也在经度和纬度方向上均发生了突变，经度方向发生的突变主要在 1977 年、1986～1990 年，纬度方向突变在 1977～1978 年。总体看来，最大冻土深度等值线在 20 世纪 70 年代后期和 80 年代后期发生了突变，其中 80 年代后期的突变变化很显著。

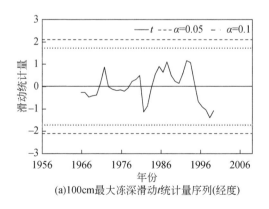

(a)100cm最大冻深滑动t统计量序列(经度)

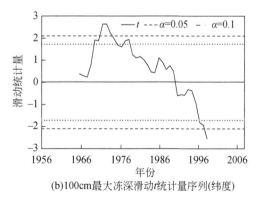

(b)100cm最大冻深滑动t统计量序列(纬度)

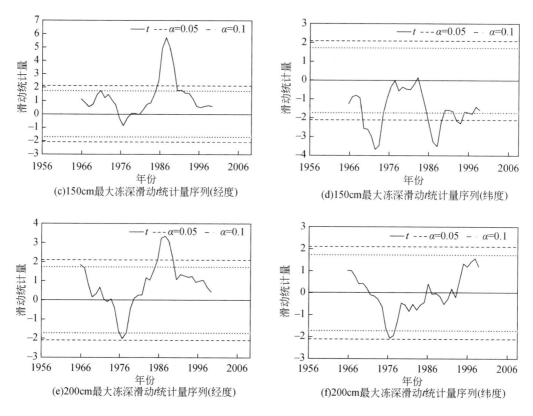

图 7-4　1956～2010 年松花江流域年最大冻土深度等值线滑动 t 检验

2. 气候变化对最大冻土深度的影响机制分析

1）最大冻土深度影响指标识别

　　为了进一步分析气候变化对最大冻土深度的影响机制，选取嫩江、西松和松干二级区的形心作为对象进行细化分析，嫩江形心、西松形心和松干形心的坐标分别为 123°33′12″E 和 47°45′21″N、126°28′25″E 和 43°18′01″N、128°22′28″E 和 46°12′10″N，高程分别为 189.47m、499.98m 和 118.61m。1956～2010 年，多年平均气温为 2.80℃、4.71℃ 和 2.83℃，模型模拟多年平均最大冻土深度为 176.9cm、91.1cm 和 157.0cm。

　　图 7-5 为三个二级区形心的年均温度和年最大冻土深度的多年变化，可知三个形心的气温和年最大冻土深度还是存在明显区分的，三个形心的年均温度均有上升的趋势，而年最大冻土深度有变浅的趋势。通过对比可知，西松形心的年均气温明显高于其他两处，嫩江形心和松干形心的年均气温相近，但是松干形心的气温略高。对三个形心的气温变化进行线性回归可知，气温变化率嫩江形心>西松形心>松干形心，增长率分别为 0.44℃/10a、0.35℃/10a 和 0.29℃/10a。

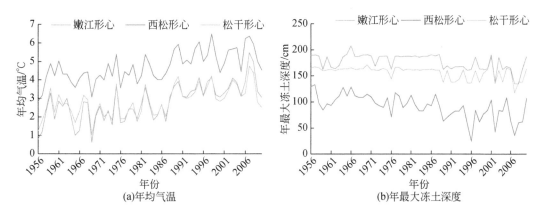

图 7-5　1956～2010 年松花江流域各二级区年均气温和年最大冻土深度变化

　　年最大冻土深度西松形心最浅，嫩江形心和松干形心相近，但是嫩江形心和松干形心的年最大冻土深度差别要比两者的年均气温差别明显，这可能是因为除了气温这个驱动因子外，还有土壤层厚度及降水条件都能影响冻土深度。对年最大冻土深度进行线性回归可知，嫩江形心最大冻土深度的变化率为 −4.96cm/10a，西松形心为 −9.20cm/10a，松干形心为 −3.74cm/10a，和气温变化规律相同，低纬度西松形心的年最大冻土深度对气温变化的响应更为敏感。

　　为了进一步识别气温对年最大冻土深度的影响机制，考虑到负温带来的温度势为土壤冻结的驱动力，选取了三个气温指标，即最冷月气温、最低日气温、冻时积温（从气温 0℃ 开始到冻深最大日总的气温之和），分析其与年最大冻土深度的相关性，识别主要的气温因子。在统计各年的气温指标变化时，把前一年冻结期开始的数据记录到后一年，即 1957 年统计的冻时积温是从 1956 年的 10 月开始统计的，这样可以确保气温指标与土壤冻融过程变化的一致性。

　　利用 Pearson 相关性分析方法分别对三个研究区的年最大冻土深度与气温指标进行相关性分析，表 7-2 为不同研究区不同气温指标与最大冻土深度间的 Pearson 相关系数。可以看出，各研究区最大冻土深度与三个气温因子均存在显著的负相关关系，三个气温因子中，按照最大冻土深度影响的相关程度排列，顺序为冻时积温>最低日气温>最冷月气温。由此可见，在三个研究区内，与最大冻土深度线性相关关系最好的因子为冻时积温。因此，选择该因子作为主导因子进一步分析其与最大冻土深度间的关系。

表 7-2　1956～2010 年松花江流域各二级区最大冻土深度与气温指标之间的相关系数

区域代表点	最低日气温	最冷月气温	冻时积温
嫩江形心	−0.722 **	−0.598 **	−0.769 **
西松形心	−0.671 **	−0.584 **	−0.739 **

续表

区域代表点	最低日气温	最冷月气温	冻时积温
松干形心	−0.650**	−0.641**	−0.705**

**在 0.01 水平（双侧）上显著相关。

2）最大冻土深度与影响指标变化的趋势性分析

通过 Pearson 相关分析已得出冻时积温是与最大冻土深度相关关系最好的气温指标，最大冻土深度呈现变浅的趋势，冻时积温也有变高的趋势，表 7-3 为各研究区的最大冻土深度和冻时积温 1956~2010 年变化率。可以看出，三个区域最大冻土深度变浅的趋势明显，冻时积温有增加的趋势。最大冻深和冻时积温在趋势变化上有一致性，冻时积温增加的同时最大冻深减小，且积温变化率大的区域最大冻土深度变化率也大。冻土深度的变化比气温变化响应敏感。

表 7-3　1956~2010 年松花江流域各二级区最大冻土深度与冻时积温趋势性分析

统计变量	嫩江形心	西松形心	松干形心
最大冻深/(cm/10a)	−4.96**	−9.20**	−3.74**
冻时积温/(℃/10a)	61.73	67.87**	38.06

**代表通过 0.01 显著性检验。

3）最大冻土深度与影响指标变化突变性分析

对 1956~2010 年二级区形心最大冻土深度和冻时积温采用滑动 t 检验法对其突变性进行检验，检验结果见图 7-6。由图可知，三个研究区的最大冻土深度和冻时积温均发生了显著的突变。嫩江形心最大冻土深度 1988~1996 年发生了突变，嫩江形心冻时积温在 1985~1990 年也发生了显著性突变；西松形心最大冻土深度除了 1970~1973 年发生突变外，在 1986~1990 年也发生显著突变，冻时积温在 1986~1990 年发生突变；松干形心最大冻土深度发生显著性突变的年份为 1986~1992 年，冻时积温在 1986~1990 年发生突变。

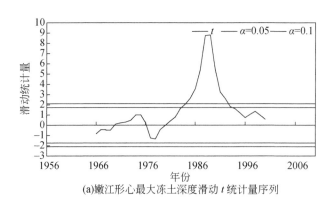

(a)嫩江形心最大冻土深度滑动 t 统计量序列

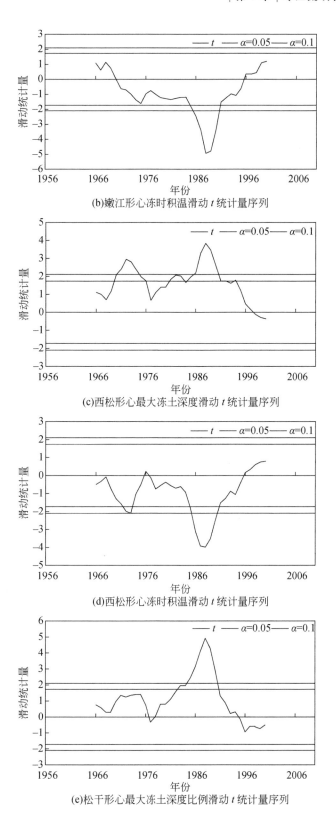

(b)嫩江形心冻时积温滑动 t 统计量序列

(c)西松形心最大冻土深度滑动 t 统计量序列

(d)西松形心冻时积温滑动 t 统计量序列

(e)松干形心最大冻土深度比例滑动 t 统计量序列

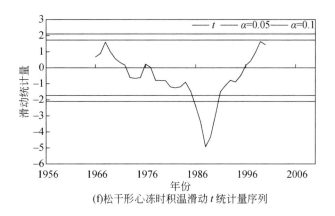

(f)松干形心冻时积温滑动 t 统计量序列

图 7-6　1956~2010 年松花江流域各二级区最大冻土深度与冻时积温滑动 t 检验

通过对比发现，三个研究区最大冻土深度变化较显著的是发生在 80 年代末的突变，最大冻土深度和冻时积温发生突变的时段相近，在突变年份上有一致性，但是略早于冻时积温突变。

4）最大冻土深度与影响指标变化回归分析

为了定量研究最大冻土深度与冻时积温的关系，对两变量分别进行线性回归分析和曲线回归分析（图 7-7）。经过多次拟合，得到曲线回归拟合效果最好的为二次曲线，并列出最大冻土深度和冻时积温的拟合式。

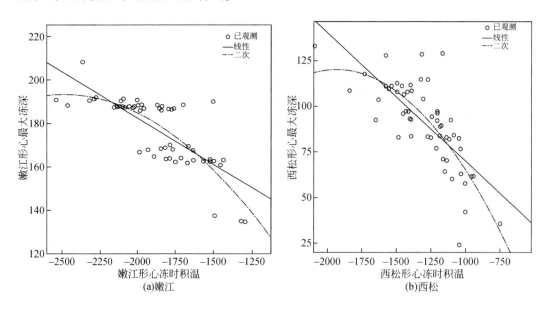

(a)嫩江　　　　　　　　　　(b)西松

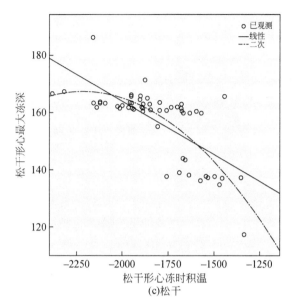

图 7-7　1956～2010 年松花江流域各二级区最大冻土深度与冻融时段积温的回归分析图

3. 松花江流域土壤冻融时间演变规律分析

模型模拟松花江流域 1956～2010 年多年平均年冻融时间为 180 天。将各子流域的冻融时间进行统计，并借助 ArcGIS 软件在全流域进行展布，研究不同冻融时间的变化规律。图 7-8 为松花江流域多年平均冻融时间的分布。

由图可知，年冻融时间在松花江流域的东南和西南边沿较短，然后由南向北逐渐延长的规律，冻融时间和最大冻土深度规律较一致，基本上最大冻土深度较深的区域冻融时间较长。采用插值方法将松花江流域冻融时间进行插值，冻融时间间隔设定插值间隔为 30 天，根据等值线分布情况选定了 150 天、180 天和 210 天冻融时间等值线矢量图分析变化规律。从空间格局上看，冻融时间的等值线在流域东侧有斑块状的规律，但是在流域中西部呈现由南向北推进的规律。通过对各等值线的位置坐标进行加权平均，计算得出 150 天、180 天和 210 天冻融时间等值线的多年平均位置地理坐标为 126°25′40″E 和 45°14′41″N、126°21′23″E 和 46°22′32″N、124°48′48″E 和 48°28′22″N，图 7-9 为冻融时间等值线中心点坐标的多年变化，整体上冻融时间自南向北，自东向西增加。

对各冻融时间等值线的位置坐标进行逐年加权平均计算，然后用线性回归对等值线位移进行趋势性分析，计算结果见表 7-4。可以看出，150 天等值线在经向和纬向上有不显著增加的趋势，向东北迁移；180 天和 210 天的等值线在两个方向上均有显著增加的趋势，180 天和 210 天冻融时间等值线向西向北迁移显著。150 天、180 天和 210 天冻融时间等值线的经度变化率为 0.081°/10a、-0.157°/10a 和 -0.132°/10a，纬度变化率为 0.008°/10a、0.236°/10a 和 0.283°/10a。

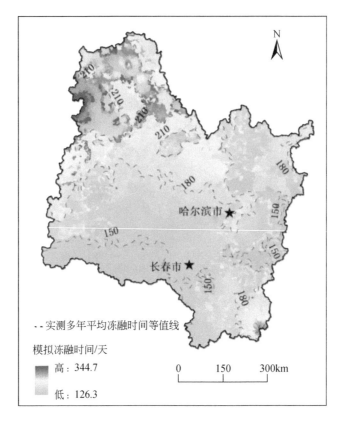

图 7-8　1956～2010 年松花江流域多年平均冻融时间

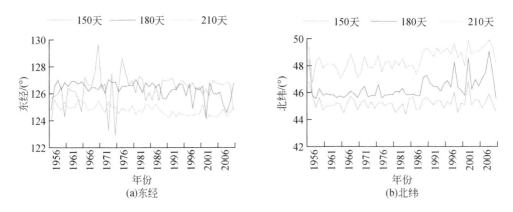

图 7-9　1956～2010 年松花江流域年冻融时间等值线中心位置变化

表 7-4 1956~2010 年松花江流域冻融时间等值线中心趋势性分析 （单位：°/10a）

方向	150 天	180 天	210 天
东经	0.081	-0.157**	-0.132**
北纬	0.008	0.236**	0.283**

＊＊代表通过 0.01 显著性检验。

对 1956~2010 年松花江流域 150 天、180 天和 210 天冻融时间等值线的中心点经纬度序列采用滑动 t 检验法对其突变性进行检验，检验结果见图 7-10。由图可知，150 天冻融时间等值线在经度方向上只有 1999 年发生了突变，在纬度方向上 1984~1985 年、1988 年发生突变；180 天等值线经度和纬度均发生了突变，但是突变的年份不同，经度在 1983 年和 1986~1989 年发生突变，纬度在 1983~1990 年发生突变；210 天等值线经度在 1971~1976 年、1986~1994 年发生突变，纬度在 1984~1994 年发生突变。通过对比发现，冻融时间越长，发生突变的年份持续越晚，但是整体来看，突变多发生在 20 世纪 80 年代末，且此阶段 t 值最大。

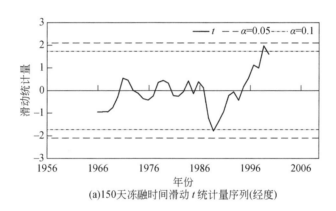

(a)150天冻融时间滑动 t 统计量序列(经度)

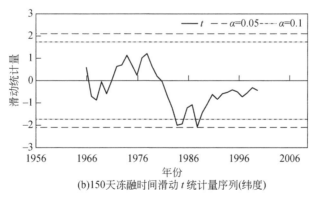

(b)150天冻融时间滑动 t 统计量序列(纬度)

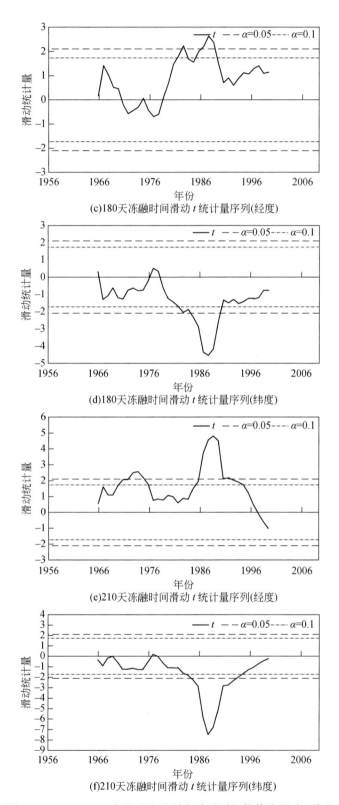

(c)180天冻融时间滑动 t 统计量序列(经度)

(d)180天冻融时间滑动 t 统计量序列(纬度)

(e)210天冻融时间滑动 t 统计量序列(经度)

(f)210天冻融时间滑动 t 统计量序列(纬度)

图7-10　1956～2010年松花江流域年冻融时间等值线滑动 t 检验

4. 气候变化对土壤冻融时间的影响机制分析

1) 土壤冻融时间影响指标识别

1956~2010 年，嫩江形心、西松形心和松干形心多年平均冻融时间为 187 天、174 天和 146 天。图 7-11 为三个二级区形心冻融时间年际变化。由图可知，三个形心的年冻融时间存在明显差异，整体上呈现冻融时间减少的趋势。对冻融时间进行线性回归可知，1956~2010 年嫩江、西松、松干形心冻融时间的变化率分别为 −3.42 天/10a、−10.27 天/10a 和 −2.86 天/10a，低纬度西松形心的年最大冻土深度对气温变化的响应较敏感。

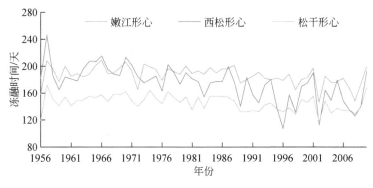

图 7-11　1956~2010 年松花江流域各二级区冻融时间变化

为了研究气候变化对年冻融时间的影响，选取了三个气温指标，即年负积温（气温低于零度的日气温之和）、年负气温天数、冻融期积温（土壤冻融期所有日气温之和），分析其与研究区土壤冻融时间的相关性。

利用 Pearson 相关性分析方法分别对三个研究区的年冻融时间与气温指标进行相关性分析，表 7-5 为不同研究区不同气温指标与冻融时间计算得出的 Pearson 相关系数。可以看出，各研究区冻融时间与年负积温、冻融期积温两因子呈现出较为显著的负相关关系，其中相关系数较大的因子为年负积温。年负气温天数与冻融时间的相关系数值大于零，呈显著正相关关系，但其相关系数绝对值小于年负积温与冻融时间的相关系数绝对值。由此可判断，在三个研究区内，与冻融时间线性相关关系最好的因子为年负积温。因此，选择该因子作为主导因子进一步分析其与因变量冻融时间的关系。

表 7-5　1956~2010 年松花江流域各二级区冻融时间与气温指标之间的相关系数

区域代表点	年负气温天数	年负积温	冻融期积温
嫩江形心	0.699**	−0.842**	−0.799**
西松形心	0.437**	−0.814**	−0.612**
松干形心	0.618**	−0.862**	−0.707**

**在 0.01 水平（双侧）上显著相关。

2) 土壤冻融时间与影响指标变化的趋势性分析

通过 Pearson 相关分析已得出年负积温是与冻融时间相关关系最好的气温指标,由结果可以看出,多年来研究区冻融时间逐渐变短,负气温积温逐渐上升,表 7-6 为1956~2010 年各研究区冻融时间与年负积温变化率。可以看出,嫩江形心、西松形心和松干形心的冻融时间和年负积温变化均达到了 $\alpha=0.05$ 的显著水平,说明冻融时间缩短变化明显,年负积温上升趋势也显著。冻融时间和年负积温在变化趋势上有一致性。

表 7-6 1956~2010 年松花江流域各二级区冻融时间与年负积温趋势性分析

统计变量	嫩江形心	西松形心	松干形心
冻融时间/(天/10a)	−3.42**	−10.27**	−2.86**
年负积温/(℃/10a)	63.09*	66.38**	39.38*

**代表通过 0.01 显著性检验, *代表通过 0.05 显著性检验。

3) 土壤冻融时间与影响指标变化的突变性分析

对 1956~2010 年二级区形心冻融时间和年负积温采用滑动 t 检验法进行突变性检验,检验结果见图 7-12。由图可知,嫩江形心的冻融时间和年负积温均在 1986~1990 年发生突变;西松形心的冻融时间和年负积温发生突变的年份也有相同,为 1971~1973 年和1985~1990 年;松干形心的冻融时间和年负积温均在 1986~1990 年发生突变。三个研究区

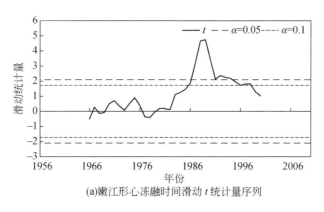

(a)嫩江形心冻融时间滑动 t 统计量序列

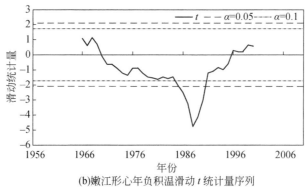

(b)嫩江形心年负积温滑动 t 统计量序列

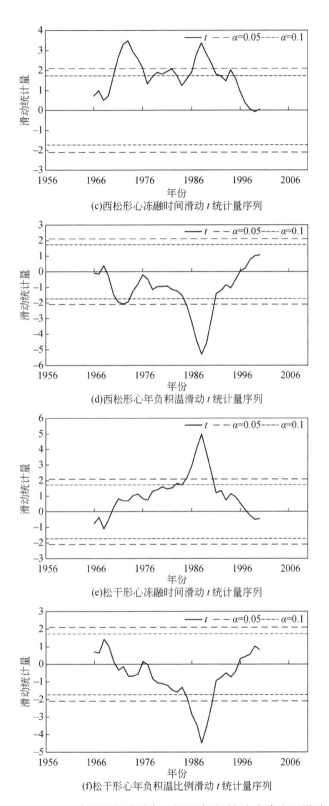

(c)西松形心冻融时间滑动 t 统计量序列

(d)西松形心年负积温滑动 t 统计量序列

(e)松干形心冻融时间滑动 t 统计量序列

(f)松干形心年负积温比例滑动 t 统计量序列

图 7-12　1956~2010 年松花江流域各二级区冻融时间与年负积温滑动 t 检验

的冻融时间和年负积温均在 1986～1990 年发生显著性突变，不同区域的冻融时间和年负积温在突变年份上存在一致性。

4）土壤冻融时间与影响指标回归分析

为了定量研究冻融时间与年负积温的关系，对两变量分别进行线性回归分析和曲线回归分析（图 7-13）。经过多次拟合，得到曲线回归拟合效果最好的为二次曲线。

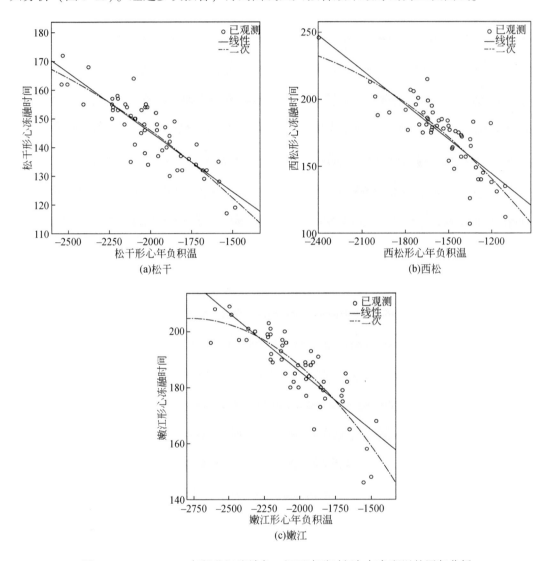

(a)松干

(b)西松

(c)嫩江

图 7-13　1956～2010 年松花江流域各二级区冻融时间与年负积温的回归分析

5. 气候变化对松花江流域天然径流过程的影响机制分析

近几十年来，在全球变暖的大背景下，松花江冻土表现出一定的萎缩趋势，导致松花江流域径流的改变，所以分析气候变化条件下松花江流域径流的演变规律，对于保障松花江流域水资源安全具有重要的理论和实践意义。

对 1956～2010 年松花江流域二级区出口断面的径流及各二级区的气象因子进行趋势性分析。为了深入研究气候变化对松花江流域径流的影响机制，结合寒区特色，将全年分为土壤冻结期（11 月、12 月、1 月、2 月和 3 月）、融化期（4 月、5 月）、非冻融期（6 月、7 月、8 月、9 月和 10 月）三个时期，分析了不同时期气候变化对径流过程的影响，通过回归分析方法，研究了降水、气温和冻结期降水三个气象因子与径流之间的关系。

1）趋势性分析

对嫩江流域（与嫩江水资源二级区大体对应）、西松流域（与西松水资源二级区大体对应）和松花江流域出口断面大赉站、扶余站、佳木斯站的径流量进行统计分析，三个流域的集水面积分别为 29.9 万 km²、7.4 万 km² 和 55.5 万 km²。图 7-14 为 1956～2010 年松花江流域径流量变化，由图可知，松花江流域的径流量有减少趋势，但是嫩江流域和西松流域的变化不明显。图 7-15 为 1956～2010 年模拟统计的嫩江流域、西松流域及松花江流域出口断面年内不同时期的多年平均径流量变化。嫩江、西松、松花江流域出口断面的多年平均径流量分别为 262.30 亿 m³、171.77 亿 m³ 和 666.29 亿 m³。

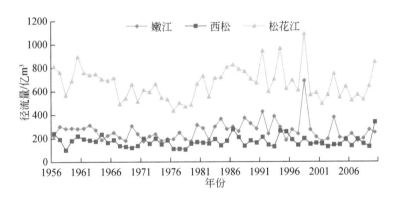

图 7-14　1956～2010 年松花江流域径流量变化

虽然划分的冻结期同为 5 个月，融化期时长同为 2 个月，但是不同研究区年内不同时期的径流量占全年径流量的比例不同。由图 7-15 可知，嫩江流域冻结期的径流量大于融化期；西松流域融化期的径流量大于冻结期，但差别不大，约 4 亿 m³，占全年径流量的 2.15%；全流域冻结期的径流量大于融化期。但总体来看，年内的径流量多来自非冻融期，嫩江、西松和松花江流域非冻融期径流量占年径流量的比例分别为 67.78%、77.33% 和 69.72%，都在 70% 左右。

为了分析径流变化原因，对降水和气温的多年变化过程进行了趋势分析，表 7-7～表 7-9 分别为径流量、降水和气温的趋势分析结果。可以看出，嫩江、西松和松花江流域全年与非冻融期径流量均呈减少的趋势，这与降水特别是非冻融期降水减少、气温升

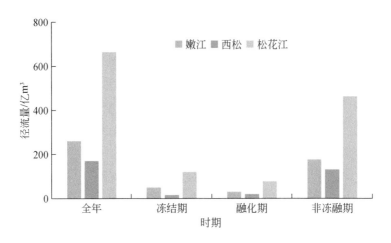

图 7-15 1956~2010 年松花江流域各二级区出口断面年内不同时期的径流量

高有关。冻结期嫩江和松花江流域径流均呈略微增加的趋势，一是因为降水增加，二是气温升高导致融雪增加；而西松流域受降水减少和气温升高共同作用，径流量基本不变。融化期嫩江流域径流呈增加趋势，主要因为降水增加的增流效应大于气温增加的减流效应；而西松和松花江流域降水增加幅度较小，抵消不了气温升高的减流效应，故径流呈减少趋势。

表 7-7 1956~2010 年松花江流域径流量变化趋势分析（单位：亿 m³/10a）

时期	嫩江	西松	松花江
全年	−3.662	−3.418	−31.906
冻结期	0.911 *	0.001	0.805
融化期	1.538 *	−0.575	−0.237
非冻融期	−6.111	−2.843	−31.638

*代表通过 0.05 显著性检验。

表 7-8 1956~2010 年松花江流域降水多年变化趋势分析 （单位：mm/10a）

时期	嫩江	西松	松花江
全年	−2.552	−9.363	−9.332
冻结期	0.857	−0.296	0.645
融化期	1.262	0.857	0.891
非冻融期	−5.001	−12.897	−10.824

表 7-9　1956～2010 年松花江流域气温多年变化趋势分析　（单位：℃/10a）

时期	嫩江	西松	松花江
全年	0.582 **	0.457 **	0.487 **
冻结期	0.659 **	0.609 **	0.570 **
融化期	0.696 **	0.536 **	0.574 **
非冻融期	0.352 **	0.304 **	0.313 **

** 代表通过 0.01 显著性检验。

2）相关性分析

采用 Pearson 相关性分析方法，分别对全年、冻结期、融化期和非冻融期各二级区出口断面的天然径流及相应气温和降水指标进行相关性分析，表 7-10 为径流与气象指标的相关系数。

表 7-10　1956～2010 年松花江流域径流与气象指标的相关系数

时期	嫩江		西松		松花江	
	降水	气温	降水	气温	降水	气温
全年	0.901 **	0.032	0.893 **	0.054	0.897 **	−0.195
冻结期	0.224	0.217	0.209	0.078	0.059	0.151
融化期	0.410 **	−0.013	0.492 **	−0.207	0.283 **	−0.270
非冻融期	0.911 **	−0.109	0.876 **	0.068	0.909 **	−0.155

** 在 0.01 水平（双侧）上显著相关。

对全年、融化期和非冻融期来说，嫩江、西松与松花江流域降水和径流具有强相关关系，气温和径流具有弱相关关系；对于冻结期来说，气温和径流均呈弱相关关系。

7.2.2　未来气候条件下松花江流域水循环模拟预测

气候变化背景下寒区冻土时空分布、水循环规律均有改变，基于寒区水文模型进行水循环演变规律的预测分析，对水资源管理和水环境风险防控具有重要意义。目前预测分析未来气候变化对水循环的影响，多采用将全球气候模式的输出结果和水文模型相结合的方法。将预测的未来气象要素作为水文模型的输入，模拟流域未来的水循环过程，再评价未来气候变化对径流的影响。

1. 预测方法与数据

选取国家气候中心（http://ncc.cma.gov.cn/cn/）公布的中国范围内的区域气候模式预测数据作为未来气候变化情景数据，该数据是使用区域气候模式 RegCM3.0 的模拟输出结果，选取中等排放模式 RCP4.5 的数据作为未来气候变化情景进行响应分析，原数据将未来 (2011 年 1 月～2050 年 12 月) 的月平均气温和月平均降水资料插值到 0.5°×0.5°分辨率的网格中。国家气候中心分析结果表明，该模式能较好地模拟中国区域的气温和降水变化。选取 2020～2050 年的月平均气温和降水作为未来气候条件下模型的输入，按照历史系列月内分布规律将预测数据进行降尺度，得到日尺度的数据；然后将 0.5°×0.5°分辨率的数据插值到子流域上，得到未来 30 年每个子流域的日均气温和日均降水资料。保持 1980～2010 年的土地利用、风速、湿度、日照时数等其他参数条件不变，作为 2020～2050 年模型的输入，以此来模拟预测未来气候模式下的径流变化。由于这两个时间段的年内天数一样，且土地利用等参数相比气温和降水来说变化幅度相对较小，此情景下的模拟具有一定的代表性。

气候变化预测的准确性直接影响模型预测结果，因此在预测数据应用前先将其与现阶段实测数据进行对比。将 2011～2013 年气候模式预测的降水、气温和实测的数据进行比对 (图 7-16)，可知预测结果对气温的模拟较好，对降水的预测结果偏高，误差较大。因此保留气温的预测结果，对降水预测结果进行修正。图 7-17 为气候模式模拟的松花江流域 1961～2009 年的降水结果与实测的对比情况，可知气候模式模拟结果偏高。通过对比实测和模拟数据的平均值获得修正系数，修正后的模拟结果有较大提升，虽然仍存在一定的差异，但总体可以反映流域降水的变化规律。采用此修正系数对 2020～2050 年的区域模式模拟结果进行修正，然后利用修正后的降水进行松花江流域的水循环过程模拟。

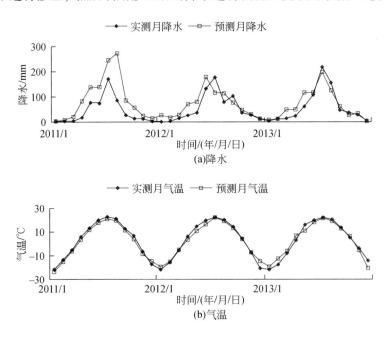

图 7-16 2011～2013 年气象站实测与气候模式预测的月均降水和气温

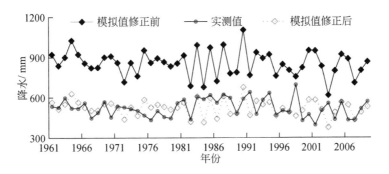

图 7-17 气象站实测与气候模式预测的松花江流域年均降水

2. 松花江流域未来气温和降水特征

图 7-18 为区域模式预测的 2020～2050 年松花江流域多年平均气温和降水的分布情况。可知，预测结果基本能反映流域内的降水和气温分布，且同历史序列的分布规律一致。气温整体呈由南向北降低，在松花江干流以南呈自西向东降低；降水在南部最大，中部最低，整体大致有自西向东增加的趋势。

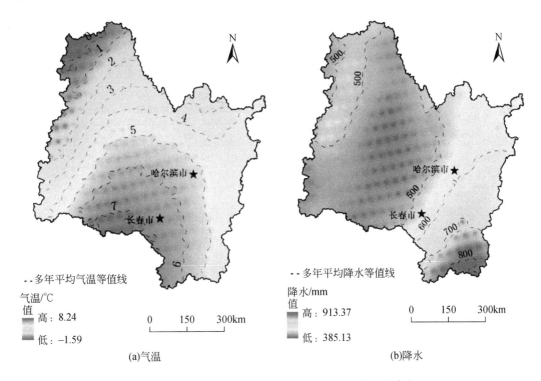

(a)气温　　　　　　　　　　　　　　　　(b)降水

图 7-18 2020～2050 年松花江流域多年平均气温和降水

图 7-19 为气候模式预测的松花江流域 2020～2050 年的年均降水和年均气温变化，可知年均气温整体上呈上升趋势，年均降水呈下降趋势。2020～2050 年松花江流域多年平均气温为 4.26℃，变化率为 0.45℃/10a，变化率显著增加，多年平均降水为 529.79mm，以 -14.46mm/10a 的趋势不显著变化。同历史序列相比，年均气温升高，年均降水减小。对嫩江、西松和松花江三个流域 2020～2050 年的降水和气温结果分年内不同时期进行统计，然后用线性回归对年内不同时期的降水、气温进行趋势性分析，结果见表 7-11 和表 7-12。可知 2020～2050 年年内不同时期的降水变化趋势不太相同，全年、冻结期、非冻融期各区域的年均降水均有减少的趋势，融化期降水增加。2020～2050 年三个流域的气温变化趋势相同，均呈现上升趋势，且在冻结期变化幅度最大。

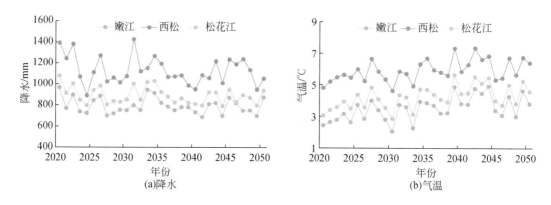

图 7-19　2020～2050 年松花江流域预测年均降水与年均气温

表 7-11　2020～2050 年松花江流域降水变化趋势分析　（单位：mm/10a）

时期	嫩江	西松	松花江
全年	-8.976	-21.091	-14.455
冻结期	-2.925	-5.334	-4.280
融化期	6.567	4.286	5.693
非冻融期	-12.617	-20.043	-15.868

表 7-12　2020～2050 年松花江流域气温变化趋势分析　（单位：℃/10a）

时期	嫩江	西松	松花江
全年	0.469	0.391	0.445
冻结期	0.682	0.554	0.644
融化期	0.325	0.336	0.342
非冻融期	0.393	0.314	0.361

3. 松花江流域未来冻土演变趋势预测

1）最大冻土深度预测

根据模型模拟结果，2020～2050 年，松花江流域多年平均最大冻土深度为 147cm，以 −3.718cm/10a 的速率变化，与 1956～2010 年相比，平均最大冻土深度变浅 6cm。图 7-20 为松花江流域未来年最大冻土深度和年冻融时间变化。由图可知，随着气温变化，松花江流域年最大冻土深度和年冻融时间呈减少趋势。

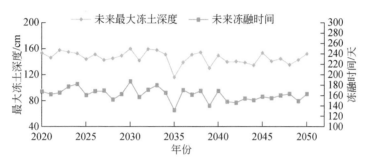

图 7-20　2020～2050 年松花江流域最大冻土深度和冻融时间

借助 ArcGIS 软件，得到 2020～2050 年松花江流域多年平均最大冻土深度分布（图 7-21）。由图可知，年最大冻土深度总体上呈现由东南向西北方向逐渐加深的规律，

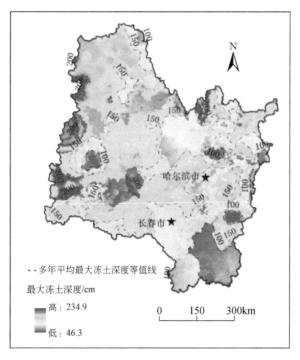

图 7-21　2020～2050 年松花江流域未来多年平均最大冻土深度

与 1956～2010 年流域最大冻土分布相比，南部最大冻土深度变浅。采用插值方法对松花江流域的年最大冻土深度数据进行插值，并设定等值线间隔为 50cm，绘制年平均最大冻土深度为 100cm、150cm 和 200cm 的等值线，得到松花江流域年最大冻土深度的等值线图。

通过将多年平均最大冻土深度等值线的位置坐标进行平均，计算得出 100cm、150cm 和 200cm 冻土等值线代表点的地理坐标为 127°18′05″E 和 45°05′44″N、126°01′13″E 和 46°46′37″N、122°54′41″E 和 47°24′11″N。分析发现，100cm 等值线向西北移动，这主要是由北部区域冻土退化引起的；150cm 等值线也向西北移动，这主要由松花江干流附近以及嫩江出口以西区域冻土深度变化引起；200cm 等值线向西南移动，这主要由东北部边缘地带冻土变化引起。

图 7-22 为最大冻土深度等值线代表点位置的年际变化。用线性回归进行最大冻土深度等值线位移的趋势性分析，计算结果如表 7-13 所示。总体来说，100cm、150cm 和 200cm 等值线均有向西向北摆动的趋势。100cm、150cm 和 200cm 最大冻土深度等值线经度变化率为 $-0.040°/10a$、$-0.285°/10a$ 和 $-0.156°/10a$，纬度变化率为 $0.128°/10a$、$0.093°/10a$ 和 $0.044°/10a$。

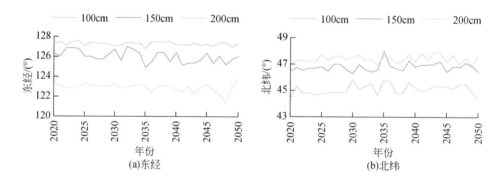

图 7-22 2020～2050 年松花江流域最大冻土深度等值线代表点位置变化

表 7-13 2020～2050 年松花江流域最大冻土深度等值线中心趋势性分析

（单位：°/10a）

变化率	100cm	150cm	200cm
东经	−0.040	−0.285**	−0.156**
北纬	0.128	0.093	0.044

＊＊代表通过 0.01 显著性检验。

2）土壤冻融时间预测

据模型模拟结果，2020～2050 年，松花江流域多年平均冻融时间为 163 天，以

-5.73d/10a的速率变化,与1956~2010年平均值相比冻融时间变短17天,变化速率有所增加。借助ArcGIS软件,采用插值方法对松花江的多年平均冻融时间数据进行插值,并设定等值线间隔为30天,绘制多年平均冻融时间为150天、180天和210天的等值线,得到2020~2050年时段松花江流域多年平均冻融时间分布图(图7-23)。从空间格局上看,冻融时间150天等值线在流域基本在松花江干流以南,2020~2050年东南、西南边缘的等值线有向中部推移的特征,整体上150天等值线向西北扩张,180天和210天等值线向北偏移。通过对各等值线的位置坐标进行平均,计算得出150天、180天和210天冻融时间等值线代表点的地理坐标为126°41′59″E和45°40′50″N、125°29′32″E和47°39′47″N、124°04′07″E和49°30′36″N。

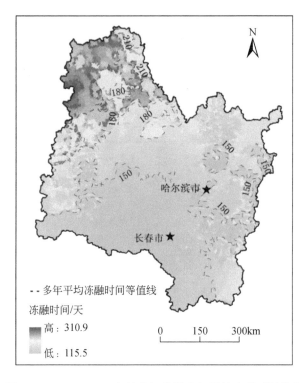

图7-23 2020~2050年松花江流域多年平均冻融时间分布

图7-24为冻融时间等值线代表点坐标位置的多年变化情况。用线性回归对等值线位移进行趋势性分析,计算结果如表7-14所示。由表可知,150天、180天和210天冻融时间等值线均有向北迁移的趋势,但是东、西方向上的摆动规律有所不同,150天等值线向东、向北摆动,而180天、210天等值线向西、向北迁移。150天、180天和210天冻融时间等值线在经度上的变化率为0.128°/10a、-0.480°/10a和-0.055°/10a,在纬度上的变化率为0.416°/10a、0.458°/10a和0.221°/10a。

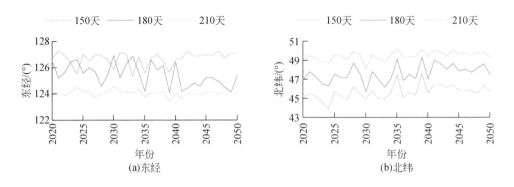

图 7-24　2020～2050 年松花江流域年冻融时间等值线中心位置变化

表 7-14　**2020～2050 年松花江流域年冻融时间等值线中心趋势性分析**

（单位：°/10a）

变化率方向	150 天	180 天	210 天
经度	0.128	−0.480 **	−0.055
纬度	0.416 **	0.458 **	0.221 **

＊＊代表通过 0.01 显著性检验。

4. 松花江流域未来径流预测

模拟并统计 2020～2050 年嫩江、西松和松花江流域出口断面的径流量，图 7-25 为 2020～2050 年年内不同时期的多年平均径流量变化。可知，未来嫩江、西松和松花江流域的多年平均径流量分别为 207.19 亿 m³、148.63 亿 m³ 和 550.58 亿 m³，与 1956～2010 年多年平均径流量比均有所减少。径流量年内各时期分配关系没变，嫩江和松花江流域为冻

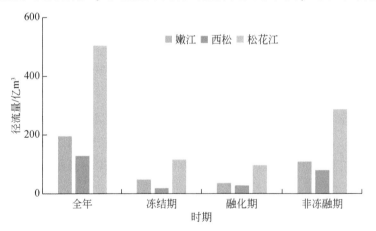

图 7-25　2020～2050 年松花江流域年内不同时期平均径流量

结期>融化期，西松流域为融化期>冻结期。嫩江、西松和松花江流域非冻融期径流量占年径流量的比例分别为 54.91%、61.96% 和 57.09%，非冻融期占比少于 1956～2010 年。

图 7-26 为 2020～2050 年松花江流域出口断面径流量年际变化情况，表 7-15 为 2020～2050 年松花江流域年内不同时期径流量变化趋势分析结果。由表可知，各区域出口断面径流量在年内不同时期的变化情况各不相同，在全年、融化期、非冻融期径流有减少趋势，在冻结期有增加趋势。

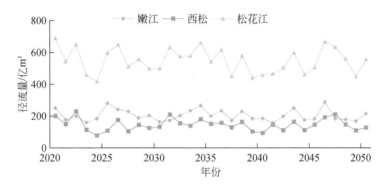

图 7-26　2020～2050 年松花江流域径流量变化

表 7-15　2020～2050 年松花江流域径流量变化趋势分析（单位：亿 m³/10a）

时期	嫩江	西松	松花江
全年	−4.223	−3.408	−13.849
冻结期	0.914	2.778	0.620
融化期	−3.209	−3.948	−10.655
非冻融期	−1.927	−2.238	−3.814

7.3　尼洋河流域径流演变及归因分析

7.3.1　分析方法

为了研究气候变化条件下尼洋河流域径流演变规律，基于历史观测数据，通过统计学方法对尼洋河流域长系列的气象（气温、降水）、径流过程的演变规律进行了分析。采用 Mann-Kendall（MK）趋势分析法对各指标年尺度上的变化趋势进行了分析，通过采用 Pettitt 法计算了各指标的突变性，通过小波分析分析各指标的变化周期性。为定量探究造成径流量及各组分变化的原因，研究采用基于模型的多因素归因分析方法分析降水、气温两个因素对径流及其各项组分变化的贡献。各方法简述如下。

1. 统计分析方法

1）Mann-Kendall（MK）趋势分析法

MK趋势分析法，是一种基于非参数统计的检验方法，被广泛应用于气象及水文序列的趋势性及显著性检验。MK检验前首先剔除序列的自相关，计算过程如下。

首先计算序列的一阶自回归系数 ρ：

$$\rho = \frac{\text{cov}(x_i, x_{i+1})}{\text{var}(x_i)} \tag{7-1}$$

$$\text{cov}(x_i, x_{i+1}) = \frac{1}{n-2} \sum_{i=1}^{n-1} (x_i - \bar{x})(x_{i+1} - \bar{x}) \tag{7-2}$$

$$\text{var}(x_i) = \frac{1}{n-1} \sum_{i=1}^{n} (x_i - \bar{x})^2 \tag{7-3}$$

式中，$\{x_i, i=1, 2, 3, \cdots, n\}$ 代表进行MK检验的数据系列；$\bar{x}$ 为数据系列均值；n 代表待检验数据个数。

剔除序列自相关后，得到去除自相关后的新序列 $\{x_i', i=1, 2, 3, \cdots, n\}$：

$$x_i' = x_i - \rho x_{i-1} \tag{7-4}$$

新序列仍记为 $\{x_i, i=1, 2, 3, \cdots, n\}$。对去除自相关后的新序列进行MK检验，MK检验中所构造的统计量为

$$Z_c = \begin{cases} \dfrac{S-1}{\sqrt{\text{var}(S)}}, & S>0 \\ 0, & S=0 \\ \dfrac{S+1}{\sqrt{\text{var}(S)}}, & S<0 \end{cases} \tag{7-5}$$

$$S = \sum_{i=1}^{n-1} \sum_{k=i+1}^{n} \text{sgn}(x_k - x_i) \tag{7-6}$$

$$\text{sgn}(x_k - x_i) = \begin{cases} 1, & (x_k - x_i) > 0 \\ 0, & (x_k - x_i) = 0 \\ -1, & (x_k - x_i) < 0 \end{cases} \tag{7-7}$$

Z_c 为按 x_i 顺序计算出的标准正态分布序列。给定显著性水平 α 下，如 $|Z_c| > Z_{1-\alpha/2}$，则系列有明显趋势变化。检验中的 Kendall 倾斜度 β 用以表征单调趋势，$\beta > 0$ 时，序列有上升的趋势，反之则为下降趋势，β 表示为

$$\beta = \text{Median}\left(\frac{x_i - x_j}{i-j}\right), \forall j < i \tag{7-8}$$

2）Pettitt 突变检验分析法

Pettitt 检验法是一种基于 Mann-Whitney 的非参数序列突变检验方法，此方法由系列均

值变化的时间节点来确定序列的突变点，适用于具有较少突变点的检验序列。其计算过程简便，能较好地识别突变节点。Mann-Whitney 的非参数统计量计算如下：

$$U_{t,N} = U_{t-1,N} + \sum_{i=1}^{n} \mathrm{sgn}(x_t - x_i), t = 2,3,4,\cdots,n \tag{7-9}$$

Pettitt 突变检验的统计量计算如下：

$$p = 2\exp\left\{-6\,K_{t,N}^2 / (N^3 + N^2)\right\} \tag{7-10}$$

$$K_{t,N} = \max|U_{t,N}|, (1 \leq t \leq N) \tag{7-11}$$

式中，当 $p \leq 0.05$ 时，则认为待检验序列中存在突变点。

3) 小波分析

小波分析主要用于时间序列的滤波、消噪、信息量系数和分形维数的计算，同时还可用于周期成分的识别以及多时间尺度分析等。

对于基小波函数 $\psi(t)$，通过尺度的伸缩和时间轴上的平移后，可以构成一簇函数系：

$$\psi_{a,b}(t) = \frac{1}{\sqrt{|a|}}\psi\left(\frac{t-b}{a}\right) \tag{7-12}$$

式中，$\psi_{a,b}(t)$ 代表子小波；a 代表尺度伸缩因子，反映周期的伸缩长度；b 代表平移因子，反映时间上的平移。

对于给定的能量信号 $f(t) \in L^2(R)$，其连续小波变换的离散形式如下：

$$W_f(a,b) = \frac{1}{\sqrt{|a|}}\Delta t \sum_{i=1}^{n} f(i\Delta t)\,\bar{\psi}\left(\frac{i\Delta t - b}{a}\right) \tag{7-13}$$

式中，Δt 为取样间隔；n 为样本数；$\bar{\psi}(t)$ 为 $\psi(t)$ 的复共轭函数；复 $f(i\Delta t)$ 为离散数据序列，离散化的小波变换构成标准正交系。实际应用中最主要是由小波变换方程得到小波系数，然后通过小波系数分析数据序列的时谱变化特征。

选用在气候及水文要素多时间尺度研究中应用广泛的 Morlet 小波作为基小波：

$$\psi(t) = \mathrm{e}^{-\frac{t^2}{2}}\mathrm{e}^{i\omega_0 t} \tag{7-14}$$

Morlet 小波的频域函数为

$$\hat{\psi}(\omega) = \sqrt{2\pi}\,\mathrm{e}^{-(\omega-\omega_0)^2/2} \tag{7-15}$$

其中，将变换系数的平方对时间域进行积分，即可得到 Morlet 小波方差：

$$\mathrm{Var}(a) = \int_{-\infty}^{+\infty} |W_f(a,b)|^2 \mathrm{d}b \tag{7-16}$$

获得的小波方差图可用来确定信号中不同种尺度扰动的相对强度和存在的主要时间尺度，通过分析小波方差的峰值来识别时间序列中的多时间尺度，即多级主周期。

2. 径流演变多因素归因分析方法

在定量研究造成径流演变的原因时，单因素变化（气温或降水）造成的影响一般由因素变化期模拟结果与基准期模拟结果的差值表征。然而,各因素对水循环过程的影响并非独立的,各因素间作用相互影响,由此计算所得的各因素变化量之和不等于全因素变化引起的总变化量。基于模型的多因素归因分析方法可以有效解决这一问题(Liu et al.,2019)。

根据方法要求,对 n 个影响因素的取值,分别设置基准期和变化期两个水平,考虑 n 个影响因素具有不同取值的组合情景,共设计 2^n 个模拟情景。情景设置后,用分布式水文模型分别进行模拟,得到各情景下的长系列模拟值,根据不同时间尺度统计其均值用于归因分析。

各因素贡献率计算公式为

$$\delta x_i = \frac{1}{2^{n-1}} \sum_{j=1}^{2^n} e_{i,j} \times S_j, i = 1, \cdots, n \tag{7-17}$$

$$\beta_i = \frac{\delta x_i}{\left| \sum_{j=1}^n \delta x_j \right|} \times 100\%, i = 1, \cdots, n \tag{7-18}$$

式中, δx_i 为因素 x_i 的贡献量; $e_{i,j}$ 为第 i 个因素在第 j 个情景下的权重系数(按变化期取值, $e_{i,j} = 1$;按基准期取值, $e_{i,j} = -1$); S_j 为第 j 个情景的模拟值(对应时间尺度模拟值); n 为因素个数; β_i 为第 i 个因素对总变化的贡献率,用于表征单个因素变化对总体造成变化的贡献程度。

7.3.2 气象及径流演变规律

1. 趋势分析

对尼洋河流域年均气温、年降水量、年径流量变化过程进行 MK 趋势分析。当显著性水平 $\alpha = 0.05$ 时,如果 $Z_{1-\alpha/2} = 1.96$, $|Z_c| > 1.96$,则被检验序列有显著趋势性变化,当 $\beta > 0$ 时,呈显著上升趋势, $\beta < 0$ 时呈显著下降趋势。趋势分析结果如图 7-27 所示。

尼洋河流域内年平均气温 $-1.36℃$。MK 检验统计量 $Z_c = 4.87$, $\beta = 0.0248$,因此流域内年平均气温呈显著增加趋势。1961 ~ 2018 年尼洋河流域气温的增长率为 $0.224℃/10a$;流域内年均降水量 1425mm,MK 检验统计量 $Z_c = 2.71$, $\beta = 5.0311$,降水同样呈显著增加趋势。自 1961 年来流域内年降水增加速率为 5.3mm/a;对于年均流量,流域内年均流量为 436.25 m^3/s,MK 检验统计量 $Z_c = 2.70$,,同气温降水变化趋势一致,流域内年流量呈显著上升趋势,增长率为 2.1 $m^3/(s \cdot a)$。体现在年径流量的变化如表 7-16 所示,20 世纪 70 年代水资源总量最低,为 96.96 亿 m^3,此后 80 年代到 90 年代有所增加,增加到 157.72 亿 m^3,进入 2000 年以后水资源量有所减小,至 142.40 亿 m^3。

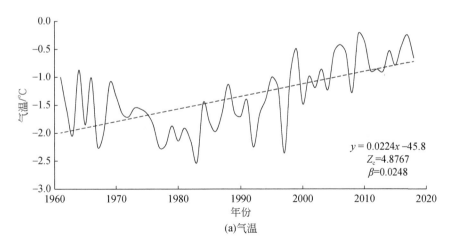

(a)气温

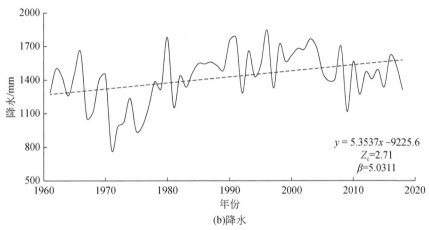

(b)降水

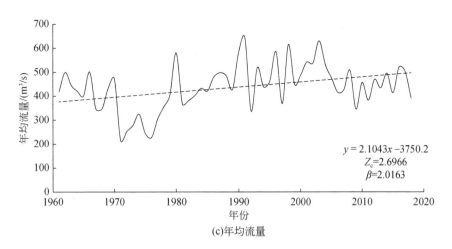

(c)年均流量

图 7-27　尼洋河流域气温、降水、年均流量变化趋势

表7-16 不同时期尼洋河流域年内水资源量 （单位：亿 m³）

时段	1961～1969 年	1970～1979 年	1980～1989 年	1990～1999 年	2000～2009 年	2010～2018 年
径流量	133.50	96.96	141.10	157.72	154.39	142.40

2. 突变分析

对尼洋河流域气温、降水、年均流量变化过程，采用 Pettitt 法计算了各指标的突变性结果，如图7-28 所示。

根据 Pettitt 突变检验结果可知，气温、降水年径流量的突变检验 p 值均小于 0.05，因此都存在突变点。气温在 1998 年的统计量 $U_{t,N}$ 为 -707，小于 0.01 显著水平值 -473.61，且为该区域逐年降水量检验统计量中绝对值最大值，因此可确气温在 1998 年发生了显著性突变。突变前流域平均气温为 $-1.67℃$，突变后为 $-0.75℃$，相较于突变前增加了 $0.92℃$。

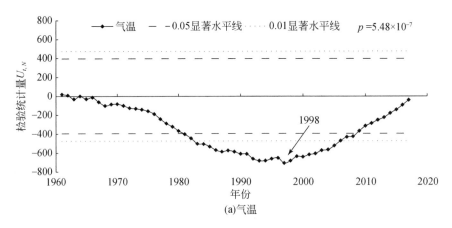

(a)气温

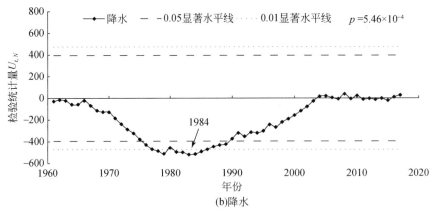

(b)降水

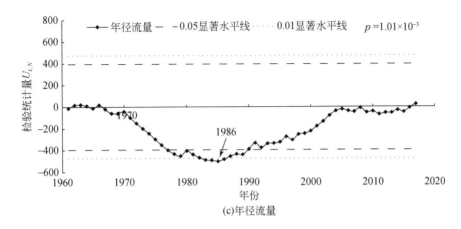

图 7-28 尼洋河流域气温、降水、年径流量的检验统计量 $U_{t,N}$ 的变化过程图

同样，在 0.01 显著性水平下可以分别确定降水、年径流量的突变节点。降水发生突变的年份为 1984 年，突变前流域年降水量为 1274.96mm，突变后为 1531.91mm，相较于突变前增加了 20.15%。年均流量发生突变的年份为 1986 年，突变前流域年径流量为 378.58m³/s，突变后为 479.95m³/s，相较于突变前增加了 26.78%。

3. 周期分析

根据小波分析原理可知，小波变换系数 $W_f(a, b)$ 随尺度因子 a 和平移因子 b 变化而变化。因此以尺度因子 a 为纵坐标，平移因子 b 为横坐标，绘制小波变换系数 $W_f(a, b)$ 的小波变换等值线图。如若 $W_f(a, b) > 0$，则表明该时间节点对应的序列值较均值偏大；若 $W_f(a, b) < 0$，则表明该时间节点下的序列值较均值偏小；若 $W_f(a, b) = 0$，则表明该时间节点为突变点。同时，所选取的 Morlet 小波变换系数为复数，包含模和实部两个变量。模的大小可以表征信号变换的强弱，实部则可以表征不同时间尺度下信号的分布情况。因此小波分析中的小波变换系数图由实部时频分布图和模方时频分布图两部分组成。

采用小波分析方法对尼洋河流域 1961~2018 年气温、降水和年均流量数据分别进行周期分析，并根据分析结果分别绘制小波实部等值线图、小波系数模值图以及小波方差图。由小波实部等值线图，可以确定数据序列在不同时间尺度下的周期变化及其在时间域中的分布。小波系数模值图用于确定不同时间尺度下数据序列在时间域上周期的显著性，根据小波方差图可确定降水序列的多级主周期。

以气温为例对周期分析过程进行如下说明：小波实部等值线图可用于确定在不同时间尺度下，数据时间序列的变化趋势。以时间（年份）为横坐标，以时间尺度为纵坐标，绘制气温数据的小波实部等值线图如图 7-29 所示。图中数值的正负交替变化表明气温序列的高低交替变化（对应降水、径流数列的即为丰、枯变化）。根据图分析确定，尼洋河流域平均气温在24～30年时间尺度上呈明显的高低交替变化，在5～8年时间尺度上存在部分高低交替变化过程。但在5～8年时间尺度上高低交替变化不如在24～30年时间尺度上显著，且没有分布在整个1961～2018年的时间域上。

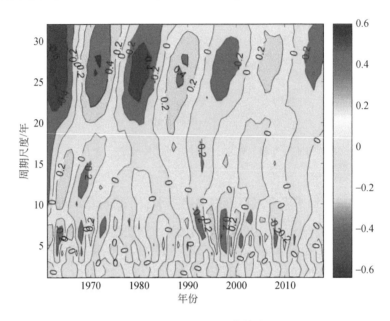

图 7-29　气温小波实部等值线图

以时间（年份）为横坐标，以时间尺度为纵坐标绘制的气温小波系数模值图如图7-30所示。Morlet 小波系数模值反映的是不同时间尺度下变化周期对应的能量密度在时间域中分布情况，系数模值越大代表其对应时段下的周期尺度周期性越强。由图可知，尼洋河流域气温在24～30年时间尺度上的能量密度相对较强，在5～8年时间尺度上的能量密度不如在24～30年时间尺度上强且覆盖区域较少。同时可结合图7-29和图7-30，分析可知，1961～1995年的气温周期以24～30年的时间尺度为主导，1996～2002年气温波动主要受5～8年时间尺度的周期性影响，2002～2018年周期性不明显。

进一步由小波方差图分析确定气温序列存在的多级主周期。小波方差随尺度伸缩因子 a 的变化过程为小波方差图，用于反映信号波动能量随尺度 a 的变化过程。通过分析小波方差的峰值可识别时间序列中的多时间尺度，即多级主周期。气温小波方差图如图7-31所示。可以发现，尼洋河流域年均径流存在多级主周期。第一主周期为27年，第二主周期则为6年，气温两个主周期的小波实部变化分别如图7-32所示。

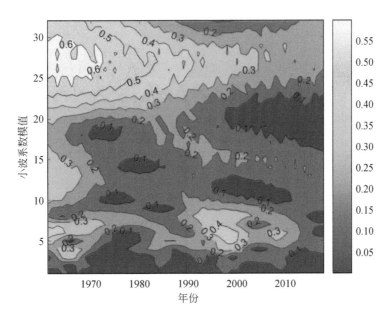

图 7-30　气温小波系数模值图

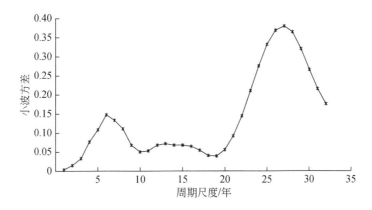

图 7-31　气温小波方差图

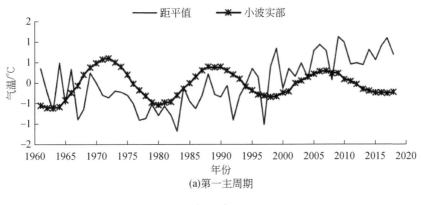

(a)第一主周期

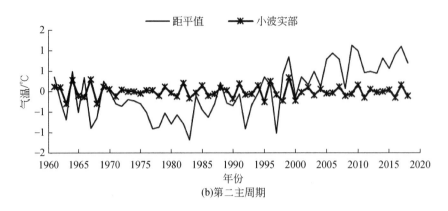

(b)第二主周期

图 7-32　气温多级主周期小波实部变化图

同样地，对于降水与流量，通过小波分析可确定区域的多级主周期及其显著区间以及不同时间尺度对应的周期大小。降水与流量变化趋势较为类似，由小波实部等值线图（图7-33）与小波系数模值图（图7-34）可以看出，降水在24～28年时间尺度上于整个1961～2018年时间域丰枯交替出现，流量除在24～28年时间尺度上整个时间域丰枯交替外，在13～17年时间尺度上于1961～1990年时间域丰枯交替出现，但不如24～28年时间尺度明显。进一步根据降水、流量的小波方差图和小波实部变化图（图7-35和图7-36）分析，降水、流量的主周期一致，为28年，与气温第一主周期27年较为接近，在周期变化上气温、降水、流量有较好的一致性。

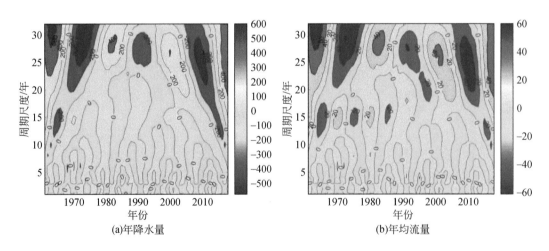

(a)年降水量　　　　　　　　　　　　　(b)年均流量

图 7-33　年降水量、年径流量小波实部等值线图

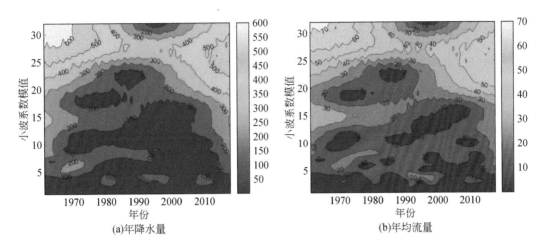

图 7-34 年降水量、年径流量小波系数模值图

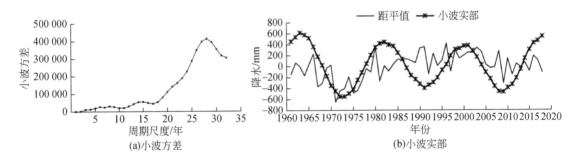

图 7-35 年降水量小波方差及多级主周期小波实部变化图

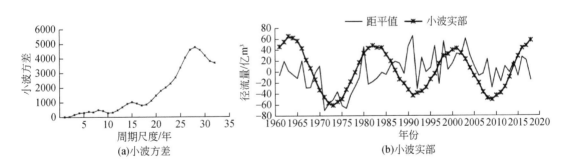

图 7-36 年径流量小波方差及多级主周期小波实部变化图

7.3.3 径流组分的演变归因分析

1. 径流组分变化规律

为探究尼洋河流域径流演变的原因，首先通过所构建的 WEP-QTP 模型模拟了 1961 ~ 2018 年尼洋河流域降雨产流、融雪产流、融冰产流等各径流组分的变化情况（图 7-37）。对各组分年际变化进行趋势分析，得到表 7-17。由表可见，融冰、融雪产流呈不显著减少趋势，降雨产流呈显著增加趋势，降雨产流与径流量趋势变化一致。

图 7-37　尼洋河径流组分年际变化

表 7-17　尼洋河径流组分年际变化趋势检验结果

检验结果	融冰产流	融雪产流	降雨产流
P	−1.41	−0.78	3.37
趋势	不显著减少	不显著减少	显著增加

进一步分析各组分对径流量变化的影响，各径流组分年际占比变化如图 7-38 所示。由图可知，降雨产流是流域径流的主要来源，其次为融雪产流，融冰产流最小。降雨产流占比 77.5%，融雪产流占比 19.3%，融冰产流占比约为 3.2%。其中，在径流突变点 1986 年前后，降雨产流占比发生明显变化，由突变前 74.5% 增加到 80.5%。融冰产流由 4.2% 减小到 2.1%，融雪产流由 21.3% 减小到 17.4%，融雪产流与融冰产流占比均有所减小。

年径流量突变前后径流量及其组分变化量见表 7-18。由表可知，年均径流量由 1986 年突变前的 119.34 亿 m³ 增加到突变后的 151.29 亿 m³，增加了 26.77%。径流突变后增加最多的为降雨产流，其次为融雪产流，融冰产流是有所减少的。由径流组分的增加对径流变化的贡献率可见，降水产流对突变前后径流量的变化起到决定性的作用。

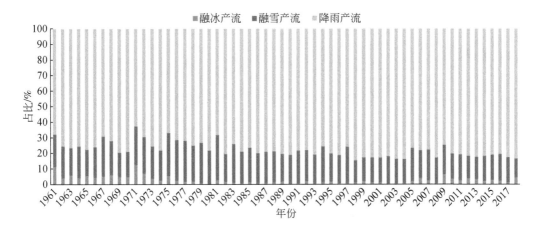

图 7-38　尼洋河流域径流组分占比年际变化

表 7-18　径流量及其组分突变前后变化量

指标	融冰产流	融雪产流	降雨产流	径流量
1961～1985 年/亿 m³	5.04	25.44	88.86	119.34
1986～2018 年/亿 m³	3.19	26.29	121.81	151.29
增加量/亿 m³	−1.85	0.85	32.96	31.95
增加量占比/%	−5.8	2.8	103	100

注：增加量占比指各分量的增加量占径流量的增加量的比例。

对突变前后径流的年内过程进行分析，1～12 月径流量变化如图 7-39 所示。径流量突变前后，月径流量变化最大的时间区间为 6～9 月，其中 9 月径流量变化最大，突变后月径流量相较于突变前增加了43.4%。为定量探究径流量及各组分变化的原因，研究采用基于模型的多因素归因分析方法进行归因计算。

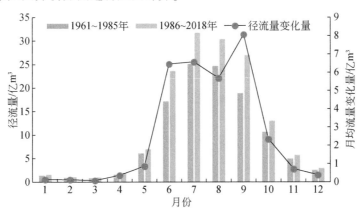

图 7-39　径流突变前后径流量年内过程对比

2. 年径流量演变归因分析

1）情景设置

以径流量突变前（1961~1985 年）为基准期，采用基于模型的多因素归因分析方法，分析突变后（1986~2018 年）变化期对径流及其组分年际及年内变化的影响，设定 1tr ［突变前气温（t）、降水（r）水平］、2tR ［突变前气温（t）、变化期降水（R）水平］、3Tr ［变化期气温（T）、突变前降水（r）水平］、4TR ［变化期气温（T）、降水（R）水平］共 4 个情景进行模拟分析，情景模式设定见表 7-19。

表 7-19 情景模式设定

情景	1tr	2tR	3Tr	4TR
气温	−1a	−1	1	1
降水	−1	1b	−1	1

注：a 指"1"使用变化期输入；b 指"−1"使用基准期数。

2）归因分析结果

气温、降水对尼洋河流域径流量及其径流组分变化贡献分析结果见表 7-20。

表 7-20 气温、降水对尼洋河径流及其组分变化贡献率   （单位：%）

因素	径流量	降雨产流	融雪产流	融冰产流
降水	98.6	95.41	155.25	−116.14
气温	1.4	4.59	−55.25	216.14

结果表明，尼洋河流域径流发生变化的主要原因是降水影响，其贡献率占比高达 98.6%。降雨产流的归因分析结果与径流量的结果类似，均是降水占主导作用，气温作用较小。对融雪产流，突变后降水的增加使得积雪融雪同时增加，致使融雪产流增加，因此降水对融雪产流贡献为正。气温的升高虽然使得融雪加速，但也使得积雪量减少，最终对融雪产流的贡献呈现出负反馈，贡献率为负。对于融冰产流，降水增加使得积雪增加，冰川上覆盖雪层变厚，减少了冰川融化时间，因此冰川融水减少，降水对融冰产流贡献为负。由此可见，降水是影响尼洋河流域径流变化的主要原因，降水增加不仅直接增加了降雨产流，还会影响流域内的积雪过程，从而增大融雪产流，甚至积雪对冰川的覆盖还会对冰川起到一定保护作用，减少融冰产流。气温升高对该流域内的径流过程影响主要以融雪减少以及增加融冰产流的形式呈现。

对径流量及其组分的年内过程，各情景下模拟值及气温降水对其贡献率如图 7-40 所示。由图可以看出，对降雨产流，降水的贡献率全都是为正，且在 6~9 月占比最大，这也可以归结于流域降水主要集中于 5~10 月。对融雪产流，气温升高对 6~9 月的径流变

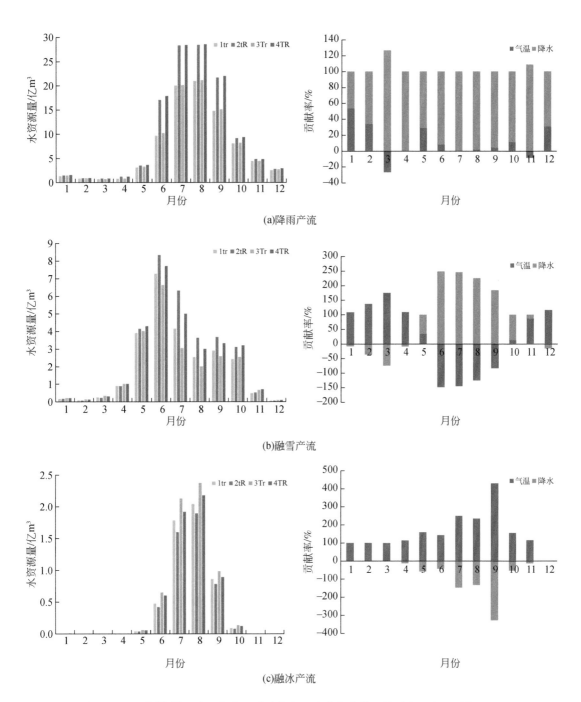

图 7-40   不同情景下降雨产流、融雪产流、融冰产流的逐月过程（左）及气温、
降水对各组分月过程变化的贡献率（右）

化是负作用，而在其他月份为正作用。这是由于汛期流域内降水占全年降水的 80% 以上，
6~9 月的温度升高会很大程度上减少积雪的累积量，从而减少融雪产流。在其他时段降

水较少，融化的积雪大多为 10 月之前的累积量，因此温度升高融雪产流增加。对于融冰产流，气温与降水对径流变化的影响呈相反作用。这主要是因为气温升高冰川融化增加，降水增加则会增加积雪覆盖，减少冰川融化。

总的来说，降水增加是尼洋河流域径流量增大的最主要原因，在 6 ~ 9 月，降水增加对径流组分占比较大的降雨产流、融雪产流均为正贡献率。降水增加不仅直接增大了降雨直接产流，还通过增加积雪增大了融雪产流，两者共同作用，使得径流量增大。

第8章 研 究 展 望

8.1 有待进一步解决的基础性问题

土壤冻融不是一个简单的转换机制，即当超过某个温度阈值时，可渗透的未冻土转变为不可渗透的冻土。在土壤孔隙中，两个因素结合会导致冰点降低（Williams and Smith，1989）。一方面是溶解盐的存在导致冰点发生变化，这个过程非常复杂，目前对其机理性认知非常有限；另一方面是受毛细管力和土壤吸收力的作用，可能存在一系列降低的冰点（即温度）。在理论上，大孔隙中的水会先于小孔隙中的水结冰，而小孔隙中的水会先于大孔隙中的水融化（Dall'Amico et al.，2011）。然而，目前对于温度和液态含水量之间独特关系的物理描述过于简单，认为土壤在冻结前未饱和并且孔隙空间中存在三种相态（冰、液态水和水汽）时，液态含水量通常取决于温度和总水量。在现场条件下测量液态含水量的困难混淆了对这个问题的理解，需要更多的工作来开发新的、可靠的仪器和/或改进的校准算法来测量液态含水量，以便更为深入地了解其变化成因及其对能量传输和物质迁移的影响。

随着孔隙水结冰，从较大的孔隙到较小的孔隙逐渐被冰体填充，土壤导水率将相应下降，一般将水力传导度/基质势关系用含冰量的函数来表示（Zhao et al.，1997；Hansson et al.，2004；Dall'Amico et al.，2011），但由此产生了一些奇怪的参数关系。例如，在一定的温度范围内，水力传导度仅与液态含水量有关，在较小的土壤孔隙内，液态水的相对变化量小于大孔隙中液态水的变化，导致水力传导度的变化速度减缓。冰也在很大程度上限制了孔隙中剩余的未冻结液态水的流动，对于这些冻土水动力学机制的认知仍然有待深入。

冰冻条件下，土壤水运动与热传递密切相关。而在土壤深处，热流主要受传导（Smerdon et al.，2003；Ferguson et al.，2006）和在某些情况下的对流（Anderson，2005；Saar，2011）作用控制；在浅层土壤包气带中，热传输也受到潜热以及水蒸气流动的热传递的影响（Kane et al.，2001）。这些过程受到多孔介质特性，即水力特性（平流）、热导率、热容以及土壤水的特性（融化潜热和汽化潜热）的影响。土壤基质、空气、液态水和冰的状态变化表现出高度的动态特性，土壤热传输特性既是含冰量和液态含水量的函数，又是水分体积、状态和温度的高度非线性函数，不同冻结过程中热传输及其影响机制的深入研究将极大地改善冻土水热模型的精度和可靠性。

温度梯度可以在土壤中引起非常大的水势梯度，冻结过程中向上产生了巨大的水势（Iwata et al.，2010），1K/m 的温度梯度可以产生 120m/m 的水势梯度（Williams and Smith，1989），并导致水被吸引到较低温度的区域。同时冰中增加的压力会导致冰晶状体生长，并导致冻胀现象（Padilla and Villeneuve 1989；Stähli，2005），从而影响液态水的运动。一些研究通过调控温度梯度改变冻土中水流运动特性，如雪盖完好无损的条件下地面被隔热，冻土下方的水力梯度显著降低，采用去除积雪的方法会产生更大的土壤温度梯度，从而改变流动特性。然而目前冻土中温度梯度对水分运动影响机理的认知仍然非常有限。

在季节性冻土区，春季融雪是一年中最重要的水文事件之一（Zhao and Gray，1997），土壤入渗是决定融雪水去向的关键水文过程。冻土的渗透能力与冰填充孔隙的比例有关，是温度、前期土壤水分和土壤结构的复杂函数。一些地区，如黄河源区，径流和入渗的分配对区域生态维护和下游的水资源利用起到了至关重要的作用。而冻土对流域水均衡要素的影响通常由于各种条件的变化而表现出显著的差异，对其机理性的描述也是远未解决的问题。

积雪是土壤上边界的重要控制条件，受季节性冷暖变化影响较为显著。雪的重要特征包括：低热导率，充当土壤水热传输的绝缘体；高反照率，相对于其他土地类型的高短波反射率，具有冷却效应；长波辐射的高吸收率，潮湿多云的日子产生变暖的影响；此外融雪期间的潜热吸收具有冷却作用。这些特征导致了气温和土壤表面温度之间的差异。无论是冻土中各种物理过程，还是其边界条件对水文循环的影响，都是交互作用的复杂过程，目前的计算方法和模型在很大程度上进行了简化。积雪效应等边界条件对水文和热传导过程主控机制影响的认知，仍然有待于深入。

8.2　寒区水文模型研究中有待解决的问题

分析季节性冻融过程对土壤包气带、地下水以及地下水与湖泊和溪流过程的影响作用，是寒区水文模型构建的第一步。需要在概念上确定研究区独特的环境特征，以及冻土对各种过程的作用和影响机制。例如，Cherkauer 和 Lettenmaier（1999）研究显示，冻土对径流变化的影响"相对温和"，但对地下水的影响很大，这主要是因为土壤冻结使得入渗和基流减少。而在另外一些区域，如加拿大大草原，春季冻土融化过程对径流起主导作用（Zhao and Gray，1997），显示了冻土在径流产生过程中的重要作用。

针对寒冷地区土壤/渗流带流动过程开发的模型，主要的关注过程包括：初冬，地面开始冻结后，从地表向下的渗透量和补给量减少，在包气带内，水可能会从下层向冻结前沿迁移；晚冬，积雪通常在融雪之前达到最大量，雪使得土壤表面免受热量损失和更冷空气的影响，随着土壤冻结锋面向下迁移，水甚至可能从地下水中抽到冻结前沿；春季（解冻前）融雪期，土壤将逐渐解冻，潜热减缓土壤变暖，并使其在0℃下保持一段时间。在土壤完全解冻之前，地下水位上升。尽管模拟冻融过程中土壤水和地下水相互作用的简单和复杂模型都很多，然而需要解决的核心建模挑战是，目前还缺乏能够在整个冻融期将近地表冻融循环与非饱和土壤-饱和带地下水所有过程耦合起来的定量模型。

冻土中各种水文和能量过程的物理描述是模型构建的核心问题。对冻土中的流动过程进行最严格建模的物理方法是完全耦合模拟质量（即水）和热传输以及相变。SHAW（Flerchinger and Saxon，1989）和 HYDRUS（Hansson et al.，2004）等模型在冻融土壤中建立了耦合质量和热量传输的控制方程，流动由 Richards 方程的修正形式控制，热传输由对流-扩散方程控制，该方程包括土壤各成分（空气、土壤基质、水和冰）的比热容和融合潜热（Hansson et al.，2004）。由于液态含水量、含冰量和温度这些因变量之间复杂的相互关系，对这些方程同时进行数值求解是困难的。Dall'Amico 等（2011）总结了为模拟冻融过程而提出的基于物理机制的数值算法，并指出了目前模型中的三个不足：①土壤饱和度通常没有规定或者默认为土壤处于完全饱和的状态；②液态含水量与温度的关系通常由"干燥冷冻"假设推导出来，与土壤饱和度无关；③耦合微分方程中用于质量和能量平衡的方法很少得到准确的解释。

此外，这类模型还面临着另一个数值问题，如果地表在短时间内积累了大量的水（如融雪），这会产生高度非线性的边界条件，造成难以解决的数值弥散现象（Zhang et al.，2010）。一些模型（包括SHAW）通过将简单的渗透算法与基于 Richards 方程的模型相结合来克服这个问题。与此相反，在多年冻土模型中，通常忽略对流/分散热传输以及总含水量变化导致的热特性变化，将热传输视为独立于水流流动过程（Roth and Boike，2001；Jafarov et al.，2012）。这些假设虽然可能在永久冻土区有效，但由于土壤水分在解冻期间高度的动态特性，并且在冻结之前可能是干燥的土壤，这类模型在相对温暖的"季节性冻结"地区难以应用，在季节性冻土区则需要完全耦合的水流和热传输模型。

8.3 寒区冻土水文对物质迁移的影响机制和模拟方法

降雨径流过程、土壤侵蚀过程、地表溶质析出过程和土壤溶质渗漏都是导致土壤中污染（营养）物迁移流失的重要过程，污染物以附着在悬浮颗粒移动以及溶解在水中随水流运动两种形式进入地表水，形成面源污染（郝芳华等，2006；Watanabe et al.，2013）。

冻土中污染物迁移与水流运动之间的关系仍然是一个远未解决的问题。冻结和融冻过程中，不同土壤的温度-液态含水量关系曲线（冻结曲线）表现出显著的差异（Tokumoto et al.，2010），冻土中只有液态水发生移动，液态水的迁移是污染物运动的直接驱动力，几乎所有的实验室及野外实验均观测到冻结过程中液态水随着温度的降低迅速结冰后维持在一定的含水量而不发生明显变化这一现象。未冻结土壤中的水分运动和溶质迁移基本上可以不考虑范德华力的影响，然而在冻土中，范德华力被认为是土壤中液态水维持液体状态的重要原因之一。未冻结土壤中，影响土壤水分运动的基质势和重力势实际上并不影响水和溶解态污染物之间的相互作用关系（Kurylyk and Watanabe，2013）。然而在冻土中，无论是溶质势，还是范德华力所引起的水势，都涉及水和溶解态污染物之间的相互作用，这与未冻土中表现出根本性的差异。在前期所进行的一项研究中，我们发现，冻土中并非所有的液态水都发生移动，发生移动的液态水中溶解态的污染物浓度随着温度降低表现出先增加后减小的趋势，尽管我们认为浓度的增加是由冰体中污染物向液态水析出所造成的，然而并不能很好地解释冻结过程移动的液态水中浓度随温度降低而减小这一现象。一些研究（Wettlaufer and Worster，2006；Watanabe et al.，2012）认为在冻结情况下，由于土壤含水量的急剧下降，溶质浓度形成的溶质势降低了总水势的同时，也在很大程度上改变了溶解态污染物的迁移过程。土壤-水系统中的污染物浓度受到土壤物理过程、化学过程、生物和微生物过程的影响（忤彦卿，2008）。土壤的冻结和融冻作用改变了土壤的物理性状（王洋等，2007）、团粒结构、土壤容重以及有机质含量（Kalbitz and Popp，1999），然而目前冻结和融冻过程中土壤物理过程的变化对于主要污染物转化机理的影响并不十分清楚。尽管温度在0℃以下时，土壤中面源污染物的活性大幅下降，但是一些研究（Lehrsch，1998）仍然表明，冬季低温可加速土壤中氮的矿化作用和反硝化作用，交替冻融增加了土壤中水溶性有机氮和氨氮的含量。

在季节性冻土区，现有的水热模型理论已经提供了模拟水分发生相变情况下的热均衡过程以及通量过程的理论体系（Williams，1966；Miller，1973），针对冻融过程中地表径流变化规律（Warrach et al.，2001；荆继红等，2007；李颖等，2014），水热耦合过程模拟方面（雷志栋等，1999；李瑞平等，2009；张世强等，2014；Hansson et al.，2004；Bronfenbrener and Bronfenbrener，2012）已经开展了大量的基础性研究工作，解决了冻融过程中数值模拟等诸多基础性问题。尽管在非冻土条件下，溶解态污染物在土壤水中的迁移和转化过程能够用经典的对流弥散方程进行描述，然而冰冻和融冻过程中污染物迁移转化过程远比非冻土中的溶解态污染物的迁移和转化过程复杂，对冻土中污染物迁移转化过程中一些现象仍然缺少物理性的机理解释，在很大程度上制约了模型的发展。此外，冻结过程中土壤中大量持氮、磷等面源污染物，在融冻过程中伴随着冻土和冰雪融化过程以及春季的降雨过程，短时间内进入地表和地下水体，导致水质迅速下降（陈吉宁，2009；刘之杰等，2009），造成寒冷地区面源污染物流出具有累积性和突发性。而模型对于这些现象的物理概化能力仍然非常有限。

AGNPS、WEPP、SWAT、MIKE SHE、Ann AGNPS等流域水文和面源污染模型被用于模拟流域及农业灌区中污染物迁移转化过程（Pohlert et al.，2007；Anderson et al.，1992；Borah et al.，2002；Evans et al.，2006；Neitsch et al.，2002），尽管这类模型很好地解决了

非冻结条件下的水文及污染物迁移转化物理过程描述与区域尺度耦合问题，然而由于冻结和融冻过程中溶质态污染物迁移转化机理问题一直没有解决，区域模型更多地采用简化或者非物理方程模拟冻土中的水流和溶解态污染物迁移转化过程，这些方法的精度很难得到保障。一些方法在 SWAT、AnnAGNPS、WEQ 模型的基础上对水文和污染物计算模块进行修正后模拟污染物的入河过程（Panagopoulos et al.，2007；李海杰，2007；苏丹等，2010）。然而这些方法通常将土壤作为一个整体，较少考虑土壤中水分流动和污染物的迁移过程，以宏观总量（如子流域的河道污染物通量）计算效果作为模型效果评价的依据，对于土壤中过程的处理类似于黑箱，模型的精度在很大程度上取决于率定期和模拟期的气象和水文过程的相似性。

季节性冻土模型构建除了需要解决冻结和融冻过程中污染物迁移转化机理问题之外，还需要解决模型概化所遇到的各种机理问题。例如，在土壤未冻结情况下，根据达西定律计算壤中流的入河通量时，水力坡度能够直接根据土壤结构性质确定；然而在冻土融冻过程中，冰体自地表向下以及从最大冻深位置向上融冻，在中间未融冻夹层变化的条件下，如何实现壤中流和污染物入河过程描述，除了需要考虑土壤中水流和污染物迁移机理之外，还需要考虑在不同的子流域如何确定等效参数等一系列区域尺度模拟的问题，而这些问题的研究和解决也将极大地丰富面源污染物迁移的理论基础。

参 考 文 献

陈博，李建平．2008．近50年来中国季节性冻土与短时冻土的时空变化特征．大气科学，32（3）：
432-443．

陈吉宁．2009．流域面源污染控制技术——以滇池流域为例．北京：中国环境科学出版社．

陈仁升，丁永建．2017．寒区水文导论．北京：科学出版社．

陈仁升，康尔泗，吴立宗，等．2005．中国寒区分布探讨．冰川冻土，27（4）：469-475．

程国栋．1990．中国冻土研究近今进展．地理学报，57（2）：220-224．

程国栋．1998．中国冰川学和冻土学研究40年进展和展望．冰川冻土，20（3）：213-226．

褚永磊，王鹏，张诗琪．2017．多年冻土退化及其趋势初步评估综述．内蒙古林业调查设计，40（2）：
89-92，94．

邓友生，徐学祖．1991．非饱和土与饱和冻融土导湿系数的变化特征．冰川冻土，（1）：51-59．

丁日升，康绍忠，张彦群，等．2014．干旱内陆区玉米田水热通量多层模型研究．水利学报，45（1）：
27-35．

丁相毅，贾仰文，王浩，等．2010．气候变化对海河流域水资源的影响及其对策．自然资源学报，（4）：
604-613．

丁永建，张世强，吴锦奎，等．2020．中国冰冻圈水文过程变化研究新进展．水科学进展，31（5）：
690-702．

段克勤，姚檀栋，王宁练，等．2012．天山乌鲁木齐河源1号冰川变化的数值模拟及其对气候变化的响应
分析．科学通报，57（36）：3511-3515．

樊贵盛，郑秀清，贾宏骥．2000．季节性冻融土壤的冻融特点和减渗特性的研究．土壤学报，（1）：
24-32．

高鑫，叶柏生，张世强，等．2010．1961～2006年塔里木河流域冰川融水变化及其对径流的影响．中国
科学：地球科学，40：654-665．

高永鹏，姚晓军，刘时银，等．2019．1973～2018年布喀达坂峰地区前进冰川遥感监测．自然资源学报，
34：1666-1681．

关志成，朱元甡，段元胜，等．2001．水箱模型在北方寒冷湿润半湿润地区的应用探讨．水文，（4）：
25-29．

郭阳，张廷军，曹琳，等．2018．黑河上游地表冻融指数与径流关系．水土保持通报，38（3）：222-227．

郭占荣，荆恩春，聂振龙，等．2002．冻结期和冻融期土壤水分运移特征分析．水科学进展，（3）：
298-302．

郝芳华，程红光，杨胜天．2006．非点源污染模型：理论方法与应用．北京：中国环境科学出版社．

何平，程国栋，俞祁浩，等．2000．饱和正冻土中的水、热、力场耦合模型．冰川冻土，（2）：135-138．

胡和平，杨诗秀，雷志栋．1992．土壤冻结时水热迁移规律的数值模拟．水利学报，(7)：1-8.

胡宏昌．2009．基于植被和冻土协同影响的江河源区水循环研究．兰州：兰州大学．

胡锦华，陆峥，仝金辉，等．2021．基于计算流体力学的寒区土壤水热耦合模型研究．冰川冻土，43
　　(4)：948-963.

胡鹏，周祖昊，贾仰文，等．2013．基于分布式水文模型的水功能区设计流量研究．水利学报，44(1)：
　　42-49.

贾仰文，王浩，倪广恒，等．2005．分布式流域水文模型原理与实践．北京：中国水利水电出版社．

贾仰文，王浩，严登华．2006a．黑河流域水循环系统的分布式模拟（Ⅰ）——模型开发与验证．水利学
　　报，(5)：534-542.

贾仰文，王浩，严登华．2006b．黑河流域水循环系统的分布式模拟（Ⅱ）——模型应用．水利学报，37
　　(6)：655-661.

贾仰文，王浩，周祖昊，等．2010．海河流域二元水循环模型开发及其应用——Ⅰ．模型开发与验证．水
　　科学进展，21(1)：1-8.

金会军，李述训，王绍令．2000．气候变化对中国多年冻土和寒区环境的影响．地理学报，55(2)：
　　161-173.

荆继红，韩双平，王新忠，等．2007．冻结-冻融过程中水分运移机理．地球学报，28(1)：50-54.

康尔泗，程国栋，蓝永超，等．1999．西北干旱区内陆河流域出山径流变化趋势对气候变化响应模型．中
　　国科学（D辑：地球科学），(S1)：47-54.

康尔泗，程国栋，董增川．2002．中国西北干旱区冰雪水资源与出山径流．北京：科学出版社．

赖祖铭，叶佰生，朱守森．1990．用冰川区水量（物质）平衡模型估计气候变化对冰川水资源影响的初步
　　研究．水科学进展，(0)：49-54.

雷志栋，杨诗秀，谢森传．1988．土壤水动力学．北京：清华大学出版社．

雷志栋，尚松浩，杨诗秀，等．1998．地下水浅埋条件下越冬期土壤水热迁移的数值模拟．冰川冻土，20
　　(1)：51-54.

雷志栋，尚松浩，杨诗秀．1999．土壤冻结过程中潜水蒸发规律的模拟研究．水利学报，(6)：6-9.

李保琦，肖伟华，王义成，等．2018．寒区水文循环模型研究进展．西南民族大学学报（自然科学版），
　　44(4)：338-346.

李海杰．2007．吉林省双阳水库汇水区农业非点源污染研究．吉林：吉林大学．

李洪源，赵求东，吴锦奎，等．2019．疏勒河上游径流组分及其变化特征定量模拟．冰川冻土，41(4)：
　　907-917.

李佳．2017．寒区水循环模拟研究及其在松花江流域的应用．上海：东华大学．

李佳，周祖昊，王浩，等．2016．土壤冻融过程中的多层水热耦合模拟研究．水文，36(1)：1-7.

李佳，周祖昊，王浩，等．2017．松花江流域最大冻土深度的时空分布及对气温变化的响应．资源科学，
　　(1)：147-156.

李林，王振宇，汪青春，等．2008．青海季节冻土退化的成因及其对气候变化的响应．地理研究，(1)：
　　162-170.

李瑞平，史海滨，赤江刚夫．2009．基于水热耦合模型的干旱寒冷地区冻融土壤水热盐运移规律研究．

水利学报, 40 (4): 403-412.

李颖, 王康, 周祖昊. 2014. 基于 SWAT 模型的东北水稻灌区水文及面源污染过程模拟. 农业工程学报, 7: 42-53.

李志龙. 2006. 新安江模型在资料缺乏的寒区流域的应用研究. 南京: 河海大学.

刘佳嘉. 2013. 变化环境下渭河流域水循环分布式模拟与演变规律研究. 北京: 中国水利水电科学研究院.

刘金平, 张万昌. 2018. 雅鲁藏布江流域度日因子空间变化 (英文). 中国科学院大学学报, 35 (5): 704-711.

刘文. 2007. 我国农业水资源问题分析. 生态经济, 1: 63-66.

刘扬李, 周祖昊, 刘佳嘉, 等. 2021. 基于水热耦合的青藏高原分布式水文模型——Ⅱ. 考虑冰川和冻土的尼洋河流域水循环过程模拟. 水科学进展, 32 (2): 201-210.

刘之杰, 路竟华, 方皓, 等. 2009. 非点源污染的类型、特征、来源及控制技术. 安徽农学通报 (上半月刊), 15 (5): 98-101.

马虹, 程国栋. 2003. SRM 融雪径流模型在西天山巩乃斯河流域的应用实验. 科学通报, 48 (19): 2088-2093.

秦大河. 2014. 气候变化科学与人类可持续发展. 地理科学进展, 33 (7): 874-883.

秦大河, 陈宜瑜, 李学勇, 等. 2005. 中国气候与环境演变. 上卷: 气候与环境的演变及预测. 北京: 科学出版社.

秦大河, 陈振林, 罗勇, 等. 2007. 气候变化科学的最新认知. 气候变化研究进展, 3 (2): 63-73.

卿文武, 陈仁升, 刘时银. 2008. 冰川水文模型研究进展. 水科学进展, 19: 893-902.

尚松浩, 雷志栋, 杨诗秀, 等. 1997. 冻结条件下土壤水热耦合迁移数值模拟的改进. 清华大学学报 (自然科学版), (8): 64-66, 104.

沈永平, 王根绪, 吴青柏, 等. 2002. 长江黄河源区未来气候情景下的生态环境变化. 冰川冻土, 24 (3): 305-314.

苏丹, 王彤, 刘兰岚, 等. 2010. 辽河流域工业废水污染物排放的时空变化规律研究. 生态环境学报, 19 (12): 2953-2959.

孙颖娜, 付强, 姜宁, 等. 2008. 寒区冻土水文模拟模型研究若干进展. 水文, 28 (4): 1-4.

田富强, 徐冉, 南熠, 等. 2020. 基于分布式水文模型的雅鲁藏布江径流水源组成解析. 水科学进展, 31 (3): 324-336.

王纲胜, 夏军, 谈戈, 等. 2002. 潮河流域时变增益分布式水循环模型研究. 地理科学进展, (6): 573-582.

王建, 沈永平, 鲁安新, 等. 2001. 气候变化对中国西北地区山区融雪径流的影响. 冰川冻土, (1): 28-33.

王鹏翔. 2021. 高原寒区分布式水文模型研究及应用. 武汉: 武汉大学.

王晓杰, 刘海隆, 包安明. 2012. 气候变化对玛纳斯河的径流量影响预测模拟分析. 冰川冻土, 34 (5): 1220-1228.

王洋, 刘景双, 王国平, 等. 2007. 冻融作用与土壤理化效应的关系研究. 地理与地理信息科学, (2):

91-96.

王浩, 贾仰文, 王建华, 等 . 2010. 黄河流域水资源及其演变规律研究 . 北京: 科学出版社 .

魏潇娜, 龙爱华, 尹振良, 等 . 2022. 和田河流域冰川径流对气候变化响应的模拟分析 . 水资源保护, 38 (4): 137-144.

吴谋松, 王康, 谭霄, 等 . 2013. 土壤冻融过程中水流迁移特性及通量模拟 . 水科学进展, 24 (4): 543-550.

吴晓玲, 向小华, 王船海, 等 . 2012. 土壤水热耦合模型在三江源冻土活动层水热变化中的应用 . 水电能源科学, 30 (7): 130-135.

忤彦卿 . 2008. 多孔介质污染物迁移动力学 . 上海: 上海交通大学出版社 .

夏军, 王纲胜, 吕爱锋, 等 . 2003. 分布式时变增益流域水循环模拟 . 地理学报, (5): 789-796.

肖迪芳, 丁晓黎 . 1996. 寒冷地区河川基流量分割方法的商榷 . 水文, (2): 27-32.

肖迪芳, 朱文生, 王春雷 . 1997. 嫩江上游冰坝成因及预报方法 . 东北水利水电, (1): 22-25.

邢述彦 . 2002. 灌溉水温对冻融土入渗规律的影响 . 农业工程学报, (2): 41-44.

徐学祖, 邓友生 . 1991. 冻土中水分迁移的实验研究 . 北京: 科学出版社 .

徐敩祖, 王家澄, 张立新 . 2010. 冻土物理学 . 北京: 科学出版社 .

杨广云, 阴法章, 刘晓凤, 等 . 2007. 寒冷地区冻土水文特性与产流机制研究 . 水利水电技术, (1): 39-42.

杨建平, 杨岁桥, 李曼, 等 . 2013. 中国冻土对气候变化的脆弱性 . 冰川冻土, 35 (6): 1436-1445.

杨针娘 . 1993. 祁连山冰沟流域冻土水文过程 . 冰川冻土, 15 (2): 235-241.

杨针娘 . 2000. 中国寒区水文 . 北京: 科学出版社 .

叶佰生, 陈克恭, 施雅风 . 1997. 冰川及其径流对气候变化响应过程的模拟模型——以乌鲁木齐河源 1 号冰川为例 . 地理科学, (1): 33-41.

原国红 . 2006. 季节冻土水分迁移的机理及数值模拟 . 长春: 吉林大学 .

张晶, 丁一汇 . 1997. 陆面过程模式 LPM-ZD 及其对我国中东部地区陆面特征的模拟 . 应用气象学报, 8 (增刊): 7-13.

张世强, 丁永健, 卢健, 等 . 2004. 青藏高原土壤水热过程模拟研究 (Ⅰ): 土壤湿度 . 冰川冻土, 26 (4): 384-388.

张世强, 丁永建, 卢建, 等 . 2005. 青藏高原土壤水热过程模拟研究 (Ⅲ): 蒸发量、短波辐射与净辐射通量 . 冰川冻土, (5): 645-648.

张小咏 . 2006. 基于冰川消融时空模型的天山冰川径流与环境演化研究 . 北京: 北京大学 .

张正勇 . 2018. 玛纳斯河流域产流区水文过程模拟研究 . 石河子: 石河子大学 .

赵求东, 赵传成, 秦艳, 等 . 2020. 天山南坡高冰川覆盖率的木扎提河流域水文过程对气候变化的响应 . 冰川冻土, 42 (4): 1285-1298.

郑秀清 . 2002. 季节性冻融过程中土壤水热耦合迁移的数值模拟及其应用研究 . 太原: 太原理工大学 .

郑秀清, 樊贵盛 . 2001. 冻融土壤水热迁移数值模型的建立及仿真分析 . 系统仿真学报, 13 (3): 4.

周剑, 张伟, Pomeroy J W, 等 . 2013. 基于模块化建模方法的寒区水文过程模拟——在中国西北寒区的应用 . 冰川冻土, 35 (2): 389-400.

周幼吾. 2000. 中国冻土. 北京：科学出版社.

周余华，叶伯生，胡和平. 2005. 土壤冻融条件下的陆面过程研究综述. 水科学进展，11：887-891.

周祖昊，刘扬李，李玉庆，等. 2021. 基于水热耦合的青藏高原分布式水文模型——I. "积雪-土壤-砂砾石层" 连续体水热耦合模拟. 水科学进展，32 (1)：20-32.

Ahlmann H W. 1924. Le niveau de glaciation comme fonction de l'accumulation d'humidité sous forme solide：Méthode pour le calcul de l'humidité condensée dans la haute montagne et pour l'étude de la fréquence des glaciers. Geografiska Annaler, 6 (3-4)：223-272.

Alatorre L C, Begueria S, Garcia-Ruiz J M. 2010. Regional scale modeling of hillslope sediment delivery：A case study in the Barasona Reservoir watershed (Spain) using WATEM/SEDEM. Journal of Hydrology, 391：109-123.

Allen J V, Dawson G J, Frost C G, et al. 1994. Preparation of novel sulfur and phosphorus containing oxazolines as ligands for asymmetric catalysis. Tetrahedron, 50 (3)：799-808.

Andersland O B, Ladanyi B. 1994. An introduction to frozen ground engineering. New York：Chapman & Hall.

Anderson D M, Morgenstern N R. 1973. Physics, chemistry, and mechanics of frozen ground：A review. Permafrost：proceedings of the second international conference.

Anderson D M, Tice A R. 1972. Predicting unfrozen water contents in frozen soils from surface area measurements. Highway Research Record, 393 (2)：12-18.

Anderson D M, Tice A R. 1973. The unfrozen interfacial phase in frozen soil water systems//Hadas A, Swartzendruber D, Rijtema P E, et al. Physical Aspects of Soil Water and Salts in Ecosystems. Heidelberg：Springer, Berlin.

Anderson M P. 2005. Heat as a ground water tracer. Groundwater, 43 (6)：951-968.

Anderson M P, Woessner W W, Hunt R J. 1992. Applied groundwater modeling：Simulation of flow and advective transport. Journal of Hydrology, 140：393-395.

Anderson R S. 1974. Diurnal primary production patterns in seven lakes and ponds in Alberta (Canada). Oecologia, 14 (1)：1-17.

Andreassen L M, Paul F, Kääb A, et al. 2008. The new Landsat-derived glacier inventory for Jotunheimen, Norway, and deduced glacier changes since the 1930s. The Cryosphere Discussions, 2 (3)：299-339.

Arihafa A, Mack A L. 2013. Treefall gap dynamics in a tropical rain forest in Papua New Guinea. Pacific Science, 67 (1)：47-58.

Arnold J G, Williams J R, Maidment D R. 1995. Continuous-time water and sediment-routing model for large basins. Journal of Hydraulic Engineering, 121 (2)：171-183.

Arocena J, Hall K, Zhu L P. 2012. Soil formation in high elevation and permafrost areas in the Qinghai Plateau (China). Spanish Journal of Soil Science：SJSS, 2 (2)：34-49.

Azmatch T F, Sego D C, Arenson L U, et al. 2012. Using soil freezing characteristic curve to estimate the hydraulic conductivity function of partially frozen soils. Cold Regions Science & Technology, (83-84)：103-109.

Bai R, Lai Y, Zhang M, et al. 2018. Theory and application of a novel soil freezing characteristic curve. Applied Thermal Engineering, 129：1106-1114.

Bajracharya S R, Maharjan S B, Shrestha F. 2014. The status and decadal change of glaciers in Bhutan from the 1980s to 2010 based on satellite data. Annals of Glaciology, 55 (66): 159-166.

Baker J M, Spaans E J A. 1997. Mechanics of meltwater movement above and within frozen soil//Iskandar I K, Wright E A, Radke J K, et al. International Symposium on Physics, Chemistry, and Ecology of Seasonally Frozen Soils, U S Army Cold Reg. Fairbanks, A K: Research and Engineering Company.

Becker B R, Misra A, Fricke B A. 1992. Development of correlations for soil thermal conductivity. Int. Commun. Heat Mass Transfer, 19 (1): 59-68.

Beven K J, Binley A. 1992. The Future of Distributed Models: Model Calibration and uncertainty prediction. Hydrological Processes, 6 (3): 279-298.

Bittelli M, Flury M, Campbell G S. 2003. A thermodielectric analyzer to measure the freezing and moisture characteristic of porous media. Water Resources Research, 39 (2): SBH 11-1.

Black P B, Tice A R. 1989. Comparison of soil freezing curve and soil water curve data for Windsor sandy loam. Water Resources Research, 25 (10): 2205-2210.

Blanchard D, Frémond M. 1985. Soil frost heaving and thaw settlement. In: Proceedings, The Fourth International Symposium on Ground Freezing.

Bliss A, Hock R, Radić V. 2014. Global response of glacier runoff to twenty-first century climate change. Journal of Geophysical Research: Earth Surface, 119 (4): 717-730.

Borah D K, Xia R, Bera M. 2002. DWSM- A Dynamic Watershed Simulation Model. Highlands Ranch, Colorado: Water Resources Publications, LLC.

Bordoy R, Burlando P. 2014. Stochastic downscaling of precipitation to high-resolution scenarios in orographically complex regions: 1. Model evaluation. Water Resources Research, 50 (1): 540-561.

Bozkurt D, Rojas M, Boisier J P, et al. 2017. Climate change impacts on hydroclimatic regimes and extremes over Andean basins in central Chile. Hydrology and Earth System Sciences Discussions.

Braithwaite R J, Olesen O B. 1985. Ice ablation in West Greenland in relation to air temperature and global radiation. Z. Gletscherkd. Glazialgeol, 20 (1984): 155-168.

Bronfenbrener L, Bronfenbrener R. 2012. A temperature behavior of frozen soils: Field experiments and numerical solution. Cold Regions Science and Technology, 79: 84-91.

Brooks R H, Corey A T. 1966. Properties of porous media affecting fluid flow. Journal of The Irrigation and Drainage Division, 92 (2): 61-88.

Brun M, Lallemand A, Quinson J F, et al. 1977. A new method for the simultaneous determination of the size and shape of pores: the thermoporometry. Thermochimica Acta, 21 (1): 59-88.

Bui A T H, Nguyen C T, Thang T C, et al. 2019. A comprehensive distributed queue- based random access framework for mMTC in LTE/LTE- A networks with mixed- type traffic. IEEE Transactions on Vehicular Technology, 68 (12): 12107-12120.

Cahn J W, Dash J G, Fu H. 1992. Theory of ice premelting in monosized powders. Journal of Crystal Growth, 123 (1-2): 101-108.

Campbell G S. 1974. A simple method for determining unsaturated conductivity from moisture retention data. Soil

Science, 117: 311-314.

Cary J W, Mayland H F. 1972. Salt and water movement in unsaturated frozen soil. Soil Sci. Soc. Am. Proc. , 36 (4): 549-1000.

Chai M, Zhang J, Zhang H, et al. 2018. A method for calculating unfrozen water content of silty clay with consideration of freezing point. Applied Clay Science, 161: 474-481.

Chen R, Wang G, Yang Y, et al. 2018. Effects of cryospheric change on alpine hydrology: combining a model with observations in the upper reaches of the Hei River, China. Journal of Geophysical Research: Atmospheres, 123 (7): 3414-3442.

Chen R, Lu S, Kang E, et al. 2008a. A distributed water-heat coupled model for mountainous watershed of an inland river basin of Northwest China (I) model structure and equations. Environmental Geology, 53 (6): 1299-1309.

Chen R, Kang E, Lu S, et al. 2008b. A distributed water-heat coupled model for mountainous watershed of an inland river basin in Northwest China (II) using meteorological and hydrological data. Environmental Geology, 55 (1): 17-28.

Chen Z S, Yuan X M, Meng S J. 2014. Ground response of seasonal frozen site under moderate intensity earthquake. Advanced Materials Research, 919: 682-686.

Cheng G, Jin H. 2013. Permafrost and groundwater on the Qinghai-Tibet Plateau and in northeast China. Hydrogeology Journal, 21 (1): 5-23.

Cherkauer K A, Lettenmaier D P. 1999. Hydrologic effects of frozen soils in the upper Mississippi River basin. Journal of Geophysical Research: Atmospheres, 104 (D16): 19599-19610.

Cherkauer K A, Lettenmaier D P. 2003. Simulation of spatial variability in snow and frozen soil. Journal of Geophysical Research: Atmospheres, 108 (D22) . DOI: 10. 1029/2003JD003575.

Childs S W, Flint A L 1990. Physical properties of forest soils containing rock fragments. Sustained Productivity of Forest Soils, 139: 282-297.

Clapp R B, Hornberger G M. 1978. Empirical equations for some soil hydraulic properties. Water Resources Research, 14 (4): 601-604.

Connon R F, Quinton W L, Craig J R, et al. 2014. Changing hydrologic connectivity due to permafrost thaw in the lower Liard Valley, NWT, Canada. Hydrological Processes, 28 (14): 4163-4178.

Coussy O. 2004. Poromechanics. London: John Wiley & Sons.

Coussy O, Eymard R, Lassabatère T. 1998. Constitutive modeling of unsaturated drying deformable materials. Journal of Engineering Mechanics, 124 (6): 658-667.

Crawford N H, Linsley R E. 1966. Digital simulation in hydrology: Stanford watershed model IV. Evapotranspiration, 39: 196.

Crosbie S P, Souza L E, Ernest H B. 2011. Estimating western scrub-jay density in California by multiple-covariate distance sampling. The Condor, 113 (4): 843-852.

Côté J, Konrad J-M. 2005. A generalized thermal conductivity model for soils and construction materials. Can. Geotech. J., 42 (2): 443-458.

Dai L, Guo X, Zhang F, et al. 2019. Seasonal dynamics and controls of deep soil water infiltration in the seasonally-frozen region of the Qinghai-Tibet plateau. Journal of Hydrology, 571: 740-748.

Dall'Amico M, Endrizzi S, Gruber S, et al. 2011. A robust and energy-conserving model of freezing variably-saturated soil. The Cryosphere, 5 (2): 469-484.

Dall'Amico M. 2010. Coupled water and heat transfer in permafrost modeling. Trento: University of Trento.

Dangla P, Coussy O. 1998. Non-linear poroelasticity for unsaturated porous materials: an energy approach. Poromechanics, a tribute to M. A. Biot. Balkema: Proceedings of the Biot Conference on Poromechanics.

Daniel J A, Staricka J A. 2000. Frozen soil impact on ground water-surface water interaction 1. JAWRA Journal of the American Water Resources Association, 36 (1): 151-160.

Dash J G, Fu H, Wettlaufer J S. 1995. The premelting of ice and its environmental consequences. Reports on Progress in Physics, 58 (1): 115.

de Vries D A, 1963. Thermal properties of soil//van Dijk W R. Physics of Plant Environment. Amsterdam: North Holland Publishing.

de Vries D A. 1987. The theory of heat and moisture transfer in porous media revisited. International Journal of Heat and Mass Transfer, 30 (7): 1343-1350.

Deng D, Wang C, Peng P. 2019. Basic characteristics and evolution of geological structures in the eastern margin of the Qinghai-Tibet plateau. Earth Sciences Research Journal, 23 (4): 283-291.

Desborough C E, Pitman A J. 1998. The BASE land surface model. Global Planet. Change, 19 (1-4): 3-18.

Dillon H B, Andersland O. 1966. Predicting unfrozen water contents in frozen soils. Canadian Geotechnical Journal, 3 (2): 53-60.

Dobinski W. 2011. Permafrost. Earth-Science Reviews, 108 (3): 158-169.

Domenico P A, Palciauskas V V. 1973. Theoretical analysis of forced convective heat transfer in regional ground-water flow. Geological Society of America Bulletin, 84 (12): 3803-3814.

Doran P T, McKay C P, Fountain A G, et al. 2008. Hydrologic response to extreme warm and cold summers in the McMurdo Dry Valleys, East Antarctica. Antarctic Science, 20 (5): 499-509.

Douglas I. 1969. The efficiency of humid tropical denudation systems.

Douglas T A, Sturm M, Simpson W R, et al. 2008. Influence of snow and ice crystal formation and accumulation on mercury deposition to the Arctic. Environmental Science & Technology, 42 (5): 1542-1551.

Douville H, Royer J F, Mahfouf J F. 1995. A new snow parameterization for the Meteo-France climate model. Climate Dynamics, 12 (1): 21-35.

Durner W. 1994. Hydraulic conductivity estimation for soils with heterogeneous pore structure. Water Resources Research, 30 (2): 211-223.

Essery R, Li L, Pomeroy J. 1999. A distributed model of blowing snow over complex terrain. Hydrological Processes, 13: 2423-2438.

Etzelmüller B, Schuler T V, Isaksen K, et al. 2011. Modeling the temperature evolution of Svalbard permafrost during the 20th and 21st century. Cryosphere, 5 (1): 67-79.

Evans C D, Caporn S J M, Carroll J A, et al. 2006. Modelling nitrogen saturation and carbon accumulation in heathland soils under elevated nitrogen deposition. Environmental Pollution, 143 (3): 468-478.

Fang H G, Liu P H, Zhang T. 2011. Experimental investigation on the polypropylene fiber concrete performance of yellow river canal lining in the middle line of south-to-north water transfer project. Trans Tech Publications Ltd, 52: 1987-1991.

Farouki O T. 1981. The thermal properties of soils in cold regions. Cold Regions Science and Technology, 5 (1): 67-75.

Fayer M J, Simmons C S. 1995. Modified soil-water retention functions for all matric suctions. Water Resource Research, 31: 1233-1238.

Fen-Chong T, Fabbri A, Guilbaud J P, et al. 2004. Determination of liquid water content and dielectric constant in porous media by the capacitive method. Comptes Rendus Mecanique, 332 (8): 639-645.

Ferguson R I. 1999. Snowmelt runoff models. Progress in Physical Geography, 23: 205-227.

Ferguson G, Beltrami H, Woodbury A D. 2006. Perturbation of ground surface temperature reconstructions by groundwater flow? Geophysical Research Letters, 33 (13): 338-345.

Findlay D C. 1969. Origin of theTulameen ultramafic-gabbro complex, southern British Columbia. Canadian Journal of Earth Sciences, 6 (3): 399-425.

Flerchinger G N, Pierson F B . 1991. Modeling plant canopy effects on variability of soil temperature and water. Agricultural & Forest Meteorology, 56 (3-4): 227-246.

Flerchinger G N, Saxton K E. 1989. Simultaneous heat and water model of a freezing snow-residue-soil system I. Theory and development. Trans. ASAE, 32 (2): 565-571.

Flerchinger G N, Cooley K R, Deng Y. 1994. Impacts of spatially and temporally varying snowmelt on subsurface flow in a mountainous watershed: 1. Snowmelt simulation. Hydrological Sciences Journal, 39 (5): 507-520.

Foley J A, Prentice I C, Ramankutty N, et al. 1996. An integrated biosphere model of land surface processes, terrestrial carbon balance, and vegetation dynamics. Global Biogeochemical Cycles, 10 (4): 603-628.

Frampton A, Destouni G. 2015. Impact of degrading permafrost on subsurface solute transport pathways and travel times. Water Resources Research, 51 (9): 7680-7701.

Franzluebbers A J. 2002. Water infiltration and soil structure related to organic matter and its stratification with depth. Soil and Tillage Research, 66 (2): 197-205.

Frauenfeld O W, Zhang T. 2011. An observational 71-year history of seasonally frozen ground changes in the Eurasian high latitudes. Environmental Research Letters, 6 (4): 044024.

Fredlund D G, Xing A Q, Hung S Y. 1994. Predicting the permeability function for unsaturated soils using the soil-water characteristic curve. Canadian Geotechnical Journal, 31: 533-546.

French K E. 2017. Engineering mycorrhizal symbioses to alter plant metabolism and improve crop health. Frontiers in Microbiology, 8: 1403.

Gardner W R. 1958. Some steady-state solutions of the unsaturated moisture flow equation with application to evaporation from a water table. Soil Science, 85 (4): 228-232.

Gates J I, Lietz W T. 1950. Relative permeabilities of California cores by the capillary-pressure method.

Gerdel R W. 1969. Cold regions science and engineering monograph 1-a: Characteristics of the cold regions.

Goering D J, Zhang L. 1991. Freezing and thawing in soils with convective ground-water flow Proc. of the Third International Symposium on Cold Regions Heat Transfer. Fairbanks：University of Alaska.

González-Rouco J F, Beltrami H, Zorita E, et al. 2009. Borehole climatology：A discussion based on contributions from climate modeling. Climate of the Past, 5（1）：97-127.

Goodrich L E. 1982. The influence of snow cover on the ground thermal regime. Canadian Geotechnical Journal, 19（4）：421-432.

Gouttevin I, Krinner G, Ciais P, et al. 2012. Multi-scale validation of a new soil freezing scheme for a land-surface model with physically-based hydrology. The Cryosphere, 6（2）：407-430.

Granger R J, Gray D M, Dyck G E. 1984. Snowmelt infiltration to frozen prairie soils. Canadian Journal of Earth Sciences, 21（6）：669-677.

Gray D M, Granger R J. 1986. In situ measurements of moisture and salt movement in freezing soils. Canadian Journal of Earth Sciences, 23（5）：696-704.

Gray D M, Landine P G. 1987. Albedo model for shallow Prairie snowcovers. Canadian Journal of Earth Sciences, 24（9）：1760-1768.

Gray D M, Male D H. 1981. Handbook of Snow：Principles, Processes, Management & Use. Oxford：Pergamon Press.

Gray D M, Landine P G, Granger R J. 1985. Simulating infiltration into frozen prairie soils in streamflow models. Canadian Journal of Earth Sciences, 22（3）：464-472.

Groenevelt P H, Kay B D. 1974. On the interaction of water and heat transport in frozen and unfrozen soils. II. The liquid phase. Soil Science Society of America Journal, 38：400-404.

Guo D, Yang M, Wang H. 2011. Characteristics of land surface heat and water exchange under different soil freeze/thaw conditions over the central Tibetan Plateau. Hydrological Processes, 25（16）：2531-2541.

Hansson K, Šimůnek J, Mizoguchi M, et al. 2004. Water flow and heat transport in frozen soil：Numerical solution and freeze-thaw applications. Vadose Zone Journal, 3（2）：693-704.

Harazono Y, Miyata A, Yoshimoto M, et al. 1995. Development of a movable NDIR-methane analyzer and its application for micrometeorological measurements of methane flux over grasslands. Journal of Agricultural Meteorology, 51（1）：27-35.

Harlan R L. 1973. Analysis of coupled heat-fluid transport in partially frozen soil. Water Resources Research, 9（5）：1314-1323.

Harris A R, Davidson C I. 2009. A Monte Carlo model for soil particle resuspension including saltation and turbulent fluctuations. Aerosol Science and Technology, 43（2）：161-173.

Hay J E, Fitzharris B B. 1988. A comparison of the energy-balance and bulk-aerodynamic approaches for estimating glacier melt. Journal of Glaciology, 34（117）：145-153.

Hayashi M, Goeller N, Quinton W L, et al. 2007. A simple heat-conduction method for simulating the frost-table depth in hydrological models. Hydrological Processes：An International Journal, 21（19）：2610-2622.

He H, Dyck M. 2013. Application of multiphase dielectric mixing models for understanding the effective dielectric permittivity of frozen soils. Vadose Zone Journal, 12（1）：DOI：10.2136/vzj2012.0060. .

Hedstrom N R, Pomeroy J W. 1998. Measurements and modelling of snow interception in the boreal forest. Hydrological Processes, 12 (10-11): 1611-1625.

Hemp A. 2005. Climate change-driven forest fires marginalize the impact of ice cap wasting on Kilimanjaro. Global Change Biology, 11 (7): 1013-1023.

Henry K S. 2000. A review of thermodynamics of frost heave. ERDC. Washington, DC: CRREL TR-00-16, Cold Regions Research and Engineering Laboratory, US Army Corps of Engineers.

Hinzman L D, Bettez N D, Bolton W R, et al. 2005. Evidence and implications of recent climate change in northern Alaska and other arctic regions. Climatic Change, 72 (3): 251-298.

Hinzman L D, Kane D L. 1991. Snow hydrology of a headwater arctic basin: 2. Conceptual analysis and computer modeling. Water Resources Research, 27 (6): 1111-1121.

Hipp T, Etzelmüller B, Farbrot H, et al. 2012. Modelling borehole temperatures in Southern Norway — insights into permafrost dynamics during the 20th and 21st century. Cryosphere, 6 (3): 553-571.

Hippt K, Boike J, Langer M, et al. 2011. Modeling the impact of wintertime rain events on the thermal regime of permafrost. The Cryosphere, 5 (4): 945-959.

Homan J W, Kane D L, Sturm M. 2011. Arctic Snow Distribution Patterns at the Watershed Scale. Iwa Publishing, 46 (4): 0676.

Hu G, Zhao L, Wu X, et al. 2017. Comparison of the thermal conductivity parameterizations for a freeze-thaw algorithm with a multilayered soil in permafrost regions. Catena, 156: 244-251.

Hu G, Zhao L, Li A R, et al. 2019. Simulation of land surface heat fluxes in permafrost regions on the Qinghai-Tibetan Plateau using CMIP5 models. Atmos. Res., 220: 155-168.

Hu Z, Islam S. 1995. Prediction of ground surface temperature and soil moisture content by the force-restore method. Water Resources Research, 31 (10): 2531-2539.

Huss M, Hock R. 2015. A new model for global glacier change and sea-level rise. Frontiers in Earth Science, 3: 54.

Ishizaki T, Maruyama M, Furukawa Y, et al. 1996. Premelting of ice in porous silica glass. Journal of Crystal Growth, 163 (4): 455-460.

Iwata Y, Hirota T. 2005. Monitoring over-winter soil water dynamics in a freezing and snow-covered environment using a thermally insulated tensiometer. Hydrological Processes: An International Journal, 19 (15): 3013-3019.

Iwata Y, Hayashi M, Suzuki S, et al. 2010. Effects of snow cover on soil freezing, water movement, and snowmelt infiltration: A paired plot experiment. Water Resources Research, 46 (9): W09504.

Jafarov E E, Marchenko S S, Romanovsky V E. 2012. Numerical modeling of permafrost dynamics in Alaska using a high spatial resolution dataset. The Cryosphere, 6 (3): 613-624.

Jame Y W. 1977. Heat and mass transfer in freezing unsaturated soil. Saskatchewan: University of Saskatchewan.

Janowicz J R. 2008. Apparent recent trends in hydrologic response in permafrost regions of northwest Canada. Hydrology Research, 39 (4): 267-275.

Jansson P E, Moon D S. 2001. A coupled model of water, heat and mass transfer using object orientation to improve flexibility and functionality. Environmental Modelling & Software, 16 (1): 37-46.

Javadinejad S, Dara R, Jafary F. 2020. Climate change scenarios and effects on snow-melt runoff. Civil Engineering Journal, 6 (9): 1715-1725.

Jeong D I, St-Hilaire A, Ourarda T B M J, et al. 2012. A multivariate multi-site statistical downscaling model for daily maximum and minimum temperatures. Climate Research, 54: 129-148.

Jia Y, Tamai N. 1997. Modeling infiltration into a multi-layered soil during an unsteady rain. Proceedings of Hydraulic Engineering, 41: 31-36.

Jia Y, Wang H, Zhou Z, et al. 2006. Development of the WEP-L distributed hydrological model and dynamic assessment of water resources in the Yellow River basin. Journal of Hydrology, 331 (3-4): 606-629.

Johansen O. 1975. Varmeledningsevne av jordarter (Thermal conductivity of soils). Norway: University of Trondheim, Trondheim.

Jones A E, Anderson P S, Wolff E W, et al. 2006. A role for newly forming sea ice in springtime polar tropospheric ozone loss? Observational evidence from Halley station, Antarctica. Journal of Geophysical Research: Atmospheres, 111 (D8). DOI: 10.1029/2005JD006566.

Jones M C, Booth R K, Yu Z, et al. 2013. A 2200-year record of permafrost dynamics and carbon cycling in a collapse-scar bog, interior Alaska. Ecosystems, 16 (1): 1-19.

Jorgenson M T, Racine C H, Walters J C, et al. 2001. Permafrost degradation and ecological changes associated with awarming climate in central Alaska. Climatic Change, 48 (4): 551-579.

Kalbitz K, Popp P. 1999. Seasonal impacts on β-hexachlorocyclohexane concentration in soil solution. Environmental Pollution, 106 (1): 139-141.

Kalyuzhnyi I L, Lavrov S A. 2017. Mechanism of the influence of soil freezing depth on winter runoff. Water Resources, 44 (4): 604-613.

Kane D L, Gieck R E, Hinzman L D. 1990. Evapotranspiration from a Small Alaskan Arctic Watershed: Paper presented at the 8th Northern Res. Basins Symposium/Workshop (Abisko, Sweden-March 1990). Hydrology Research, 21 (4-5): 253-272.

Kane D L, Hinkel K M, Goering D J, et al. 2001. Non-conductive heat transfer associated with frozen soils. Global & Planetary Change, 29 (3-4): 275-292.

Kane D L, Hinzman L D, Zarling J P. 1991. Thermal response of the active layer to climatic warming in a permafrost environment. Cold Regions Science and Technology, 19 (2): 111-122.

Kane D L, Stein J. 1983. Water movement into seasonally frozen soils. Water Resources Research, 19 (6): 1547-1557.

Kay B D, Groenevelt P H. 1974. On the interaction of water and heat transport in frozen and unfrozen soils: I. Basic theory; the vapor phase. Soil Science Society of America Journal, 38 (3): 395-400.

Kay B D, Fukuda M, Izuta H, et al. 1981. The importance of water migration in the measurement of the thermal conductivity of unsaturated frozen soils. Cold Regions Science and Technology, 5 (2): 95-106.

Kay B D, Grant C D, Groenevelt P H. 1985. Significance of ground freezing on soil bulk density under zero tillage. Soil Science Society of America Journal, 49 (4): 973-978.

Kayastha R B，Ageta Y，Nakawo M. 2000. Positive degree-day factors for ablation on glaciers in the Nepalese Himalayas：case study on Glacier AX010 in Shorong Himal，Nepal. Bulletin of Glaciological Research，17：1-10.

Kersten M S. 1949. Thermal Properties of Soils. Minneapolis，MN：Minnesota University Institute of Technology.

Kettridge N，Baird A. 2008. Modelling soil temperatures in northern peatlands. European Journal of Soil Science，59（2）：327-338.

Koo M H，Kim Y. 2008. Modeling of water flow and heat transport in the vadose zone：numerical demonstration of variability of local groundwater recharge in response to monsoon rainfall in Korea. Geosciences Journal，12（2）：123-137.

Koopmans R W R，Miller R D. 1966. Soil freezing and soil water characteristic curves. Soil Science Society of America Journal，30（6）：680-685.

Koppen W. 1936. Das geographische system der klimat. Handbuch Der Klimatologie，46：128-138.

Koren V，Schaake J，Mitchell K，et al. 1999. A parameterization of snowpack and frozen ground intended for NCEP weather and climate models. Journal of Geophysical Research：Atmospheres，104（D16）：19569-19585.

Koven C D，Riley W J，Stern A. 2013. Analysis of permafrost thermal dynamics and response to climate change in the CMIP5 Earth System Models. Journal of Climate，26（6）：1877-1900.

Kozlowski T. 2004. Soil freezing point as obtained on melting. Cold Reg. Sci. Technol.，38（2-3）：93-101.

Kozlowski T. 2007. A semi-empirical model for phase composition of water in clay-water systems. Cold Reg Sci Technol，49：226-236.

Kozlowski T，Nartowska E. 2013. Unfrozen water content in representative bentonites of different origin subjected to cyclic freezing and thawing. Vadose Zone Journal，12（1）：DOI：10.2136/vzj2012.0057.

Kuchment L S，Gelfan A N，Demidov V N. 2000. A distributed model of runoff generation in the permafrost regions. Journal of Hydrology，240（1-2）：1-22.

Kung S K J，Steenhuis T S. 1986. Heat and moisture transfer in a partly frozen nonheaving soil. Soil Science Society of America Journal，50（5）：1114-1122.

Kunstmann H，Schneider K，Forkel R，et al. 2004. Impact analysis of climate change for an Alpine catchment using high resolution dynamic downscaling of ECHAM4 time slices. Hydrology and Earth System Sciences，8（6）：1031-1045.

Kurylyk B L，Watanabe K. 2013. The mathematical representation of freezing and thawing processes in variably-saturated，non-deformable soils. Advances in Water Resources，60：160-177.

Kurylyk B L，MacQuarrie K T B，Caissie D，et al. 2014. Shallow groundwater thermal sensitivity to climate change and land cover disturbances：derivation of analytical expressions and implications for stream temperature projections. Hydrology and Earth System Sciences Discussions，11（11）：12573-12626.

Lawrence D M，Slater A G. 2008. Incorporating organic soil into a global climate model. Climate Dynamics，30（2-3）：145-160.

Lawrence D M，Slater A G. 2012. Diagnosing Present and Future Permafrost from Climate Models.

Lawrence D M, Slater A G, Swenson S C. 2012. Simulation of present-day and future permafrost and seasonally frozen ground conditions in CCSM4. J. Clim. , 25 (7): 2207-2225.

Lee W M, Kim S W, Jeong S W, et al. 2012. Comparative study of ecological risk assessment: Deriving soil ecological criteria. Journal of Soil and Groundwater Environment, 17 (5): 1-9.

Lehrsch G A. 1998. Freeze-thaw cycles increase near-surface aggregate stability. Soil Science, 163 (1): 63-70.

Li B, Chen Y, Chen Z, et al. 2012. Trends in runoff versus climate change in typical rivers in the arid region of northwest China. Quaternary International, 282: 87-95.

Li J, Zhou Z, Wang H, et al. 2019. Development of WEP-COR model to simulate land surface water and energy budgets in a cold region. Hydrology Research, 50 (1): 99-116.

Li Z X, Feng Q, Li Z J, et al. 2019. Climate background, fact and hydrological effect of multiphase water transformation in cold regions of the Western China: A review. Earth-Science Reviews, 190: 33-57.

Liang X, Lettenmaier D P, Wood E F, et al. 1994. A simple hydrologically based model of land surface water and energy fluxes for general circulation models. Journal of Geophysical Research: Atmospheres, 99 (D7): 14415-14428.

Ling F, Zhang T. 2006. Sensitivity of ground thermal regime and surface energy fluxes to tundra snow density in northern Alaska. Cold Regions Science and Technology, 44 (2): 121-130.

Liu J, Zhou Z, Yan Z, et al. 2019. A new approach to separating the impacts of climate change and multiple human activities on water cycle processes based on a distributed hydrological model. Journal of Hydrology, 578: 124096.

Liu S, Zhou Z, Liu J, et al. 2022. Analysis of the Runoff Component Variation Mechanisms in the Cold Region of Northeastern China under Climate Change. Water, 14 (19): 3170.

Liu W, Wang L, Sun F, et al. 2018. Snow hydrology in the upper Yellow River basin under climate change: A land surface modeling perspective. Journal of Geophysical Research: Atmospheres, 123 (22): 12, 676, 691.

Liu X, Cheng Z, Yan L, et al. 2009. Elevation dependency of recent and future minimum surface air temperature trends in the Tibetan Plateau and its surroundings. Global and Planetary Change, 68 (3): 164.

Liu Z, Yu X. 2013. Physically based equation for phase composition curve of frozen soils. Transportation Research Record, 2349 (1): 93-99.

Lloyd C D. 2005. Assessing the effect of integrating elevation data into the estimation of monthly precipitation in Great Britain. Journal of Hydrology, 308 (1-4): 128-150.

Loch J P G. 1981. State-of-the-art report—frost action in soils. Engineering Geology, 18: 1-4.

Lopez C M L, Brouchkov A, Nakayama H, et al. 2007. Epigenetic salt accumulation and water movement in the active layer of central Yakutia in eastern Siberia. Hydrol. Process. , 21: 103-109 .

Lu J, Pei W, Zhang X, et al. 2019. Evaluating of calculation models for the unfrozen water content of freezing soils. J. Hydrol. , 575: 976-985.

Lunardini V J. 1981. Heat Transfer in Cold Climates. New York: Van Nostrand Reinhold Company.

Lunardini V J. 1991. Heat Transfer with Freezing and Thawing. New York: Elsevier.

Lundberg A, Ala-Aho P, Eklo O M, et al. 2016. Snow and frost: implications for spatiotemporal infiltration patterns-a review. Hydrological Processes, 30 (8): 1230-1250.

Luo S, Lü S, Zhang Y. 2009a. Development and validation of the frozen soil parameterization scheme in Common Land Model. Cold Reg. Sci. Technol. , 55 (1): 130-140.

Lyon S, Destouni G, Giesler R, et al. 2009. Estimation of permafrost thawing rates in the sub-arctic using recession flow analysis.

Manab S, Bryan K. 1969. Climate and the Ocean Circulation, Mon. Wea. Rev. , 97: 739-827.

Mann M E, Schmidt G A. 2003. Ground vs. surface air temperature trends: Implications for borehole surface temperature reconstructions. Geophysical Research Letters, 30 (12). DOI: 10. 1029/2003GL017170.

Mao L, Wang C, Tabuchia Y. 2007. Multiphase model for cold start of polymer electrolyte fuel cells. International Journal of Energy Research, 154: 341-351.

Marshall K. 2012. Water stress down south. Journal of Experimental Biology, 215 (7): vi.

Matsuda Y. 2003. Positive degree-day factors for ice ablation on four glaciers in the Nepalese Himalayas and Qinghai-Tibetan Plateau. Bulletin of Glaciological Research, 20: 7-14.

Mauro G. 2004. Observations on permafrost ground thermal regimes from Antarctica and the Italian Alps, and their relevance to global climate change. Global and Planetary Change, 40 (1-2): 159-167.

McCauley C A, White D M, Lilly M R, et al. 2002. A comparison of hydraulic conductivities, permeabilities and infiltration rates in frozen and unfrozen soils. Cold Regions Science and Technology, 34 (2): 117-125.

McCumber M C, Pielke R A. 1981. Simulation of the effects of surface fluxes of heat and moisture in a mesoscale numerical model: 1. Soil layer. J. Geophys. Res. , 86 (C10): 9929-9938.

McKenzie J M, Voss C I, Siegel D I. 2007. Groundwater flow with energy transport and water-ice phase change: numerical simulations, benchmarks, and application to freezing in peat bogs. Adv Water Resour, 30: 966-983.

Meehl G A, Stocker T F, Collins W D, et al. 2007. Global climate projections.

Mehuys G R, Stolzy L H, Letey J, et al. 1975. Effect of stones on the hydraulic conductivity of relatively dry desert soils. Soil Science Society of America Journal, 39 (1): 37-42.

Mellander P E, Löfvenius M O, Laudon H. 2007. Climate change impact on snow and soil temperature in boreal Scots pine stands. Climatic Change, 85 (1): 179-193.

Michel F A, van Everdingen R O. 1994. Changes in hydrogeologic regimes in permafrost regions due to climatic change. Permafrost and Periglacial Processes, 5 (3): 191-195.

Miles E J, Hamelin L E, Barr W. 1981. Canadian nordicity: It's your north, too. Geographical Review, 71 (2): 234.

Miller R D. 1972. Freezing and heaving of saturated and unsaturated soils. Highway Res. Rec. , 393: 1-11.

Miller R D. 1973. Soil freezing in relation to pore water pressure and temperature. Yakutsk, Siberia: International Conference on Permafrost:

Miller R D. 1980. Freezing phenomena in soils//Hillel D. Applications of soil physics. New York: Academic.

Minsley B J, Abraham J D, Smith B D, et al. 2012. Airborne electromagnetic imaging of discontinuous permafrost. Geophysical Research Letters, 39 (2). DOI: 10. 1029/2011GL050079.

Mohammed A A, Schincariol R A, Nagare R M, et al. 2014. Reproducing field-scale active layer thaw in the laboratory. Vadose Zone Journal, 13 (8): 1-9.

Monteith J L. 1973. Principles of Environmental Physics. New York: Edward Arnold.

Motovilov Y G, Gelfan A N. 2013. Assessing runoff sensitivity to climate change in the Arctic basin: Empirical and modelling approaches. IAHS Publ, 360: 105-112.

Mu Q Y, Ng C W W, Zhou C, et al. 2018. A new model for capturing void ratio-dependent unfrozen water characteristics curves. Computers and Geotechnics, 101: 95-99.

Mualem Y. 1976. A new model for predicting the hydraulic conductivity of unsaturated porous media. Water Resources Research, 12 (3): 513-522.

Mualem Y, Dagan G. 1978. Hydraulic conductivity of soils unified approach to the statistical models. Soil Science Society of America Journal, 42 (3): 392-395.

Nassar I N, Horton R, Flerchinger G N. 2000. Simultaneous heat and mass transfer in soil columns exposed to freezing/thawing conditions1. Soil Science, 165 (3): 208-216.

Neitsch S L, Arnold J G, Kiniry J R, et al. 2002. Soil and Water Assessment Tool. User's Manual Version.

New M, Todd M, Hulme M, et al. 2001. Precipitation measurements and trends in the twentieth century. International Journal of Climatology: A Journal of the Royal Meteorological Society, 21 (15): 1889-1922.

Nicholson S E, Selato J C. 2000. The influence of La Nina on African rainfall. International Journal of Climatology: A Journal of the Royal Meteorological Society, 20 (14): 1761-1776.

Nicolsky D J, Romanovsky V E, Panda S K, et al. 2017. Applicability of the ecosystem type approach to model permafrost dynamics across the Alaska North Slope. Journal of Geophysical Research: Earth Surface, 122 (1): 50-75.

Nishimura S, Gens A, Olivella S, et al. 2009. THM-coupled finite element analysis of frozen soil: formulation and application. Géotechnique, 59 (3): 159-171.

Niu G Y, Yang Z L. 2006. Assessing a land surface model's improvements with GRACE estimates. Geophysical Research Letters, 33 (7). DOI: 10. 1029/2011GL050079.

Nixon J F D. 1991. Discrete ice lens theory for frost heave in soils. Canadian Geotechnical Journal, 28 (8): 843-859.

Oechel W C, Hastings S J, Vourlrtis G, et al. 1993. Recent change of Arctic tundra ecosystems from a net carbon dioxide sink to a source. Nature, 361 (6412): 520-523.

Oogathoo S. 2006. Runoff Simulation in the Canagagigue Creek Watershed Using the Mike She Model. Montreal: McGill University.

Osterkamp T. 1987. Freezing and thawing of soils and permafrost containing unfrozen water or brine. Water Resources Research, 23 (12): 2279-2285.

Osterkamp T E, Romanovsky V E. 1997. Freezing of the active layer on the coastal plain of the Alaskan Arctic. Permafrost and Periglacial Processes, 8 (1): 23-44.

Otte I, Detsch F, Mwangomo E, et al. 2017. Multidecadal trends and interannual variability of rainfall as observed from five lowland stations at Mt. Kilimanjaro, Tanzania. Journal of Hydrometeorology, 18 (2):

349-361.

Outcalt S I, Hinkel K M. 1990. The soil electric potential signature of summer drought. Theoretical and Applied Climatology, 41 (1-2) .

Padilla F, Villeneuve J P. 1989. Modeling the movement of water, heat and solutes in frost-susceptible soils. Nordicana, 54: 43-49.

Painter S L, Moulton J D, Wilson C J. 2013. Desafios da modelação na predição da resposta hidroldam and silt loam. Annpermafrost. Hydrogeology Journal, 21 (1): 221-234.

Panagopoulos I, Mimikou M, Kapetanaki M. 2007. Estimation of nitrogen and phosphorus losses to surface water and groundwater through the implementation of the SWAT model for Norwegian soils. Journal of Soils and Sediments, 7 (4): 223-231.

Pang J Z, Qiao Y H, Sun Z J, et al. 2012. Effects ofepigeic earthworms on decomposition of wheat straw and nutrient cycling in agricultural soils in a reclaimed salinity area: A microcosm study. Pedosphere, 22 (5): 726-735.

Parsekian A D, Grosse G, Walbrecker J O, et al. 2013. Detecting unfrozen sediments below thermokarst lakes with surface nuclear magnetic resonance. Geophysical Research Letters, 40 (3): 535-540.

Pellicciotti F, Brock B, Strasser U, et al. 2005. An enhanced temperature-index glacier melt model including the shortwave radiation balance: development and testing for Haut Glacier d'Arolla, Switzerland. Journal of Glaciology, 51 (175): 573-587.

Peters-Lidard C D, Blackburn E, Liang X, et al. 1998. The effect of soil thermal conductivity parameterization on surface energy fluxes and temperatures. Journal of The Atmospheric Sciences, 55 (7): 1209-1224.

Pitman A J, Yang Z L, Henderson-Sellers A. 1991. Description of bare essentials of surface transfer for the Bureau of Meteorology Research Centre AGCM.

Pohlert T, Huisman J A, Breuer L, et al. 2007. Integration of a detailed biogeochemical model into SWAT for improved nitrogen predictions—Model development, sensitivity, and GLUE analysis. Ecological Modelling, 203 (3-4): 215-228.

Pomeroy J W, Hedstrom N, Parviainen J. 1999. The snow mass balance of Wolf Creek// Pomeroy J, Granger R. Wolf Creek Research Basin: Hydrology, Ecology, Environment. Saskatoon: National Water Research Institute. Minister of Environment.

Pomeroy J W, Marsh P, Gray D M. 1997. Application of a distributed blowing snow model to the Arctic. Hydrological Processes, 11: 1451-1464.

Pomeroy J W, Gray D M, Brown T, et al. 2007. The cold regions hydrological model: a platform for basing process representation and model structure on physical evidence. Hydrological Processes: An International Journal, 21 (19): 2650-2667.

Pomeroy J W. 1989. A process-based model of snow drifting. Annals of Glaciology, 13: 237-240.

Poutou E, Krinner G, Genthon C, et al. 2004. Role of soil freezing in future boreal climate change. Climate Dynamics, 23 (6): 621-639.

Priesack E, Durner W. 2006. Closed-form expression for the multi-modal unsaturated conductivity function. Vadose

Zone Journal, 5: 121-124.

Qian B, Gregorich E G, Gameda S, et al. 2011. Observed soil temperature trends associated with climate change in Canada. Journal of Geophysical Research: Atmospheres, 116 (D2) . DOI: 10. 1029/2010JD015012.

Qin Y, Zhang J, Zheng B, et al. 2008. The relationship between unfrozen water content and temperature based on continuum thermodynamics. J. Qingdao Univ. (E&T), 23 (1): 77-82.

Qiu L, Peng D, Xu Z, et al. 2016. Identification of the impacts of climate changes and human activities on runoff in the upper and middle reaches of the Heihe River basin, China. Journal of Water and Climate Change, 7 (1): 251-262.

Quinton W L, Baltzer J L. 2013. The active-layer hydrology of a peat plateau with thawing permafrost (Scotty Creek, Canada) . Hydrogeology Journal, 21 (1): 201-220.

Quinton W L, Shirazi T, Carey S K, et al. 2005. Soil water storage and active-layer development in a sub-alpine tundra hillslope, southern YukonTerritory, Canada. Permafrost Periglacial Processes, 16 (4): 369-382.

Quinton E E, Dahms D E, Geiss C E. 2011. Magnetic analyses of soils from the Wind River Range, Wyoming, constrain rates and pathways of magnetic enhancement for soils from semiarid climates. Geochemistry, Geophysics, Geosystems, 12 (7) . DOI: 10. 1029/2011GC003728.

Racoviteanu A E, Arnaud Y, Williams M W, et al. 2015. Spatial patterns in glacier characteristics and area changes from 1962 to 2006 in the Kanchenjunga-Sikkim area, eastern Himalaya. The Cryosphere, 9 (2): 505-523.

Rakhimova M, Liu T, Bissenbayeva S, et al. 2020. Assessment of the impacts of climate change and human activities on runoff using climate elasticity method and general circulation model (GCM) in the Buqtyrma River Basin, Kazakhstan. Sustainability, 12 (12): 4968.

Rawlins M A. 2006. Characterization of the spatial and temporal variability in pan-Arctic, terrestrial hydrology. Dissertation Abstracts International, 11: 6269.

Romanovsky N V. 2008. Historization-sociological theory growth pattern. Sotsiologicheskie Issledovaniya, (10): 3-12.

Romanovsky V E, Smith S L, Christiansen H H. 2010. Permafrost thermal state in the polar Northern Hemisphere during the international polar year 2007-2009: a synthesis. Permafrost and Periglacial Processes, 21 (2): 106-116.

Roth K, Boike J. 2001. Quantifying the thermal dynamics of a permafrost site near Ny-Alesun, Svalbard. Water Resources Research, 37 (12): 2901-2914.

Rouse W R, Douglas M S V, Hecky R E, et al. 1997. Effects of climate change on the freshwaters of arctic and subarctic North America. Hydrological Processes, 11 (8): 873-902.

Ryan F C, William L Q, James R C, et al. 2014. Changing hydrologic connectivity due to permafrost thaw in the lower Liard River valley, NWT, Canada. Hydrological Processes, 28 (14): 4163-4178.

Saar M O. 2011. Review: geothermal heat as a tracer of large-scale groundwater flow and as a means to determine permeability fields. Hydrogeol Journal, 19 (1): 31-52.

Saetersdal R. 1981. Heaving conditions by freezing of soils. Engineering Geology, 18: 1-4.

Schaefer K, Zhang T, Bruhwiler L, et al. 2011. Amount and timing of permafrost carbon release in response to climate warming. Tellus B: Chemical and Physical Meteorology, 63 (2): 168-180.

Scherer G W. 1993. Freezing gels. Journal of Non-Crystalline Solids, 155 (1): 1-25.

Scherler D, Strecker M R. 2012. Large surface velocity fluctuations of Biafo Glacier, central Karakoram, at high spatial and temporal resolution from optical satellite images. Journal of Glaciology, 58: 569-580.

Scherler D, Bookhagen B, Strecker M R. 2011. Spatially variable response of Himalayan glaciers to climate change affected by debris cover. Nature Geoscience, 4 (3): 156-159.

Schindler D W, Smol J P. 2006. Cumulative effects of climate warming and other human activities on freshwaters of Arctic and subarctic North America. AMBIO: A Journal of the Human Environment, 35 (4): 160-168.

Schofield R K. 1935. The pF of the water in soil. International Congress of Soil Science, 3 (2): 37-48.

Schramm K W, Jaser W, Welzl G, et al. 2008. Impact of 17α-ethinylestradiol on the plankton in freshwater microcosms—I: Response of zooplankton and abiotic variables. Ecotoxicology and Environmental Safety, 69 (3): 437-452.

Schulla J. 2012. Model description wasim (water balance simulation model). Completely Revised Version.

Sellers P J, Randall D A, Collatz G J, et al. 1996. A revised land surface parameterization (SiB2) for atmospheric GCMs. Part I: Model formulation. Journal of Climate, 9 (4): 676-705.

Serreze M C, Walsh J E, Chapin F S, et al. 2000. Observational evidence of recent change in the northern high-latitude environment. Climatic Change, 46 (1): 159-207.

Shangguan D, Liu S, Ding Y, et al. 2007. Glacier changes in the west Kunlun Shan from 1970 to 2001 derived from Landsat TM/ETM+ and Chinese glacier inventory data. Annals of Glaciology, 46: 204-208.

Sherstyukov O N, Akchurin A D, Ryabchenko E Y. 2009. Statistical modelling of radio wave propagation under sporadic E-Layer influence. Advances in Space Research, 43 (11): 1835-1839.

Sheshukov A Y, Nieber J L. 2011. One-dimensional freezing of nonheaving unsaturated soils: Model formulation and similarity solution. Water Resources Research, 47 (11): 11519.

Shmakin, A. B., 1998. The updated version of SPONSOR land surface scheme: PILPS-influenced improvements. Global Planet Change, 19 (1): 49-62.

Shoop S A, Bigl S R. 1997. Moisture migration during freeze and thaw of unsaturated soils: Modeling and large scale experiments. Cold Regions Science and Technology, 25 (1): 33-45.

Slater A G, Lawrence D M. 2013. Diagnosing present and future permafrost from climate models. Journal of Climate, 26 (15): 5608-5623.

Slater A G, Pitman A J, Desborough C E. 1998. Simulation of freeze-thaw cycles in a general circulation model land surface scheme. Journal of Geophysical Research Atmospheres, 103 (D10): 11303-11312.

Slaughter R S, Sutko J L, Reeves J P. 1983. Equilibrium calcium-calcium exchange in cardiac sarcolemmal vesicles. The Journal of Biological Chemistry, 258 (5): 3183-3189.

Smerdon B D, Mendoza C A. 2010. Hysteretic freezing characteristics of riparian peatlands in the Western Boreal Forest of Canada. Hydrol Process, 24: 1027-1038.

Smerdon J E, Pollack H N, Cermak V, et al. 2006. Daily, seasonal, and annual relationships between air and subsurface temperatures. Journal of Geophysical Research: Atmospheres, 111 (D7) . DOI: 10. 1029/2004JD005578.

Smerdon J E, Pollack H N, Enz J W, et al. 2003. Conductiondominated heat transport of the annual temperature signal in soil. Journal of Geophysical Research Atmospheres, 108 (B9): 2431.

Smirnova T, Brown J, Benjamin S, et al. 2000. Parameterization of cold- season processes in the MAPS land-surface scheme. J. Geophys. Res. -Atmos. 105 (D3): 4077-4086.

Smith L C, Sheng Y, MacDonald G M. 2007. A first pan- Arctic assessment of the influence of glaciation, permafrost, topography and peatlands on northern hemisphere lake distribution. Permafrost and Periglacial Processes, 18 (2): 201-208.

Smith S L, Romanovsky V E, Lewkowicz A G, et al. 2010. Thermal state of permafrost in North America: a contribution to the international polar year. Permafr. Periglac. Process. , 21 (2): 117-135.

Spaans E J A, Baker J M. 1995. Examining the use of time domain reflectometry for measuring liquid water content in frozen soil. Water Resources Research, 31 (12): 2917-2925.

Spaans E J A, Baker J M. 1996. The soil freezing characteristic: Its measurement and similarity to the soil moisture characteristic. Soil Science Society of America Journal, 60 (1): 13-19.

Spence C, Kokelj S V, Ehsanzadeh E. 2011. Precipitation trends contribute to streamflow regime shifts in northern Canada. Cold Regions Hydrology in a Changing Climate//Yang D, Marsh P, Gelfan A. Wallingford: IAHS Publication.

Streletskiy D A, Shiklomanov N I, Nelson F E. 2012. Spatial variability of permafrost active- layer thickness under contemporary and projected climate in Northern Alaska. Polar Geography, 35 (2): 95-116.

Stähli M. 2005. Freezing and Thawing Phenomena in Soils//Anderson M G. Encyclopedia of Hydrological Sciences, Vol. 2. New York: Wiley.

St. Jacques J M, Sauchyn D J . 2009. Increasing winter baseflow and mean annual streamflow from possible permafrost thawing in the Northwest Territories, Canada. Geophysical Research Letters, 36 (1): 1-6.

Sun G, Wang Z, Wang W, et al. 2013. Frost heave fracture mechanical model for concrete lining trapezoidal canal and its application. Transactions of the Chinese Society of Agricultural Engineering, 29 (8): 108-114.

Takata K. 2002. Sensitivity of land surface processes to frozen soil permeability and surface water storage. Hydrological Processes, 16 (11): 2155-2172.

Tang Q, Oki T . 2016. Historical and Future Changes in Streamflow and Continental Runoff. New York: John Wiley & Sons.

Tarnawski V R, Wagner B. 1996. On the prediction of hydraulic conductivity of frozen soils. Canadian Geotechnical Journal, 33: 176-180.

Tarnocai C, Canadell J G, Schuur E A G, et al. 2009. Soil organic carbon pools in the northern circumpolar permafrost region. Global Biogeochemical Cycles, 23 (2) . DOI: 10. 1029/2008GB003327.

Taschner S, Ludwig R, Mauser W. 2001. Multi-scenario flood modeling in a mountain watershed using data from a NWP model, rain radar and rain gauges. Physics and Chemistry of the Earth, Part B: Hydrology, Oceans and Atmosphere, 26 (7): 509-515.

Taylor G S, Luthin J N. 1978. A model for coupled heat and moisture transfer during soil freezing. Canadian Geotechnical Journal, 15 (4): 548-555.

Thompson L G, Brecher H H, Mosley-Thompson E, et al. 2009. Glacier loss on Kilimanjaro continues unabated. Proceedings of the National Academy of Sciences, 106 (47): 19770-19775.

Tice A R, Anderson D M, Banin A. 1976. The prediction of unfrozen water contents in frozen soils from liquid limit determinations, CRREL, US Army Corps of Engineers.

Tokumoto I, Noborio K, Koga K. 2010. Coupled water and heat flow in a grass field with aggregated Andisol during soil-freezing periods. Cold Regions Science and Technology, 62 (2-3): 98-106.

Utting N, Clark I, Lauriol B, et al. 2012. Origin and flow dynamics of perennial groundwater in continuous permafrost terrain using isotopes and noble gases: case study of the Fishing Branch River, Northern Yukon, Canada. Permafrost and Periglacial Processes, 23 (2): 91-106.

van der Kamp G, Hayashi M, Gallen D. 2003. Comparing the hydrology of grassed and cultivated catchments in the semi-arid Canadian prairies. Hydrological Processes, 17 (3): 559-575.

van Genuchten M. 1980. A closed-form equation for predicting the hydraulic conductivity of unsaturated soils. Science Society of America Journal, 44 (5): 892-898.

Verseghy D L. 1991. CLASS—a Canadian land surface scheme for GCMS. I. Soil model. International Journal of Climatology, 11 (2): 111-133.

Walvoord M A, Striegl R G. 2007. Increased groundwater to stream discharge from permafrost thawing in the Yukon river basin: potential impacts on lateral export of carbon and nitrogen. Geophysical Research Letters, 34 (12): 1-6.

Walvoord M A, Voss C I, Wellman T P. 2012. Influence of permafrost distribution on groundwater flow in the context of climate-driven permafrost thaw: Example from Yukon Flats Basin, Alaska, United States. Water Resources Research, 48 (7). DOI: 10.1029/2011WR011595.

Wang A W, Xie Z H, Feng X B, et al. 2014. A soil water and heat transfer model including changes in soil frost and thaw fronts. Science China Earth Sciences, 57 (6): 1325-1339.

Wang C H, Jin K, Zhan C. 2013. Model test studies of the mechanical properties of pile-soil interface. Applied Mechanics and Materials. Trans Tech Publications Ltd, 392: 904-908.

Wang G, Hu H, Li T. 2009. The influence of freeze-thaw cycles of active soil layer on surface runoff in a permafrost watershed. Journal of Hydrology, 375 (3-4): 438-449.

Wang K, Wu M, Zhang R. 2016. Water and solute fluxes in soils undergoing freezing and thawing. Soil Science, 181 (5): 193-201.

Wang K, Wang P, Zhang R, et al. 2020. Characterizing the exudation of water and pollutants from soil into streams during soil-thawing period. Journal of Hydrology, 50 (3). DOI: 10.1016/j. jhydrol. 2020. 125436.

Wang L, Koike T, Yang K, et al. 2010. Frozen soil parameterization in a distributed biosphere hydrological model. Hydrology and Earth System Sciences, 14 (3): 557-571.

Wang P X, Zhou Z H, Liu JJ, et al. 2023. Application of an improved distributed hydrological model based on the soil-gravel structure in the Niyang River basin, Qinghai-Tibet Plateau. Hydrology and Earth System Science, 27

（14）：2681-2701.

Wang Q F, Qi J Y, Wu H, et al. 2020. Freeze-Thaw cycle representation alters response of watershed hydrology to future climate change. Catena, 195（1）：1-13.

Wang Y, Yang H, Yang D, et al. 2016. Spatial Interpolation of Daily Precipitation in a High Mountainous Watershed based on Gauge Observations and a Regional Climate Model Simulation. Journal of Hydrometeorology, 18：845-862.

Ward A L, Keller J M. 2011. Determining the porosity and saturated hydraulic conductivity of binary mixtures. Vadose Zone Journal, 10：313-321.

Warrach K, Mengelkamp H T, Raschke E. 2001. Treatment of frozen soil and snow cover in the land surface model SEWAB. Theoretical and Applied Climatology, 69（1）：23-37.

Watanabe K, Flury M. 2008. Capillary bundle model of hydraulic conductivity for frozen soil . Water Resources Research, 44（12）. DOI：10. 1029/2008WR007012.

Watanabe K, Kugisaki Y. 2017. Effect ofmacropores on soil freezing and thawing with infiltration. Hydrological Processes, 31：270-278.

Watanabe K, Mizoguchi M. 2002. Amount of unfrozen water in frozen porous media saturated with solution. Cold Regions Science & Technology, 34：103-110.

Watanabe K, Kito T, Sakai M, et al. 2010. Evaluation of hydraulic properties of a frozen soil based on observed unfrozen water contents at the freezing front. Journal of the Japanese Society of Soil Physics, 116：9-18.

Watanabe K, Kito T, Wake T, et al. 2011. Freezing experiments on unsaturated sand, loam and silt loam. Annals of Glaciology, 52（58）：37-43.

Watanabe K, Takeuchi M, Osada Y, et al. 2012. Micro-chilled-mirror hygrometer for measuring water potential in relatively dry and partially frozen soils. Soil Science Society of America Journal, 76：1938-1945.

Watanabe K. 2008. Water and heat flow in a directionally frozen silty soil. Proceedings of the Proc 3rd HYDRUS Workshop.

Watanabe K, Wake T. 2009. Measurement of unfrozen water content and relative permittivity of frozen unsaturated soil using NMR and TDR. Cold Regions Science and Technology, 59（1）：34-41.

WatanabeK, Ito S, Yamamoto S. 2008. Studies on membrane-associated prostaglandin E synthase-2 with reference to production of 12L-hydroxy-5,8,10-heptadecatrienoic acid（HHT）. Biochemical and Biophysical Research Communications, 367（4）：782-786.

Westermann S, Boike J, Langer M, et al. 2011. Modeling the impact of wintertime rain events on the thermal regime of permafrost. Cryosphere, 5（4）：945-959.

Wettlaufer J S, Worster M G. 2006. Premelting dynamics. Annual Review of Fluid Mechanics, 38（1）：427-452.

Wilby R L, Dawson C W. 2013. The statistical downscaling model：insights from one decade of application. International Journal of Climatology, 33（7）：1707-1719.

Williams J, Shaykewich C F. 1970. The influence of soil water matric potential on the strength properties of unsaturated soil. Soil Science Society of America Journal, 34（6）：835-840.

Williams P. 1964. Unfrozen water content of frozen soil and soil moisture suction. Geotechnique, 14: 231-246.

Williams P J. 1966. Suction and its effects in unfrozen water of frozen soils. National Research Council Canada, Division of Building Research.

Williams P J. 1967a. The nature of freezing soil and its field behaviour. Norway: Norwegian Geotechnical Institute.

Williams P J. 1967b. Unfrozen water in frozen soils: Pore size-freezing temperature-pressure relationships. Norway: Norwegian Geotechnical Institute.

Williams P J, Smith M W. 1989. The Frozen Earth. Cambridge: Cambridge University Press.

Wilson C. 1967. Cold Regions Climatology. CRREL Monograph: 1-A3a.

Woo M K, Arain M A, Mollinga M, et al. 2004. A two-directional freeze and thaw algorithm for hydrologic and land surface modelling. Geophysical Research Letters, 31 (12): 261-268.

Woo M. 2012. Permafrost Hydrology. Berlin: Springer-Verlag.

Wood A W, Leung L R, Sridhar V, et al. 2004. Hydrologic implications of dynamical and statistical approaches to downscaling climate model outputs. Climatic Change, 62 (1): 189-216.

Wu Q, Zhang T, Liu Y. 2012. Thermal state of the active layer and permafrost along the Qinghai – Xizang (Tibet) railway from 2006 to 2010. Cryosphere, 6 (3): 607-612.

Wu Q B, Niu F J. 2013. Permafrost changes and engineering stability in Qinghai-Xizang Plateau. Chinese Science Bulletin, 58 (10): 1079-1094.

Xiang X H, Wu X L, Wang C H, et al. 2013. Influences of climate variation on thawing-freezing processes in the northeast of Three-River Source Region China. Cold Regions Science & Technology, 86 (2): 86-97.

Xu F, Song W, Zhang Y, et al. 2019. Water content variations during unsaturated feet-scale soil freezing and thawing. Cold Regions Science and Technology, 162: 96-103.

Xue Q, Harrison H C. 1991. Effect of soil zinc, pH, and cultivar on cadmium uptake in leaf lettuce (Lactuca sativa L. var. crispa). Communications in Soil Science and Plant Analysis, 22 (9-10): 975-991.

Yamazaki Y. 2006. Seasonal changes in runoff characteristics on a permafrost watershed in the southern mountainous region of eastern Siberia. Hydrological Processes, 20: 453-467.

Yang M, Nelson F E, Shiklomanov N I, et al. 2010. Permafrost degradation and its environmental effects on the Tibetan Plateau: A review of recent research. Earth-Science Reviews, 103 (1-2): 31-44.

Yang Y, Weng B, Man Z, et al. 2020. Analyzing the contributions of climate change and human activities on runoff in the Northeast Tibet Plateau. Journal of Hydrology: Regional Studies, 27: 100639.

Yang Z, Ou Y H, Xu X, et al. 2010. Effects of permafrost degradation on ecosystems. Acta Ecologica Sinica, 30 (1): 33-39.

Yao T, Thompson L G, Mosbrugger V, et al. 2012. Third pole environment (TPE). Environmental Development, 3: 52-64.

Yi S, Chen J, Wu Q, et al. 2013. Simulating the role of gravel on the dynamics of permafrost on the Qinghai-Tibetan Plateau. The Cryosphere Discussions, 7: 4703-4740.

Yusuke Y. 2006. Seasonal changes in runoff characteristics on a permafrost watershed in the southern mountainous region of eastern Siberia. Hydrological Process, 20: 453-467.

Zanotti F, Endrizzi S, Bertoldi G, et al. 2004. The GEOTOP snow module. Hydrological Processes, 18 (18): 3667-3679.

Zhang M, Pei W, Li S, et al. 2017. Experimental and numerical analyses of the thermo-mechanical stability of an embankment with shady and sunny slopes in a permafrost region. Appl. Therm. Eng., 127: 1478-1487.

Zhang M, Wang S, Li Z, et al. 2012b. Glacier area shrinkage in China and its climatic background during the past half century. Journal of Geographical Sciences, 22: 15-28.

Zhang M, Zhao Y, Liu F, et al. 2012a. Glacier dynamics and water balance in the Qinghai-Tibet Plateau. Environment Science & Technology, 46 (12): 6449-6450.

Zhang T. 2005. Influence of the seasonal snow cover on the ground thermal regime: an overview. Reviews of Geophysics, 43: RG4002.

Zhang X, Sun S, Xue Y. 2007. Development and testing of a frozen soil parameterization for cold region studies. Journal of Hydrometeorology, 8 (4): 690-701.

Zhang Y, Carey S K, Quinton W L, et al. Comparison of algorithms and parameterisations for infiltration into organic-covered permafrost soils. Hydrol. Earth Syst. Sci., 14: 729-750.

Zhang Y, Cheng G, Li X, et al. 2013. Coupling of a simultaneous heat and water model with a distributed hydrological model and evaluation of the combined model in a cold region watershed. Hydrological Processes, 27 (25): 3762-3776.

Zhang Y, Michalowski R. 2015. Thermal-hydro-mechanical analysis of frost heave and thaw settlement. Journal of Geotechnical & Geoenvironmental Engineering, 141 (7): 114-122.

Zhang Y, Chen W, Cihlar J. 2003. A process-based model for quantifying the impact of climate change on permafrost thermal regimes. Journal of Geophysical Research: Atmospheres, 108 (D22). DOI: 10.1029/2002JD003354.

Zhang Y, Carey S, Quinton W. 2008. Evaluation of the algorithms and parameterizations for ground thawing and freezing simulation in permafrost regions. Journal of Geophysical Research Atmospheres, 113 (D17). DOI: 10.1029/2007JD009343.

Zhang Y, Carey S K, Quinton W L, et al. 2010. Comparison of algorithms andparameterisations for infiltration into organic-covered permafrost soils. Hydrology and Earth System Sciences, 14 (5): 729-750.

Zhang Y, Cheng G, Li X, et al. 2013. Coupling of a simultaneous heat and water model with a distributed hydrological model and evaluation of the combined model in a cold region watershed. Hydrological Processes, 27 (25): 3762-3776.

Zhang Z, Zhu Y, Wang K, et al. 2001. Phosphorus behavior in soil-water system of paddy field and its environmental impact. The Journal of Applied Ecology, 12 (2): 229.

Zhang Z F, Ward A L, Keller J M. 2011. Determining the porosity and saturated hydraulic conductivity of binary mixtures. Vadose Zone Journal, 10: 313-321.

Zhao L, Gray D M. 1997. A parametric expression for estimating infiltration into frozen soils. Hydrological Processes, 11: 1761-1775.

Zhao L, Gray D M, Male D H . 1997. Numerical analysis of simultaneous heat and mass transfer during infiltration into frozen ground. Journal of Hydrology, 200: 345-363.

Zhao L, Wu Q, Marchenko S S, et al. 2010. Thermal state of permafrost and active layer in Central Asia during the International Polar Year. Permafrost and Periglacial Processes, 21 (2): 198-207.

Zheng X, Chen J, Xing S. 2009. Infiltration capacity and parameters of freezing and thawing soil under different surface coverages. Transactions of the Chinese Society of Agricultural Engineering, 25 (11): 23-28.

Zhou B B, Shao M A, Shao H B. 2009. Effects of rock fragments on water movement and solute transport in a Loess Plateau soil. Comptes Rendus Geoscience, 341 (6): 462-472.

Zhou Y, Li Z, Li J, et al. 2018. Glacier mass balance in the Qinghai-Tibet Plateau and its surroundings from the mid-1970s to 2000 based on Hexagon KH-9 and SRTM DEMs. Remote Sensing of Environment, 210: 96-112.

Zuber B, Marchand J. 2004. Predicting the volume instability of hydrated cement systems upon freezing using poro-mechanics and local phase equilibria. Materials & Structures, 37 (268): 257-270.

Zuzel J F, Pikul Jr J L, Rasmussen P E. 1990. Tillage and fertilizer effects on water infiltration. Soil Science Society of America Journal, 54 (1): 205-208.